U0199378

山西城市园林花卉与应用

主编 / 郭晋平　副主编 / 杨秀云　张芸香

中国林业出版社

图书在版编目（CIP）数据

山西城市园林花卉与应用 / 郭晋平主编 . -- 北京 : 中国林业出版社 , 2017.6
ISBN 978-7-5038-8703-1

Ⅰ.①山… Ⅱ.①郭… Ⅲ.①花卉－观赏园艺－职业教育－教材 Ⅳ.① S68

中国版本图书馆 CIP 数据核字（2016）第 220171 号

出版发行	中国林业出版社（100009 北京西城区刘海胡同 7 号） http://lycb.forestry.gov.cn E-mail: 36132881@qq.com　电话：010-83143545
设计制作	北京涅斯托尔信息技术有限公司
印刷装订	北京中科印刷有限公司
版　　次	2017 年 6 月第 1 版
印　　次	2017 年 6 月第 1 次
开　　本	787mm×1092mm 1/16
印　　张	19
字　　数	460 千字
定　　价	198.00 元

《山西城市园林花卉与应用》编写组

主　编：郭晋平（山西农业大学）

副主编：杨秀云（山西农业大学）

张芸香（山西农业大学）

参编者：葛光云（山西省住房和城乡建设厅）

葛丽萍（山西农业大学）

郭丽丽（太原学院）

郝艳平（山西农业大学）

刘艳红（山西农业大学）

沈　宏（山西省住房和城乡建设厅）

田旭平（山西农业大学）

王　娟（山西农业大学）

序

随着城市化进程的加速，生态文明建设和新型城镇化、美丽乡村建设和城乡一体化建设等发展战略成为国家战略，城市绿化在城市生态建设中的作用越来越受到普遍重视。科学合理地选择和配置绿化植物是园林绿化规划、设计、施工和管理的关键技术。园林花卉与园林树木一样，是园林绿化的基本材料，虽然处于从属地位，但对于城市环境美化的作用不可或缺，合理选择花卉种类和科学的栽培管护直接影响园林绿化效果，影响园林绿地的生态环境效益和景观美学效益。

山西的城市园林绿化工作取得了显著成绩，但由于缺乏适合当地使用的园林绿化植物选择、配置、栽培应用方面系统的实用技术指导手册或参考用书，给园林绿化规划设计单位、建设施工单位和园林建设管理部门的技术人员和管理人员带来极大不便，特别是规划设计中如何把握多种植物的选择配置与应用时，常常出现植物材料选择应用不合理的问题。

为解决全省城市园林绿化工作中面临的上述问题，在山西省住房和城乡建设厅的组织和支持下，由山西农业大学的郭晋平教授牵头组成技术团队，各市县园林绿化主管部门的专业技术人员配合，对全省 22 个城市和 84 个县城园林绿化树种做了全面调研和分析，在此基础上于 2011 年出版了《山西城市园林绿化树种与应用》，成为规划设计人员、建设管理人员的技术手册和技术培训材料，对指导城市绿化建设发挥了很好的作用，但园林花卉方面的问题仍未得到解决。为此，该技术团队在山西省住房和城乡建设厅的支持下，于 2011 ～ 2014 年又对全省 22 个城市园林花卉应用现状开展了实地调查研究，收集了园林花卉种类利用、养护管理及园林应用等方面的基础资料，结合资料整理分析和研究工作积累，从山西省园林花卉资源种类、花卉生物学和生态学特性、花卉繁殖栽培和养护管理、园林花卉病虫害防治及园林花卉应用设计等方面编著成了这本《山西城市园林花卉与应用》。

本书是在郭晋平教授主持下，由团队集体编撰而成，有充分的前期调研和科研基础，理论性和实践性兼备，是一部面向山西，以实用技术为主的园林花卉应用专著，适用于园林景观规划设计人员、工程技术人员、教学科研人员和专业院校学生等，具有很好的理论意义和实践应用价值。相信本书的出版必将对山西城市园林绿化建设水平的提高起到重要促进作用，对我省园林绿化建设工作意义深远。我对他们所做的工作十分赞赏，是以为序。

2016 月 12 月

目 录

第一章
园林花卉资源种类及其利用

园林花卉是指适用于园林和环境绿化、美化的观赏植物，包括一些野生种和栽培种及品种。狭义的园林花卉仅指具有观赏价值的草本花卉，如矮牵牛（*Petunia hybrida*）、一串红（*Salvia splendens*）等；而广义的园林花卉既包括草本花卉，也包括部分木本的观赏植物，如木本地被植物、观花乔灌木、其他观赏乔灌木（如观叶、观果、观树姿）、观赏竹和观赏针叶树等。

对园林花卉分类的依据不同，形成的分类体系也就各不相同。分类的依据有生活型及生态习性、花卉原产地气候型、栽培习性、园林用途等。其中依据花卉的生态习性及生活型进行的分类，应用最为广泛。

第一节 依据生态习性分类

一、一年生花卉

在一个生长季内完成生活史的花卉。即从播种到开花、结实、枯死均在一个生长季内完成。一般春天播种，夏秋生长，开花结实，然后枯死，因此一年生花卉又称春播花卉。如凤仙花（*Impatiens balsamina*）、鸡冠花（*Celosia cristata*）、百日草（*Zinnia elegans*）、波斯菊（*Cosmos bipinnatus*）、万寿菊（*Tagetes erecta*）等。

二、二年生花卉

在两个生长季内完成生活史的花卉。当年只进行营养生长，第二年开花、结实、死亡。这类花卉一般秋天播种，次年春季或夏季开花，因此常称为秋播花卉。如须苞石竹（*Dianthus barbatus*）、紫罗兰（*Matthiola incana*）、羽衣甘蓝（*Brassica oleracea* var. *acephala* f. *tricolor*）等。

有一些多年生花卉种类只在一二年栽培时开花观赏价值高，如果继续栽培则退化，所以也作为一二年生栽培。如三色堇（*Viola tricolor*）（多年生）常作二年生栽培。

三、多年生花卉

个体寿命超过两年的，经一次播种后能多年生长的草本花卉。这些花卉的地下部分（地下根、地下茎）能生活多年，地上部分（茎、叶）存在两种类型：有的地上部分能保持终年常绿。如文竹（*Asparagus plumosus*）、四季海棠（*Begonia semperflorens*）；有的地上部分每年春季从地下部分萌生新芽，长成植株，到冬季枯死，如大丽花（*Dahlia pinnata*）、美人蕉（*Canna indica*）、鸢尾（*Iris tectorum*）等。

根据地下器官（根、地下茎）的形态变化，又可分两类：

（一）宿根花卉

地下部分的形态正常，不发生变态。如芍药（*Paeonia lactiflora*）、萱草（*Hemerocallis fulva*）、玉簪（*Hosta plantaginea*）、菊花（*Dendranthema*×*grandiflorum*）等。

（二）球根花卉

地下部分具有膨大的变态茎或根，呈球形或块状，能贮藏养分。根据地下部分的来源和形态又分为以下五大类。

（1）鳞茎类。水仙（*Narcissus tazetta* var. *chinensis*）、郁金香（*Tulipa gesneriana*）、百合（*Lilium* spp.）等鳞茎具有多数肥大的鳞叶，其下部着生在一扁平的茎盘上。水仙、郁金香的肉质鳞叶成层状，最外一层呈褐色，并将整个球包被，称为有皮鳞茎；而百合的肉质鳞片成片状，分离，不包被全球，称为无皮鳞茎。

（2）球茎类。地下茎短缩膨大呈实心球状或扁球形，其上有环状的节，节上着生膜质鳞叶和侧芽。如唐菖蒲（*Gladiolus hybridus*）等。

（3）根茎类。地下茎呈根状膨大，上面有明显的节，新芽着生在分枝的顶端。如大花美人蕉（*Canna generalis*）、荷花（*Nelumbo nucifera*）、睡莲（*Nymphaea tetragona*）等。

（4）块茎类。地下茎或地上茎膨大呈不规则实心块状或球状，上面具螺旋状排列的芽眼，无干膜质鳞叶。如马蹄莲（*Zantedeschia aethiopica*）、仙客来（*Cyclamen persicum*）、球根球海棠（*tuberous begonia*）等。

（5）块根类。由根膨大而成块状，其中贮藏大量养分。如大丽花（*Dahlia pinnata*）。块根顶端不能萌生不定芽，繁殖时须带有能发芽的根茎部，因此大丽花分球时，必须使每一块根上端附有根茎部分，才能萌发新芽。

四、兰科花卉

兰科花卉种类很多，依其生态习性不同分为：

（一）地生兰类

植株生长在土壤中，以其优雅的香气和飘逸的叶态而深受人们的喜爱。如春兰（*Cymbidium goeringii*）、建兰（*Cymbidium ensifolium*）、蕙兰（*Cymbidium faberi*）等。

（二）附生兰类

附生在其他物体上，多分布于热带，这些兰花一般花色鲜艳、花型独特。如蝴兰属（*Phalaenopsis*）、兜兰属（*Paphiopedilum*）、石斛属（*Dendrobium*）等。

五、仙人掌和多浆植物

指茎叶具有发达的贮水组织，呈肥厚多汁变态状的植物。包括仙人掌科（*Cactaceae*）、景天科（*Crassulaceae*）、大戟科（*Euphorbiaceae*）、凤梨科（*Bromeliaceae*）、龙舌兰科（*Agavaceae*）等科的花卉。如仙人掌（*Opuntia dillenii*）、玉米石（*Sedum album* Sp.）等。

六、蕨类植物

主要指蕨类植物中具有较高观赏价值的一些种类，是最优良的室内观叶植物之一，也常用来布置阴生植物园和专类园，蕨叶是重要的插花材料。如铁线蕨（*Adiantum capillus-veneris*）、肾蕨（*Nephrolepis cordifolia*）、卷柏类（*Selaginella* Sp.）等。

七、食虫植物

具有捕获昆虫能力的植物。如猪笼草（*Nepenthes mirabilis*）、瓶子草（*Sarracenia purpurea*）、捕蝇草（*Dionaea muscipula*）、茅膏菜（*Drosera rotundifolia*）等。在有些切花艺术中，常用来作艺术插花材料。

八、木本花卉

指在温室栽培具有观赏价值的木本花卉。如印度橡皮树（*Ficus elastica*）、一品红（*Euphorbia pulcherrima*）、变叶木（*Codiaeum variegatum*）等。

第二节 花卉的气候型分类

花卉的生态习性与其原产地气候类型有密切关系，充分了解各类花卉的自然分布、原产地气候条件，在栽培过程中创造类似原产地的条件并采取相应的技术措施，确保花卉引种和栽培获得成功。依据原产地气候类型的花卉可分为:

一、中国气候型花卉

又称大陆东岸气候型花卉。中国的大部分省份、朝鲜、日本、美国东南部、巴西南部、澳大利亚东南部、新西兰北部、南非东南部属这一气候型。此气候型的特点是冬寒夏热，年温差较大，夏季降水较多。因冬季气温高低不同，分为温暖型花卉与冷凉型花卉。

（一）温暖型花卉

主要分布在低纬度地区（我国主要是长江以南），原产这一气候型地区的花卉有中国石竹（*Dianthus chinensis*）、凤仙（*Impartiens balsamina*）、中国水仙（*Narccissus tazetta* var. *chinensis*）、石蒜（*Lycoris radiata*）、福禄考（*Phlox drummondii*）、天人菊（*Gaillardia aristata*）、一串红（*Salvia splendens*）、半支莲（*Portulaca grandiflora*）、马蹄莲（*Zantedeschia aethiopica*）、百合类（*Lilium regale*、*L. henryi*、*L. tigrinum*、*L. browmii*）、美女樱（*Verbena hybrida*）、矮牵牛（*petunia hybrida*）、

非洲菊（*Gerbera jamesonii*）、银边翠（*Euphorbia marginata*）、唐菖蒲等。

（二）冷凉型花卉

主要分布在高纬度地区（我国主要是北部），这一地区是耐寒宿根花卉的分布中心。主要原产花卉有杭白菊（*Chrysanthemum morifolium*）、翠菊（*Callistephus chinensis*）、芍药、鸢尾（*Iris tectorum*）、荷包牡丹（*Dicentra spectabilis*）、金光菊（*Rudbeckia laciniata*）、向日葵（*Helianthus annuus*）等。

二、欧洲气候型花卉

又称大陆西岸气候型花卉，其气候特点为冬季温暖，夏季气温不高，一般不超过15～17℃，年温差小，一年四季都有雨水。原产这一气候型地区的花卉有：三色堇、雏菊（*Bellis perennis*）、羽衣甘蓝、铃兰（*Convallaria majalia*）、喇叭水仙（*Narcissus pseudo-narcissus*）、耧斗菜（*Aquilegia vulgaris*）等。

三、地中海气候型花卉

冬季温暖，最低气温6～7℃，夏季最热月平均气温20～25℃，从秋季到次年春末为降雨期，夏季极少降雨，为干燥期。主要原产花卉有金盏菊（*Calendula officinalis*）、瓜叶菊（*Senecio cruentus*）、麦秆菊（*Helichrysum bracteatum*）、金鱼草（*Antirrhinum majus*）、风信子（*Hyacinthus orientalis*）、紫罗兰、紫花鼠尾草（*Salvia horminum*）、蒲包花（*Calceolaria crenatiflora*）、小苍兰（*Freesia refracta*）、花菱草（*Eschscholtzia californica*）、仙客来、天竺葵（*Pelargonium hortorum*）、花毛茛（*Ranunculus asiaticus*）、君子兰（*Clivia miniata*）、鹤望兰（*Strelitzia reginae*）、酢浆草（*Oxalis corniculata*）等。

四、墨西哥气候型花卉

又称热带高原气候型花卉，见于热带及亚热带高山地区。气候特点为年温差小，年平均气温在14～17℃，雨量全年充沛或集中在夏季，我国西南部山岳地带（昆明）属于这种类型。原产该区的花卉，一般喜欢夏季冷凉、冬季温暖的气候。其原产花卉有：万寿菊、百日草、波斯菊、藿香蓟（*Ageratum conyzoides*）、大丽花、藏报春（*Primula sinensis*）、晚香玉（*Polianthes tuberosa*）等。

五、热带气候型花卉

周年高温，月平均温差较小，离赤道渐远，温差加大。雨量大，有旱季和雨季之分，也有全年雨水充沛区。原产亚洲、非洲及大洋洲的热带著名花卉有：鸡冠花、虎尾兰（*Sansevieria trifasciata*）、彩叶草（*Coleus blumei*）、鹿角蕨（*Platycerium bifurcatum*）、非洲紫罗兰（*Santpaulia ionantha*）、猪笼草（*Nepenthes mirabilis*）等。原产中美洲和南美洲的热带著名花卉有：火鹤（*Anthurium schetzerianum*）、长春花（*Catharanthus roseus*）、美人蕉、卡特兰属（*Cattleya*）、朱顶红（*Hippeastrum vittatum*）、大花牵牛（*Pharbitis nil*）、四季秋海棠（*Begonia semperflorens*）等。

六、沙漠气候型花卉

周年少雨，气候干旱，多为不毛之地，夏季白天长，风大，植物常呈垫状；主要是仙人掌及多浆类植物。原产花卉有仙人掌、龙舌兰（*Agave americana*）、芦荟（*Aloe arborescens*）、伽蓝菜（*Kalanchea laciniata*）、霸王鞭（*Euphorbia neriifolia*）、光棍树（*Euphorbia teirucalli*）等。

七、寒带气候型花卉

冬季漫长寒冷，夏季短促凉爽，植物生长期只有 2 ～ 3 个月。年降水量很少，但在生长季湿度可以满足。原产花卉有细叶百合（*Lilium tenuifolium*）、龙胆属（*Gentiana*）、绿绒蒿属（*Meconopsis*）、雪莲（*Saussurea involucrata*）、点地梅（*Androsace umbellata*）等。

第三节 依据园林用途分类

一、花坛花卉

可以用于布置花坛的露地花卉，主要为一二年生草本花卉、宿根花卉、球根花卉及少量木本花卉。如三色堇、石竹（*Dianthus chinensis*）、矮牵牛、一串红、万寿菊等。

二、花境花卉

园林中用来布置花境的花卉，多为宿根花卉。如飞燕草（*Consolida ajacis*）、萱草、鸢尾类等，也可用中小型灌木或灌木与宿根花卉混合布置花境。

三、水生和湿生花卉

用于美化园林水体及布置于水景园的水边、岸边及潮湿地带的花卉。如荷花、睡莲、千屈菜（*Lythrum salicaria*）及各种水生和沼生的鸢尾等。

四、岩生花卉

用于布置岩石园的花卉，植株通常比较低矮，生长缓慢，对环境适应性强，包括各种高山花卉及人工培育的低矮的花卉品种。如白头翁（*Pulsatilla chinensis*）、报春花类（*Primula* spp.）等。

五、藤蔓类花卉

用于篱垣棚架及垂直绿化的花卉，包括草质藤本及藤本类花卉。如牵牛（*Pharbitis hederacea*）、茑萝（*Quamoclit pennata*）、紫藤（*Wisteria sinensis*）、凌霄（*Campsis grandiflora*）等。

六、地被植物

低矮覆盖地面的植物称为地被植物。如酢浆草、葱兰（*Zephyranthes candida*）等。

七、室内花卉

装饰和美化室内环境的植物。如杜鹃花类（*Rhododendron* spp.）、仙客来、一品红等。这类花卉即可应用于室内花卉，也可盆栽装饰各种室内空间。

八、切花花卉

剪切花、枝、叶或果用以插花及花艺设计的花卉总称。如现代月季（*Rosa* cvs.）、菊花、唐菖蒲等切花花卉，银芽柳（*Salix leucopithecia*）等切枝花卉，以及蕨类、玉簪等切叶花卉。

九、专类花卉

指具有相似的观赏特性、植物学上同科或同属，园艺学上同一栽培品种群，或者具有相似的生态习性，需要相似的栽培生境，且具有较高的观赏价值，常常组合在一起集中展示的花卉。如仙人掌和多浆类花卉、蕨类植物、食虫植物、凤梨类花卉、兰科花卉和棕榈类花卉等。

第二章
园林花卉的生物学和生态学特性

第一节　花卉个体生长发育过程

生物体从发生到死亡所经历的过程称为生命周期。在生命周期中，植物体发生着生长、分化和发育等变化。生长是植物体积增大与重量的增长，如根、茎、叶、花、果实和种子的体积扩大或干重增加。分化是从一种同质细胞类型转变成形态结构和功能与原来不相同的异质细胞类型的过程，如花芽分化。发育指生物从营养生长向生殖生长的有序变化过程，是植物组织、器官或整体在形态结构和功能上有序的变化过程。

园林花卉从种子发芽到完成生命周期，可以分为种子时期、营养生长时期和生殖生长时期三个大的生长时期，每个时期又可分为几个小的阶段。

一、种子时期

种子时期指从卵细胞受精到种子发芽的时期，包括胚胎发育期、种子休眠期和发芽期。胚胎发育期应使母本植株有良好的营养条件及光合条件，以保证种子的正常发育。大多数花卉在种子成熟后都有不同程度的休眠期，休眠状态的种子代谢水平低，不易发芽，保存在冷凉干燥的环境中可延长种子寿命。休眠后的种子，遇到适宜的环境即能吸水发芽。

二、营养生长期

营养生长期指从种子发芽至花芽分化这段时期，包括幼苗期、营养生长旺盛期和营养休眠期。幼苗期植株生长迅速，代谢旺盛，光合作用所产生的营养物质除呼吸消耗外，全部供新生的根、茎、叶生长需要。幼苗期后进入营养生长旺盛期。一年生花卉有一个营养生长的旺盛时期；二年生花卉也有一个营养生长旺盛时期，之后进行短暂休眠，次年春季又旺盛生长。二年生花卉及多年生花卉在贮藏器官形成后有一个休眠期。这个时期的休眠大多是由于环境条件造成的被动休眠，一旦遇到适宜的温度、光照及水分条件，即可发芽或开花。

三、生殖生长时期

生殖生长时期指从花芽分化到果实结果的时期，包括花芽分化期、开花期和结果期。花芽分化是园林花卉从营养生长过渡到生殖生长的标志。花芽分化决定着开花数量和质量，对观花花卉来说尤为重要。这时要具有满足花芽分化的环境才能使花芽及时发育。开花期是许多园林花卉观赏价值最高的时期。此时的园林花卉对外界环境非常敏感，温度过高或过低、光照不足或过于干燥等，都会妨碍授粉及受精，影响观赏效果。结果期是观果类花卉观赏价值最高的时期。木本花卉结果期间一边开花结实，一边仍继续营养生长，故营养生长与生殖生长之间容易竞争养分而失衡。而一二年生花卉的营养生长时期和生殖生长时期区别比较明显。

第二节　花芽分化

花芽分化是花卉生长发育中的一个重要环节，了解各种花卉花芽分化的时期、规律及其对环境条件的要求，对花卉栽培和生产具有重要意义，尤其对花期调控和促成栽培意义重大。

一、花芽分化的阶段

花芽分化指从叶芽的生理和组织状态向花芽的生理和组织状态转化的过程，是由营养生长向生殖生长转变的生理和形态标志。在花展开前就已经在花内完成了。整个过程可分为生理分化阶段、形态分化阶段和性细胞形成阶段。三者顺序不可改变，缺一不可。生理分化阶段是在芽内生长点内进行的生理变化，外表无明显变化。形态分化阶段芽内花部各个器官发育，先是生长点凸起肥大，然后依次形成花萼、花冠、雄蕊和雌蕊。性细胞形成阶段花粉和柱头内的雌雄两性细胞发育形成。

二、花芽分化的类型

花芽开始分化的时间及完成分化全过程所需时间的长短不同，随花卉种类、品种、地区、年份及外界环境条件而异。依花芽分化的时期及年周期内分化次数分为以下几类：

（一）夏秋分化类型

花芽分化一年一次，于 6 ～ 9 月进行。这类花卉大多在秋末花芽已具备各种花器管，但其性细胞形成需经过一段时间的低温刺激，因此要到翌年早春或春季才能开花。许多春季开花的木本花卉和球根类花卉属于此类。如牡丹、丁香（*Syringa oblata*）、梅花（*Prunus mume*）、榆叶梅（*Prunus triloba*）、水仙、郁金香等。秋植球根花卉，入夏后，地上部分全部枯死，进入休眠状态，但花芽分化在夏季休眠期间进行，此时温度不宜过高，超过 20℃花芽分化就会受阻。春植球根花卉，在夏季生长期进行花芽分化。

（二）冬春分化类型

花芽分化时间短并且连续进行，大多在 12 月至翌年 3 月进行。原产温暖地区的大多数花卉也均属此类。如一些二年生花卉三色堇、雏菊和春季开花的宿根花卉鸢尾、荷包牡丹、芍药等，秋播花卉如金盏菊、雏菊、三色堇、紫罗兰等。

（三）当年一次分化、一次开花类型

在当年的枝条上，仅分化一次花芽。一些当年夏秋季开花的花卉种类，在当年茎顶端分化花芽。如紫薇（*Lagerstroemia indica*）、木槿（*Hibiscus syriacus*）、木芙蓉（*Hibiscus mutabilis*）以及夏秋开花较晚的萱草、菊花等宿根花卉。

（四）多次分化类型

一年中多次发枝，每次枝顶均能形成花芽并开花。此类花卉的营养生长与生殖生长同步进行。如茉莉（*Jasminum sambac*）、月季、倒挂金钟（*Fuchsia hybrida*）、香石竹（*Dianthus caryophyllus*）等四季开花的花木。一些宿根花卉在一年中也可多次分化花芽。一年生花卉的花芽分化时期较长，只要在营养生长达到一定大小时，即可分化花芽而开花，如半支莲等。

（五）不定期分化类型

每年只分化一次花芽，但无一定时期，只要达到一定的叶面积就能开花，主要视植物体自身养分积累程度而异。如万寿菊、百日草、叶子花（*Bougainvillea spectabilis*）等。

第三节　花卉与环境因子

花卉性状表现在很大程度上取决于本身的遗传因素，同时受环境条件的影响，花卉会对不断变化的环境因子产生适应和响应。了解各环境因子对花卉的影响及花卉生长所需的环境条件，才能保证花卉的健壮生长，达到理想观赏效果。

一、温　度

温度是影响花卉生长发育的重要因子之一，影响花卉的地理分布及生长发育的全过程。广义的温度包括水温、土温和气温，通常所指的温度为气温。花卉能存活的最低温和最高温，加上最适合其生长的最适温，合称为温度的“三基点”。一般来说，植物在 4 ～ 36℃的范围内都能生长。植物种类不同，对温度的要求不同；即使同种植物，发育时期不同对温度的要求也不同。

（一）花卉种类对温度的要求

花卉因原产地不同，对温度的要求有很大差异。原产热带的花卉一般在 15 ～ 18℃开始生长，并可忍耐 50 ～ 60℃高温，如王莲生长的最适温度高达 30℃；原产亚热带的花卉一般在 12 ～ 16℃开始生长；原产温带的花卉一般在 10℃左右开始生长；原产寒带的花卉能耐 –20 ～ –30℃的低温，如雪莲 4℃即开始生长。根据花卉对温度的要求不同，一般可分为耐寒性花卉、半耐寒性花卉和不耐寒花卉。

1. 耐寒性花卉

原产于寒带或温带，抗寒力强，在我国北方能露地越冬。一般能耐 0℃低温，一些花卉种类能忍耐 –5 ～ –10℃的低温。露地二年生花卉、部分宿根及球根花卉多属此类。二年生草本花卉如三色堇、石竹、二月兰（*Orychophragmus violaceus*）等，宿根花卉如金光菊、桔梗（*Platycodon grandiflorum*）、玉簪等，球根花卉如水仙、郁金香和风信子等，木本花卉如贴梗海棠（*Chaenomeles speciosa*）、迎春（*Jasminum nudiflorum*）、丁香等。

2. 半耐寒花卉

原产于温带温暖地区，耐寒力介于耐寒性花卉和不耐寒性花卉之间。在长江流域可安全越冬，黄河流域越冬需稍加覆盖，东北、西北地区在严冬季节需在保护地越冬。如金鱼草、紫罗兰、广玉兰（*Magnolia grandiflora*）、梅花、桂花（*Osmanthus fragrans*）、南天竹（*Nandina domestica*）、水仙、月季、石榴（*Punica granatum*）等。

3. 不耐寒花卉

原产于热带亚热带地区，要求 5 ～ 8℃或更高温度越冬。在原产地一年四季不停地生长，所以是四季常绿的，耐寒性极差。一般不能忍受 0℃的低温，有的甚至不能忍受 5℃的低温。这类花卉中一年生及多年生作一年生栽培的种类，其生长发育在一年中的无霜期进行，春季晚霜后播种，秋末早霜到来前死亡，如万寿菊、一串红、翠菊、美女樱、矮牵牛等；春植球根花卉如唐菖蒲、美人蕉、大丽花等，在寒冷地区需于秋季采收以防冬季冻害，贮藏越冬；不耐寒的多年生草本和木本花卉，在北方需保护地越冬。

（二）不同生育时期对温度的要求

花卉不同生长发育时期对温度的要求不同。一般来说，一年生花卉种子萌发需要较高的温度（尤其是土壤温度）。一般喜温花卉的种子，发芽温度在 25 ～ 35℃为宜；耐寒花卉种子发芽可以在 10 ～ 15℃或更低时开始。幼苗期要求温度较低；旺盛生长期需要较高的温度；开花结实期要求相对较低的温度，以利延长花期和籽实的成熟。

二年生花卉与一年生花卉相比，种子萌发期需要较低的温度，一般在 16 ～ 20℃。苗期所需温度更低，苗期大多要求经过一段低温（1 ～ 5℃）春化阶段。旺盛生长期要求较高的温度；开花结实期需要相对较低的温度，以延长观赏时间，并保证籽实充实饱满。

除注意气温对花卉生长发育的影响外，还要注意土温、气温和花卉体温之间的关系。土温较气温稳定，土层越深温度变化越小，所以根的温度与土壤温度之间差异不大。地上部温度主要受气温的影响，一般来说叶面温度会稍高于气温，因此在气温过高时要采取适当的遮阴措施，防止灼伤花卉。

（三）极端温度对花卉生长发育的影响

花卉处于较为不利的温度条件（接近或超过耐受范围）时，对花卉的生长发育是极为不利的。温度过低时，花卉的生理活动减慢，甚至停止，植物组织内发生结冰现象，引起原生质理化性质的改变，严重时会导致死亡。高温对园林花卉的伤害主要是高温使得其体内水分失衡，水分过度蒸腾而不能及时得到补给，造成原生质脱水和原生质中蛋白质的凝固。从形态上来看，高温会导致花卉萎蔫、失绿、落花落果、生长瘦弱、灼伤等现象。

（四）温周期作用

花卉所处的环境中温度有两个周期性变化：季节变化和昼夜变化。季节变化尤其在四季分明的地区表现明显。“春花秋实”就是花卉对季节变化的反映。昼夜温周期现象是在白天和夜晚植物分别处于光期和暗期两个不同时期的生理活动。白天，植物以光合作用为主，高温有利于光合产物的形成；夜晚植物以呼吸作用为主，温度降低可以减少内部物质的消耗，有利于糖分积累，而且在低温下也有利于根的生长，提高根冠比。周期性的温度变化有利于花卉的生长发育，许多花卉都要求有这样的变温环境，才能正常生长。一般来说，热带花卉需要3～6℃的昼夜温差，温带植物需要5～7℃的昼夜温差，而沙漠植物需要的昼夜温差要在10℃以上。块根、块茎和球茎等球根花卉，在昼夜温差大的条件下生长较好，有利于地下储藏器官的形成、膨大，从而提高产量。

（五）温度与花芽分化

花卉种类不同，花芽分化时所要求的适温也不同。大体上可分为下列两种：

1. 在低温下进行花芽分化

有些花卉必须通过一段低温才能开花，这种需要低温阶段才能开花的现象称为春化作用。冬性越强的花卉要求温度越低，持续时间也越长。许多原产温带中部的花卉以及各地的高山花卉，多要求在20℃以下较凉爽气候条件下进行花芽分化，如八仙花、卡特兰属和石斛属的某些种类在13℃左右和短日照条件下促进花芽分化；许多秋播草花也要在低温下进行花芽分化，如金盏菊、雏菊等。

2. 在高温下进行花芽分化

有些花卉花芽分化在6～9月气温高至20～25℃或更高时进行，入秋后植物体进入休眠，经过一定低温后结束或打破休眠而开花。如花木类中的杜鹃、山茶、梅、樱花、紫藤等；春植球根类如唐菖蒲、晚香玉、美人蕉等；秋植球根类如郁金香、风信子等；草本花卉如鸡冠花、月见草、凤仙花、一串红、矮牵牛、波斯菊、麦秆菊、长春花、茑萝等。

（六）温度对花属性的影响

温度对于分化后花芽的发育也有很大影响。有些花卉花芽发育需要较高的温度，如郁金香、风信子、水仙等。花芽分化后的发育，初期要求低温，以后温度逐渐升高能起促进作用，低温最适值和范围因花卉种类和品种而异，如郁金香为2～9℃，水仙为5～9℃，风信子为9～13℃。

温度高低还会影响花的颜色。有的花卉随温度升高和光强减弱，花色变浅，如落地生根属（*Bryophyllum*）、蟹爪兰属（*Schlumbergera*）等。月季花色在低温下呈浓红色，在高温下呈白色。菊花和翠菊等草花，寒地栽培的均比暖地栽培的花色浓艳。有的花卉随温度升高而花色变深。如蓝白复色矮牵牛品种，在30～35℃高温下花瓣完全呈蓝或紫色，在15℃条件下花色呈白色，而在上述两者之间的温度下，就呈现蓝和白的复合色。

温度还会影响到某些花卉花朵芳香的浓淡程度。喜温的花卉在一定范围内温度越高、阳光充足则花香浓郁，遇低温常平淡无味；而喜冷的花卉不耐高温，遇高温香味会变淡。

二、光 照

花卉生长发育离不开光照。一般来说，光照充足，光合作用旺盛，形成的碳水化合物多，花卉体内干物质积累就多，花卉生长和发育就健壮。而且，C/N 高，有利于花芽分化和开花，因此大多数花卉只有在光照充足的条件下才能开花。光照对花卉的影响主要表现在光照强度、光照时间和光质上。

（一）光照强度对花卉的影响

不同种类花卉对光照强度的要求不同，这与它们原产地的光照条件有关。一些热带和亚热带地区，阴雨天气多，空气透明度低，光照强度也较低。原产这些地区的花卉往往要求较低的光照强度，如引种到其他强光照地区栽培，通常要进行遮阴处理。而高海拔地区则光照强度较高，原产高海拔地区的花卉要求较强的光照条件。根据花卉对光照强度的要求不同，可分为以下几种类型：

1. 阳性花卉

阳性花卉喜强光，不耐荫蔽，需要大于全日照的 75% 的光照。如光照不足，则枝条纤细、节间伸长、枝叶徒长、叶片黄瘦，花小而不艳、香味不浓，开花不良或不能开花。阳性花卉包括大部分观花、观果花卉和少数观叶花卉。如一串红、扶桑、月季、玉兰（*Magnolia denudata*）、紫薇、鸡冠花、菊花等。阳性花卉盆栽时应放在阳光充足的地方；地栽需要栽培在空景地或建筑物的南侧；在室内陈设不可时间过长；冬季放在温室南侧或室内南面阳台。

2. 阴性花卉

阴性花卉多原产于热带雨林或高山阴坡及林下，耐阴性较强，在适度遮阴下生长良好，如遇强光直射，则会使叶片焦黄枯萎甚至死亡。生长期要求遮阴 50% ～ 80%。阴性花卉主要是观叶花卉和少数观花花卉。如兰花（*Cymbidium* spp.）、百合、文竹、八仙花（*Hydrangea macrophylla*）、大岩桐（*Sinningia speciosa*）、紫金牛（*Ardisia japonica*）等。阴性花卉地栽时应栽在建筑物的北侧或树荫下；盆栽时需荫棚养护；温室养护要加遮阳网遮阴。阴性花卉可较长时间地在室内陈设，在花卉应用中属“室内花卉”。

3. 中性花卉

中性花卉对光照的要求介于上述二者之间，不很耐阴又怕夏季强光直射。一般喜欢阳光充足，但在微荫下生长也良好。如萱草、桔梗、杜鹃（*Rhododendron simsii*）、山茶、白兰花（*Michelia alba*）、马蹄莲、倒挂金钟、仙客来等。中性花卉在北方栽培时应在疏荫下或在荫棚的南侧养护，秋后移到阳光下。冬季温室养护要在直射光下。地栽时一般栽培在建筑物的东西两侧。中性花卉可在室内陈设较长的时间，但需要定期轮换。

一般植物的最适需光量大约为全日照的 50% ～ 70%，多数植物在 50% 以下的光照时生长不良。光照不足时，植株徒长、节间延长、花色及花的香气不足、分蘖力减小、易感染病虫害。光照过强会使植物同化作用减缓，对花卉也是不利的。有些花卉对光照的要求因季节变化而不同。如仙客来、大岩桐、君子兰、天竺葵、倒挂金钟等夏季需适当遮阴，但在冬季又要求阳光充足。

同一种花卉在生长发育的不同阶段对光照的要求也不同。一般幼苗繁殖期需光量低一些，有些甚至在播种期需要遮光才能发芽，如仙客来、雁来红（*Amaranthus tricolor*）等；幼苗生长期至旺盛生长期则需逐渐增加需光量；生殖生长期则因长日照、短日照等习性不同而不一样。

光照强度对花色也有影响。强光能促进色素的形成，因此高山花卉绝大多数色彩鲜艳。室外鲜艳的盆花移到室内便褪色。在室外，白色的菊花会变成紫红色。绿色的菊花在未开花前要置于荫处，否则不能保持鲜艳的绿色。斑叶植物在弱光下栽培常常斑块变小甚至全部变成绿色。

（二）光照时间对花卉的影响

园林花卉的开花、休眠和落叶，以及鳞茎、块茎、球茎等地下贮藏器官的形成都受昼夜长度的调节。植物对昼夜长度发生反应的现象称为光周期现象。根据园林花卉成花对光周期的要求将其分为长以下三类：

1. 长日照花卉

长日照花卉要求每天的光照时间必须长于一定的时间（一般 12h 以上）才能正常开花。一般春季至夏初开花的植物是长日照花卉，包括二年生草花，如金盏菊、金鱼草、矮牵牛、飞燕草、紫罗兰、毛地黄（*Digitalis purpurea*）、香石竹、美女樱等。这类花卉日照时间越长，生长发育越快，花芽多而充实，因此花多色艳，种实饱满，否则植株细弱，花小色淡，结实率低。

2. 短日照花卉

短日照花卉要求每天的光照时间必须短于一定的时间（一般在 12h 以内）才有利于花芽的形成和开花。一般夏末至冬季开花的植物是短日照花卉，包括一年生草花，如牵牛花、鸡冠花、波斯菊、万寿菊、大丽花、一品红、蟹爪兰（*Zygocactus truncactus*）等。

3. 日中性花卉

日中性花卉对光照时间长短不敏感，只要温度适合，一年四季都能开花。如月季、香石竹、扶桑、美人蕉、百日草等。

（三）光质对花卉的影响

光质又称光的组成，是指具有不同波长的太阳光的成分。不同波长的光对植物生长发育的作用不尽相同。红光不仅有利于植物碳水化合物的合成，还能加速长日照植物的发育；短波的蓝紫光则能加速短日照植物的发育，并能促进蛋白质和有机酸的合成。一般认为短波光可以促进植物的分蘖，抑制植物伸长，促进多发侧枝和芽的分化；长波光可以促进种子萌发和植物的高生长；极短波则促进花青素和其他色素的形成，高山地区及赤道附近极短波光较强，花色鲜艳，就是这个原因。

光的有无和强弱也影响花蕾开放的时间。半支莲、酢浆草必须在强光下开花，紫茉莉（*Mirabilis jalapa*）、晚香玉在傍晚时开花，昙花在夜间开花，牵牛花在每日的早晨开花，多数花卉昼开夜闭。

光对不同花卉种子萌发的影响也不同。一些花卉的种子发芽时光下比黑暗中效果好，称为喜光性种子，如报春花（*Primula malacoides*）、秋海棠、毛地黄等，这类好光性种子，播种后不必覆土或稍覆土即可。一些花卉的种子需要在黑暗条件下发芽，称为嫌光性种子，如仙客来、雁来红等，这类种子播种后必须覆土。

三、水　分

水分也是花卉生长发育过程中必不可少的环境因子。植物的光合作用、蒸腾作用及矿质营养的吸收、运转与合成都需要水的参与。另外，水还能维持细胞膨压，使植物体保持一定的形状等。如果水分不足，种子不能萌发，插条不能发根，嫁接不能愈合，严重时造成植株枯萎甚至枯死；水分过多易造成湿害，植株徒长、烂根、抑制花芽分化和花蕾脱落等，降低观赏价值，严重时还会造成死亡。

（一）花卉对水分的要求

花卉种类不同对水分的需求是不同的，这与其原产地的雨量及分布状况有关。根据花卉对水分要求的不同，将其分为以下几类：

1. 旱生花卉

旱生花卉多原产于热带干旱、沙漠地区或雨季与旱季有明显区分的地带。这类花卉根系发达，肉质植物体能贮存水分，叶硬质刺状、膜鞘状或完全退化，能够忍受长期干旱环境。如仙人掌类（*Opuntia*）、仙人球类（*Echinopsis*）、龙舌兰等肉质多浆花卉。这类花卉忌水湿，栽培管理中应掌握宁干勿湿的浇水原则。

2. 半旱生花卉

半旱生花卉叶片多呈革质、蜡质状、针状、片状或具有大量茸毛。多见于木本花卉，如山茶、杜鹃、文竹、天竺葵等。这类花卉在栽培管理中应遵循干透浇透的浇水原则，即要等到盆土干了才能浇水，浇透就是要使盆土上下全部浇湿透，不要浇“拦腰水”。比如对于腊梅、天竺葵等喜干怕涝的盆花，如浇不透则根系吸不到水影响生长。

3. 中生花卉

中生花卉不能忍受过干或过湿条件，适宜在湿润、不干旱也不渍水的土壤中生长。包括大部分的木本花卉、大部分的露地草花和一些肉质根的花卉。这类花卉种类众多，对干和湿的忍耐有很大差异。耐旱力强的种类倾向于旱生植物的性状，耐湿力强的种类倾向于湿生植物的性状。不怕积水的如大花美人蕉、栀子花（*Gardenia jasminoides*）、凌霄、南天竹、棕榈等；怕积水的如月季、虞美人（*Papaver rhoeas*）、金丝桃（*Hypericum monogynum*）、大丽花等。

4. 湿生花卉

湿生花卉多原产于热带雨林中或山涧旁，喜空气湿度较大的环境，根部常生于潮湿或浅水的土中，地上部生于空气中。喜阴的如海芋（*Alocasia odora*）、合果芋（*Syngonium podophyllum*）、龟背竹（*Monstera deliciosa*）、风车草（*Cyperus alternifolius*）等，喜光的如水仙、燕子花（*Iris laevigata*）、马蹄莲等。它们需要很高的土壤湿度和空气湿度，极不耐旱。在栽培管理中，应掌握“宁湿勿干”的浇水原则，盆土要经常保持潮湿，不能脱水。

5. 水生花卉

生长在水中的花卉叫水生花卉。这类花卉全部或根部生长在水中，遇干燥则枯。这类花卉的根或茎具有较发达的通气组织，在水面以上的叶片大，在水中的叶片小，常呈带状或丝状，叶片薄，表皮不发达，根系不发达。如荷花、睡莲、王莲（*Victoria amazonica*）等。

（二）花卉的不同生长发育时期对水分的要求

同种花卉在不同的生长发育时期对水分的要求也是不同的。种子萌芽期需要较多的水分，以便透入种皮，有利于胚根的抽出，并供给种胚必要的水分。种子萌发后，在幼苗期因根系浅而瘦弱，根系吸水力弱，需保持土壤湿润，不能太湿或积水。此时应采用“少量多次”的浇水方法，保持表土适度湿润，下层土适当干燥，才有利于幼根下扎。旺盛生长期需要充足的水分供应，以保证旺盛的生理代谢活动顺利进行。生殖生长期（即营养生长后期至开花期）需水较少，空气湿度也不能太高，否则会影响花芽分化、开花数量及质量。花芽分化期适当控制浇水，可控制营养生长，促进花芽分化。结实期要正常浇水。对于观果类花卉，应供给充足水分，以满期足果实发育需要。种子成熟期要求空气较干燥。休眠或半休眠期应减少浇水或不浇水，以防烂根。

同时，水分对花色的影响也很大。水分充足时，花卉表现正常花色；水分缺乏时花色变深，如月季、菊花等。

（三）水分的调节

花卉对水分的需求量主要与其原产地水分条件、花卉的形态结构及其生长发育时期、生长状况等有关。例如：多肉植物在冬季休眠期温度在10℃以下时可以不灌水，其他半肉质植物如天竺葵等也可忍受上述方法。再如：根自土壤中吸收水分受土温影响，不同植物间也有差别。原产热带的花卉在10～15℃间才能吸水，原产寒带的藓类甚至在0℃以下还能吸水，多数室内花卉在5～10℃之间吸水。

四、土壤与营养

（一）花卉对土壤的要求

大部分花卉（除少数水生花卉外）的根系均生长在土中，其水分和矿质营养的获得也来源于土壤，因此土壤的质地、酸碱度、肥力等对花卉的生长发育有着很大的影响。花卉种类不同对土壤的要求不同，同种花卉不同发育期对土壤的要求也不同。

1. 土壤质地

一般来说，花卉栽培所用的土壤应具备良好的团粒结构，保证土壤排水和保水性能良好，含有丰富的腐殖质，酸碱度适宜。露地栽培的花卉对土壤要求不严格。盆栽花卉对土壤要求较高。温室盆栽花卉通常局限于花盆或栽培床中生长，一般都用人工配置的培养土来栽培。培养土通常是由园土、沙、腐叶土、松针土、泥炭土、煤烟灰等材料按一定比例配制而成，最大特点是富含腐殖质。因此土壤疏松、空气流通、排水良好，能较长期保持土壤的湿润状态，不易干燥；丰富的营养可充分供给花卉的需要，以促进盆花的生长发育。

2. 土壤对花卉生长发育的影响

土壤对花卉生长发育的影响主要表现在三个方面：土壤的物理性状即黏重程度和通透性能、土壤肥力以及土壤的酸碱度。

一般把土壤质地分为三类：沙土类、黏土类、壤土类。沙土类通透性强，排水良好，但保水保肥性差，一般不单独使用，常作培养土的配制成分和改良黏土，也常作为扦插用土或栽培幼苗和耐旱花卉用土，如仙人掌及景天科花卉的扦插用土。黏土类通透性差，排水不良，但保水保肥性强，昼夜温差小，早春土温上升慢，除适于少数喜黏质土壤的种类外，对大多数花卉生长不利，常与其他土类配合使用。壤土类性状介于二者之间，通透性能好，保水保肥力强，有机质含量比较稳定，适宜大多数花卉种类的要求。

土壤肥力是土壤可提供给花卉生长所必需的养分的能力。通常以有机质含量的多少来判断肥力的高低。有机质含量高的土壤，肥力充分，而且土壤理化性质好，有利于花卉的生长。生产中可通过增施有机肥来提高土壤的肥力。

多数花卉喜中性至弱酸性土壤。但不同的花卉种类对土壤酸碱度的要求有很大的不同。根据花卉对土壤酸碱度的要求可将花卉分为耐强酸性花卉、酸性花卉、中性花卉和耐碱性花卉。耐强酸性花卉要求土壤 pH 为 4.0 ～ 6.0，如杜鹃、山茶、栀子、兰花、彩叶草和蕨类植物等。酸性花卉要求土壤 pH 为 6.0 ～ 6.5，如百合、秋海棠、朱顶红、蒲包花、茉莉、石楠等。中性花卉要求土壤 pH 为 6.5 ～ 7.5，绝大多数观赏花卉属于此类。耐碱性花卉要求土壤 pH 为 7.5 ～ 8.0，如石竹、玫瑰、白蜡、紫穗槐等。土壤酸碱度还会影响某些花卉的花色。如八仙花的花色变化由土壤 pH 的变化引起。pH 低时花色呈蓝色，pH 高时呈红色。

3. 土壤微生物与花卉

土壤中的微生物对花卉也有一定的影响，主要是有益影响。微生物的活动可促进土壤团粒结构的形成；与花卉的根系共生形成的根瘤和菌根可促进糖代谢，增强抗病能力；促进有机质和矿物质的分解；有些微生物能产生生长调节物质和有毒物质。

4. 土壤耕作与花卉生长发育的关系

土壤耕作可以增强土壤肥力，使其达到熟化要求。土壤耕作可改良土壤耕作层的构造，使上层土壤疏松深厚，有机质含量高，土壤结构和通透性好，蓄保水分养分的能力及吸收能力提高。土壤耕作还会促进微生物的活动，有利于形成土壤团粒结构。

（二）营养元素

1. 植物生长所需要的营养元素

碳（C）、氢（H）、氧（O）、氮（N）、磷（P）、钾（K）、硫（S）、铁（Fe）、钙（Ca）、镁（Mg）是植物生长所需要的大量元素，其中氮、磷、钾三要素对花卉生长的影响最大。氮肥又称叶肥，促进叶绿素产生，促营养生长，但氮肥过多将阻碍生殖生长，影响越冬；缺乏 N 时，叶片发黄。观叶花卉或花卉生长前期可施氮肥。磷肥又称花果肥，促开花结果，促种子发芽，纠正因 N 多产生的缺点。可促茎杆坚韧不倒。钾肥又称根肥，有利于根系生长，另外促进光合作用。对球根花卉根系生长起促进作用。另外对光强较低时，施钾肥可以提高光合效率。植物生长所需要的微量元素主要有硼（P）、锰（Mn）、锌（Zn）、铜（Cu）、钼（Mo）等。

植物由于缺乏某种元素而产生的生长不良称之为生理病害（缺素症）。

缺 N：通常发生在老叶或全株。叶色变淡黄，逐渐变褐，少有脱落。

缺 P：叶暗绿色，生长缓慢，下部叶的叶脉间黄化常带有紫色，叶早落。

缺 K：症状常发生在老叶上，上有病斑以及叶缘枯死。黄化从边缘向中部扩展，慢慢边缘变褐皱缩，最后老叶脱落。

缺 Mg：症状常发生在老叶上，下部叶黄化，晚期有枯斑，黄化发生在叶脉间，叶脉仍然绿色，叶缘向两侧翻卷皱缩。

缺 Fe：症状常发生在新叶上，叶脉间黄化，叶脉仍然呈现绿色。严重时叶缘叶尖干枯，有时向内扩展。

2. 肥 料

（1）有机肥料。有机肥料多以基肥形式施入土壤中，也可做追肥，但必须经过充分腐熟才能施用，常用的有人粪尿、厩肥、鸡鸭粪、草木灰、饼肥和马蹄片等。

（2）化肥和微量元素。化肥和微量元素主要用作追肥，兼作基肥或根外施肥，常用的有尿素、硫酸铵、过磷酸钙、硫酸亚铁、磷酸二氢钾、硼酸等。其中尿素和硫酸铵主要提供速效氮，过磷酸钙提供速效磷，硫酸亚铁除提供铁之外，还可以调整土壤的酸碱度，磷酸二氢钾和硼酸主要用于根外施肥，以补充植物体内的磷、钾和硼。

五、空 气

空气是个混合气体，是由 O_2、N_2、NO、CO_2、CO、Cl_2、SO_2、H_2S、HF 等混合而成的。O_2、CO_2 是有用气体，而 HF、CO、Cl_2、SO_2、H_2S 气体属于有害气体。

（一）空气主要成分对花卉的作用

1. 氧气（O_2）

氧气是花卉呼吸作用必不可少的。对地上部分来说，大气中的氧气含量较稳定，不会限制枝叶的生长。而在土壤中，氧气的含量较少且不稳定，缺乏氧气时会抑制呼吸作用，阻碍新根的生长。另外，氧气缺乏时会产生无氧呼吸，产生大量酒精，毒害根系，严重时会引起根系腐烂而导致全株死亡。因此，在栽培中要防止土壤板结、积水，勤松土，增加透气性，保证根系正常呼吸。

2. 二氧化碳（CO_2）

二氧化碳是花卉进行光合作用、制造有机物的原料之一。在一定范围内，随着浓度的提高，光合作用加强，有利于植物生长发育。但是过量的二氧化碳对花卉的生长也会产生不利影响。当二氧化碳浓度达到 2% ～ 5% 时就会对光合作用产生抑制效应。在保护地栽培中可增施二氧化碳肥增加花卉的产量。各种花卉种类对二氧化碳浓度的需求不同：一般来说施用量以阴天 500 ～ 800mg/kg，晴天 1300 ～ 2000mg/kg 为宜。此外还应根据气温高低、植物生长期等的不同而有所区别，当温度较高时，二氧化碳浓度可稍高；花卉在开花期、幼果膨大期对二氧化碳需求量较少。

（二）空气污染对花卉的影响

除去空气中正常的成分外，空气中还有一些对植物生长有害的气体，如二氧化硫、一氮化碳、氯化氢、氯气、氟化氢、硫化氢及臭氧等。有毒气体可通过气孔或是根部进入花卉体中。

1. 二氧化硫（SO_2）

SO_2 是由工厂燃烧产生的有害气体，当空气中的含量达到 20ml/m^3 时，花卉就遭受伤害，SO_2 由气孔或水孔侵入后，在细胞中水化成 H_2SO_4，致使原生质脱水；而且浓度愈高，危害越严重。其症状首先在气孔周围及叶缘出现，开始呈水浸状，其后在叶脉间出现斑点。对二氧化硫抗性较强的花卉有金鱼草、蜀葵、美人蕉、金盏菊等，抗性敏感的花卉有矮牵牛、波斯菊、玫瑰、百日草、石竹等。

2. 氟化氢（HF）

当大气中氟化物含量在 1 ～ 5ml/m^3 时，植物在较长时间接触就会产生毒害，其毒性比二氧化硫大 10 ～ 100 倍。症状首先表现在叶尖和叶缘，呈环带状，然后逐渐向内发展，严重时引起全叶枯黄脱落。对氟化氢敏感的花卉有唐菖蒲、郁金香、玉簪、杜鹃、梅花等，抗性强的花卉有金银花（*Lonicera japonica*）、玫瑰、紫茉莉、洋丁香（*Syringa vulgaris*）、广玉兰、丝兰（*Yucca smalliana*）等。

3. 氨气（NH_3）

氨气含量过多，对花卉生长不利。在保护地栽培中，由于大量施肥，常会导致氨气的大量积累。当空气中氨含量达到 0.1% ～ 0.6% 时，就会发生叶缘烧伤现象；若含量达到 4%，经 24h 植株即中毒死亡。施用尿素时也会产生氨气，因此需在施肥后盖土或浇水，以避免氨害产生。

4. 氯气和氯化氢（Cl_2 和 HCl）

氯气和氯化氢浓度较高时，对花卉极易产生危害，症状与二氧化硫相似，但受伤组织与健康组织之间常无明显界限。毒害症状也大多出现在生理旺盛的叶片上，而下部老叶和顶端新叶受害较少。常见的抗氯气和氯化氢的花木有：矮牵牛、凤尾兰（*Yucca gloriosa*）、紫薇、广玉兰、丁香等。

六、生物因子

环境中的生物因子有动物、植物和微生物，这些因素都会影响花卉的生长发育与生存。

（一）病　害

花卉的病害与其他作物一样分为侵染性病害和非侵染性病害。非侵染性病害又称生理病害，主要是由于水分、温度、光照、矿质营养元素等过多或不足引发的，因未受病原生物的侵染，所以没有传染性。其防治方法主要是改进栽培技术措施，改善环境，消除有害因子，以防治该类病害的发生。侵染性病害是由病毒、细菌、真菌、线虫、寄生性种子植物等寄生所引发的，具有传染性。防治的方法主要是植物检疫，种子苗木消毒和清园消毒，改善通风透光条件和栽培措施，喷洒药物以及选育抗病品种等。

（二）虫　害

花卉害虫种类很多，既有为害根、茎、叶的，也有为害花、果的，不仅造成经济损失，而且大大降低了观赏性。为了防止或减少害虫的为害，采取的措施有保护或放养天敌，创造害虫不适宜的环境，严格进行检疫和施用除虫剂以控制其数量、活动和发展，最后达到消灭的目的。

第三章
花卉的繁殖

繁殖是花卉繁衍后代、扩大种苗、保存种质资源的手段。不同种或品种的花卉，各有其不同的繁殖方法和时期，在繁殖时，要根据其繁殖特点，选用合适的方法。繁殖一般分为有性繁殖和无性繁殖两类。

有性繁殖也称种子繁殖，是用种子进行播种繁殖的过程，其繁殖出来的苗称为实生苗。有性繁殖是一二年生草本花卉最常用的繁殖方法，部分球根、宿根花卉和木本花卉也适宜。无性繁殖也称营养繁殖，是利用植株营养器官如根、茎、叶、芽等的一部分，进行繁殖而获得新植株的方法。无性繁殖通常分为分生、扦插、压条和嫁接繁殖四种。前三种方法繁殖出来的苗称为自根苗，用嫁接方法繁殖出来的苗叫做嫁接苗。无性繁殖比种子繁殖成苗快，开花结果早，遗传变异小，能保持母本的种质特性。但是自根苗的根系不如实生苗发育健全，不能形成主根，对环境的适应能力较差，且寿命短。

花卉组织培养技术，在很多花卉种类和品种上已经成熟，常用来进行工厂化大批量的种苗生产，是非常重要的一类花卉繁殖方法，组织培养本质也是属于无性繁殖的范畴。用组织培养方法繁殖出来的苗简称为组培苗。

第一节　有性繁殖

一、种实分类

根据一些标准常将种实进行分类，以便正确播种，正确地计算千粒重、播种量及覆土深度；防止不同种类及品种种实的混杂；清除杂草种子及其他杂物。

（一）按粒径大小分类

以种子长轴尺寸进行分类。大粒种子：粒径在 5mm 以上，如牡丹、紫茉莉等；中粒种子：粒径在 2 ～ 5mm 之间，如紫罗兰、凤仙花等；小粒种子：粒径在 1 ～ 2mm，如三色堇、石竹等；微粒种子：粒径在 0.9mm 以下，如金鱼草、四季海棠等。

（二）按形状分类

种子按形状分为许多类型，球形如紫茉莉，卵形如金鱼草种子，椭圆形如四季秋海棠种子，肾形如鸡冠花种子（图 3-1），线形或针形如孔雀草种子，扁平状如蜀葵种子（图 3-2），纤毛状如春兰种子。

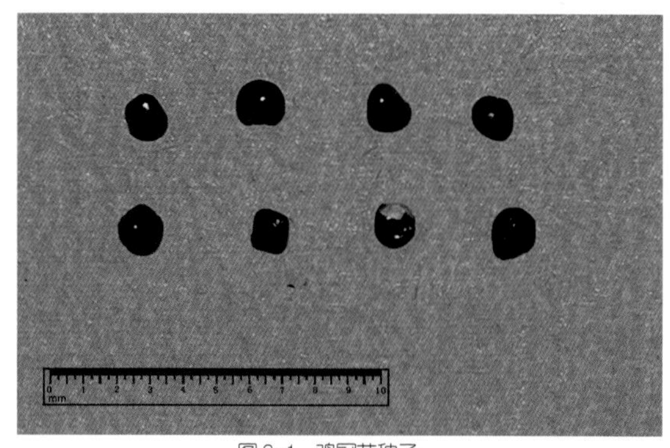

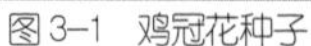

图 3–1 鸡冠花种子

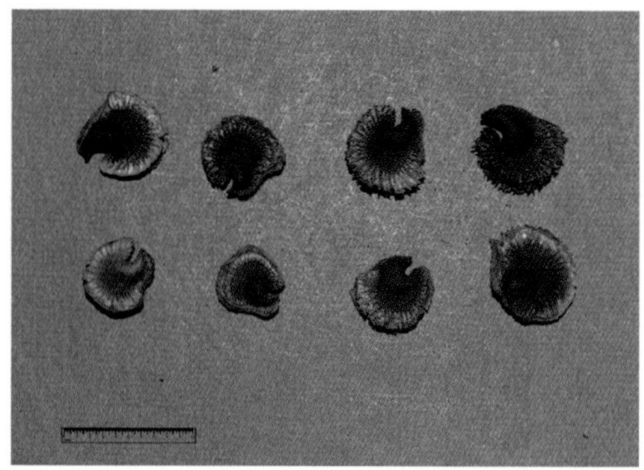

图 3–2 蜀葵种子

（三）按色泽分类

按种子颜色分类，主要在于把握种子的成熟度，如石竹种子成熟后一般是黑色的，但是也有的种子成熟后呈现浅褐色的，所以在对花卉种子播种前，一定要掌握了解成熟种子的色泽，以便区分种子种类及判断是否是陈旧种子。

（四）按种皮分类

种子表皮厚度常与萌发条件有关，有的种子表皮厚实坚硬如壳，如牡丹、紫茉莉等，为了促进种实萌发可采用浸种、刻伤种皮等处理方法。

（五）按种实寿命分类

种子的寿命，可以确保种子的优良品质。种子按其寿命一般可分为：短命种子，寿命在 3 年以内，原产于高温高湿地区无休眠期的植物、水生植物、子叶肥大、种子含水量高的植物、种子在早春成熟的多年生观赏植物大多属于此类，如报春属（*Primula*）、秋海棠类（*Begonia*）、天门冬属（*Asparagus*）、棕榈科（Palmaceae）、天南星科（Araceae）、睡莲科（Nymphaeaceae）（除荷花）、菊科等。中命种子，寿命在 3 ～ 15 年，大多数观赏植物属此类。长命种子，寿命在 15 ～ 100 年或更长，如荷花、美人蕉、部分锦葵科（Malvaceae）植物的种子。种子本身种皮的性质、原生质生活力的变化都影响种子寿命。

（六）按种子萌发对光照的要求分类

根据种子在萌发过程中对光照的需求分为三类：嫌光性种子，适合在黑暗条件下萌发的种子，如秋海棠、非洲菊、洋凤仙（*Impatiens walleriana*）、花烟草（*Nicotiana alata*）、矮牵牛、四季报春（*Primula obconica*）、毛地黄、藿香蓟、香雪球（*Lobularia maritima*）、四季海棠、凤仙花、雏菊、彩叶草、风铃草（*Campanula medium*）、康乃馨、银边翠等。喜光性种子，适合在光照条件下萌发的种子，如仙客来、福禄考、报春花、金鱼草、蔓长春花（*Vinca major*）、金盏菊、鸡冠花、万寿菊、孔雀草、牵牛花、三色堇、天竺葵、美女樱、香堇（*Viola odorata*）、百日草等。另外还有一些种类，其种子萌发对光照没有特殊的要求，称为不敏光种子，如翠菊、石竹、千日红（*Gomphrena globosa*）、麦秆菊等。

（七）按种子加工处理分类

为适应机械化、快速、均匀播种的需要，对各类种子进行不同的加工处理，这类种子不耐储藏，应尽快播种。包衣种子或丸粒化种子，在种子外部喷一层较薄的含杀菌剂、杀虫剂、植物生长调节剂、荧光颜料的处理。育苗种子，已经过催芽处理长出胚根的种子，需尽快播种。预发芽种子，经过预发芽处理，种子内部新陈代谢开始，处在胚根长出之前状态的种子，这类种子发芽率高，发芽整齐，在播种前购买。精选种子，指经过清洁、分级、刻伤及其他处理以提高种子质量及播种苗长势的种子。

二、种子萌发的条件

（一）种子萌发的外在条件

种子在适宜的水分、温度和氧气条件下才能顺利萌发，但有些花卉的种子要求有光照感应或打破休眠才容易萌发。

1. 水 分

种子只有在充足的水分条件下才能萌发，种子首先是吸水膨胀，种皮破裂，呼吸强度增大，各种酶的活性随之加强，蛋白质及淀粉等贮藏物质分解、转化，被分解的营养物质输送到胚，胚开始生长。吸水能力随种子的构造不同差异较大。有一些种子种皮坚硬，在播种前要刻伤或浸泡，如美人蕉、牡丹、香豌豆（*Lathyrus odoratus*）等。有些带有绵毛，播种前需去毛，如千日红、白头翁、木槿等。

2. 温 度

种子萌发需要适宜的温度，原产热带的花卉，播种需要温度较高，如王莲在 30 ～ 35℃水池中，经 10 ～ 21 天才萌发。原产亚热带及温带的花卉，春播时萌发适温为 20 ～ 25℃，秋播时适温为 15 ～ 20℃，如金鱼草、三色堇；有的萌发适温为 25 ～ 30℃，如鸡冠花、半支莲。原产温带北部的花卉需要一定的低温，如大花葱在 2 ～ 7℃下较长时间才能萌发，高于 10℃不萌发。

3. 氧 气

种子萌发过程中所需的能量来自于呼吸作用，种子只有吸入氧气，把储存的能量物质逐步氧化分解，生成二氧化碳和水，才能释放能量，供各种生理活动利用。因此，大多数花卉种子萌发，要求供氧充足，但对于水生花卉，只需少量氧气。

4. 光 照

对于多数花卉的种子，只要有足量的水分、适宜的温度和一定的氧气，就可发芽，但喜光性种子，必须有一定的光照才能萌发，如报春花、毛地黄、瓶子草等；也有一些嫌光性种子，在光照下不能萌发，如黑种草（*Nigella damascena*）、雁来红等；但大多数种子对光无要求。这些特性决定播种后是否覆土以及覆土的厚度。

（二）种子萌发的内在影响

1. 上胚轴休眠

有的种子有上胚轴休眠的特性，如牡丹、芍药、天香百合（*Lilium auratum*）、加拿大百合（*Lilium canadense*）、日本百合（*Lilium japonicum*）等。秋播当年只生出幼根，必须经过冬季的低温阶段，上胚轴才能解除休眠，在春季伸出土面。对于这类种子，可先用 50℃温水浸种 24h，埋于湿沙中，生根后，再用 50 ～ 100mg/kg 的赤霉素涂抹胚轴或用溶液浸泡 24h，约 10 ～ 15 天即可长出地上茎。

2. 生理后熟

有的种子形态成熟了，但生理没有成熟，不能萌发，需要后熟。可在低温下完成生理后熟；也可用激素处理，如播种前用 10 ～ 25mg/kg 赤霉素溶液浸种牵牛的种子，可促其发芽。

三、播　种

（一）种子播前处理

一般的花种，如四季海棠、凤仙花等种子，不需任何处理，即可直接播种，而外壳有油蜡的种子，如玉兰等可用草木灰加水成糊状拌入种子中才能播种，荷花、美人蕉等种子种皮较硬，播前需擦伤种皮，用温水浸泡 24h 后再播种。各种种子播种前均需进行发芽试验，检验种子的发芽率，以便确定播种量。对于种皮较厚的木本花卉，春播前一般都要进行催芽，以达到出苗快而整齐，成苗率高的目的。催芽多用水浸、层积等方法。

1. 水浸催芽法

可分三种水温处理。一是冷水浸种催芽，水温 0℃以上，适用于种壳较薄的种子，如紫藤、腊梅等；二是温水浸种催芽，水温 40 ～ 60℃，适用于种壳较厚的牡丹、芍药、紫荆（*Cercis chinensis*）等；三是热水浸种催芽，水温 70 ～ 90℃，适用于种皮坚硬的种子，如合欢（*Albizzia julibrissin*）等。浸种时水的用量为种子的 3 倍，倒入水时要搅拌，使种子受热均匀。用热水浸种时，待水温降到自然温度后，即停止搅拌，然后浸泡 1 ～ 3 天，待种子吸收膨胀后，捞出在 18 ～ 25℃温度下催芽。催芽期间每天用温水淘洗 1 ～ 2 次，并注意轻轻翻动，待种子破嘴后即可播种。

2. 层积催芽法

层积催芽是用 3 份湿沙和 1 份种子混合后，放在 0 ～ 7℃温度条件下保温冷藏。此法适用于牡丹、鸢尾、蔷薇类（*Rosa* spp.）等的种子以及隔年才能发芽的花卉种子。还可采用变温催芽法，即浸种后白天保持 25 ～ 30℃，夜晚温度为 15℃左右，反复进行约 10 ～ 20 天，即可达到发芽的目的。

3. 化学处理

对于种皮厚而坚硬的种子，用 95% 硫酸、盐酸、10% 氢氧化钠、溴化钾溶液浸泡，增加种皮透性，提高种子的吸水速率，使种子提早发芽。对于种子休眠的情况，可使用赤霉素处理打破种子上胚轴休眠，如用50mg/l赤霉素溶液浸泡洋桔梗种子24h，可打破其休眠，促进萌发。为了消除种实表面的病菌，常用50%或70%的甲基托布津粉剂、福尔马林、高锰酸钾等进行拌种，防治苗期病害。

4. 物理方法

种皮障碍引起萌发困难的种子，可用刻伤、挫伤或用砂纸摩擦种皮等方法，注意不要碰伤胚。种子量较大时，则需要机械进行，如美人蕉、荷花等种子。有些种子被蜡或胶质，可用草木灰浸出液浸种，揉搓去除；或用90℃热水浸泡，自然冷却，也可使之软化、吸水。

5. 混合处理

对一些种皮坚硬、渗透性差的种子，可采用物理和化学处理相结合的方法，对休眠较深、不易打破的种子，也可采用低湿沙藏和暖湿条件交替处理的方法，如大花黄牡丹的种子在一定温度下结合赤霉素进行沙藏层积处理，胚根很快萌出，之后改变温度继续处理，上胚轴休眠很快就会被打破。

（二）播种时期

1. 春 播

春播常用于露地一年生花卉，春季晚霜过后播种。华北、西北地区多在3月下旬至4月中旬，东北、内蒙古地区约在4月下旬左右。山西中部地区多在4月中旬前后播种，山西南部地区可提前，而北部地区一般要延迟。

2. 秋 播

秋播常用于露地二年生花卉，华北地区在8月底至9月中旬。山西中部地区多在8月下旬播种，有时甚至能延迟到9月下旬。

3. 夏 播

夏播适于夏季成熟、不宜久藏、无春化要求的种子，如朱顶红等；或出于花期调控的需要于此时播种，如三色堇7月播种，可于“十·一”前后开花，瓜叶菊的早花品种于6～7月播种，10月定植后给予长日照，12月中下旬可开花。夏播的草花，应选择耐高温的品种，夏季土壤水分蒸发快，表土易干，一般宜在雨后播种或播前灌水。

播种时期的确定依需求而定，同时要考虑到栽培季节和品种的差异。耐寒性宿根花卉，春播、夏播、秋播均可，如芍药。不耐寒常绿宿根花卉，宜春播。温室花卉，常随需要的花期而定，多数种类在春季1～4月播种，少数在7～9月播种。

（三）播种方法

1. 撒播法

适于细小种子的播种，播种后用细筛筛过的土覆盖，覆土厚度为种子大小的2～3倍。为了使播种均匀，播前与适量细沙混合均匀，撒播操作简单，但出苗量大，幼苗较密集，因此通风差，需及时间苗与移苗（图3-3、图3-4）。

图 3-3 撒播时种子用量太多，苗密

图 3-4 撒播种子不均匀或出苗不均匀

2. 条播法

中、小粒种子多开沟播种，一般行距 10 ～ 15cm，覆土厚度为种子直径的 2 ～ 4 倍。

3. 点播法

用于大粒种子或发芽势强的种子，播种时可开沟或穴播，每穴 1 ～ 2 粒种子为宜，覆土厚度为种子直径的 2 ～ 4 倍较好。点播法培育的幼苗健壮，但若种子不良易造成缺株。

（四）栽培基质

播种繁殖的基质一般选择保水性好、透气、颗粒细的园土、泥炭土以及富含腐殖质的沙质土为宜（图 3-5 至图 3-7）。腐叶土 5 份 + 园土 2 ～ 3 份 + 河沙 1 ～ 2 份。但目前有些花卉以椰糠为基质进行播种，发芽也较好。好的基质应是不使种子在基质中落空，而使种子与基质紧密接触。

图 3-5 林下的腐殖质细土

图 3-6 未用珍珠岩

图 3-7 用过的珍珠岩

（五）播种容器

1. 苗床播种

苗床基质以土壤肥沃、疏松、颗粒较细的立地条件为好。在山西，苗床一般以低床作畦多见，但是要注意雨水或浇水时对苗床的溅蚀以及苗床积水的问题。苗床宽度一般为 1m，以便管理。

在播种前，苗床要整地和施肥：翻耕约 30cm 深、细碎土块，然后施堆肥、厩肥及磷、氮肥等，随后整平床面。在播种后均匀地覆盖一层稻草，后用细孔喷壶充分喷水。最后做拱棚或薄膜覆盖。

2. 容器播种

常使用花盆、营养钵或育苗盘等进行播种，温室花卉播种繁殖常用 10cm 的浅盆。

（六）播种程序

苗床播种法：选种——种子消毒——浸种催芽——床土配制和消毒——育苗盘准备——浇水——播种（苗床或室内浅盆）盖籽——覆盖——分苗——定植。

容器播种法：盖排水孔——填 1/3 粗沙砾——填 1/3 粗粒培养土——填播种用土——压实——盆浸法浇水——播种。

（七）播后管理

（1）花卉播种后，掌握好浇水量及浇水方式、时间等，浇水要均匀，常保持土壤湿润，稍干燥即用细孔喷壶喷水，不可使土壤过干、过湿。播种初期可稍湿润一些，确保种子发芽，以后水分则不可过多。若天气炎热，土壤干燥，可用细孔喷壶每天清晨或傍晚喷水 1 ～ 2 次。露地播种在雨季要防止积水，苗床旁应开沟排水。夏季阵雨较多，为防止雨水冲刷，苗床上可盖一薄层稻草或秸秆提高种子发芽率。盆播草花种子，采用盆底透水法浸透水后约 3 ～ 4 天可不浇水，以后根据盆土干湿程度再喷水。

（2）播种后，要经常检查出苗情况，发现种子已经发芽出苗，应将覆盖物揭去，使幼苗逐渐见光；如果覆盖时间过长，幼苗易发生徒长，生长柔弱。夏秋阳光强烈时，需要做好遮阴工作。

（3）种子发芽出苗后，要逐渐减少浇水，使幼苗茁壮成长，大雨期间注意防雨。在幼苗生长出 1 ～ 2 片真叶后，可施 5% 腐熟液肥一次，促进幼苗生长健壮。

(4) 真叶出现后应做好间苗工作，扩大幼苗间距，使苗株生长健壮。间苗和移植可同时进行，起苗前先用细孔喷壶喷水，后用细尖筷子起苗移植，间苗后需立即浇水，以免留苗部分土壤松动。间苗可分几次进行，在幼苗长到 4 ～ 5 片真叶时便可进行定植。

第二节 扦插繁殖

扦插繁殖就是利用植物营养器官能产生不定芽和不定根的特性，将其根、茎、叶、芽的一部分或者全部剪切下，插入基质中，在适宜的环境条件下使其生根发芽，从而成为一个完整独立的新植株的繁殖方法。培养的植株比播种苗生长快、开花时间早，繁殖容易，繁殖量大，可保持原品种的特性。对不易产生种子的花卉，多采用这种繁殖方法。但扦插苗无主根，根系较弱、入土较浅。

一、扦插的种类与方法

扦插中，用来繁殖的部分称为插穗，而采集的母株成为插穗母本。根据扦插使用的器官材料的不同，可以分为枝插、叶插、芽插和根插这几种。

（一）叶　插

叶插是用一片叶或叶的一部分作为插条。适用于叶插的植物多为叶片、叶柄或叶脉肥厚、质硬、多汁的花卉，如秋海棠、非洲紫罗兰、虎尾兰、景天、玉树（*Crassula arborescens*）、豆瓣绿（*Peperomia sandersii*）的许多种。叶插发根的部位有叶脉、叶缘及叶柄。

1. 全叶插

用完整叶片为插穗。依扦插位置分为两种，有平置法和直插法。平置法是将叶片平铺沙面上，下面紧贴沙面，如落地生根从叶缘处产生小植株；秋海棠则从叶片基部或叶脉处产生植株。直插法，又叫叶柄插法，是将叶柄插入沙中，叶片立于沙面上，叶柄基部产生不定芽与不定根，如玉树、非洲紫罗兰、球兰（*Hoya carnosa*）等（图 3-8）。

2. 片叶插

将一个叶片分切为数块，分别进行扦插，使每块叶片上形成不定芽，典型的例子如虎尾兰(图3-9)。

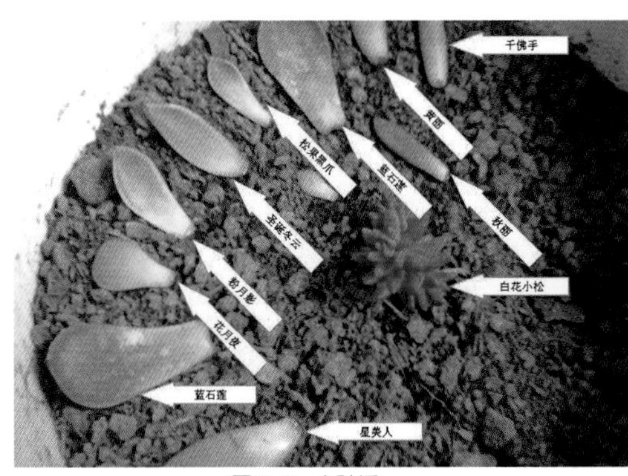

图 3-8　全叶插

图 3-9　片叶插

（二）枝　插

枝插以带芽的茎作插条称为枝插，是应用最广的扦插法，枝插可露地扦插，也可室内扦插，露地扦插是在露地插床进行大量扦插，可覆盖塑料棚或荫棚。室内扦插是在少量繁殖时采用的方法，可采用扣瓶扦插、大盆密插、水插等方式。

1. 硬木扦插

以生长成熟的休眠枝作插条，一般在休眠期扦插，多用于园林树木育苗，如木芙蓉、紫薇、木槿、石榴、扶桑、月季、女贞（*Ligustrum lucidum*）、橡皮树等插条在冬季休眠期扦插。

图 3-10　月季嫩枝扦插

2. 半硬木扦插

在夏季发育充实的带叶枝梢作为插条的方法。插穗应选取较充实的部分，可弃去枝梢部分，保留下段枝条备用，如月季（图 3-10）。常用于许多常绿或半常绿木本花卉，如米兰、栀子、杜鹃、月季花、海桐、黄杨、茉莉、山茶、冬青（*Ilex chinensis*）、卫矛、桂花等。

3. 嫩枝扦插

在生长季节中以较幼嫩多汁的枝梢 5 ～ 10cm 为插穗。一般从生长健壮成龄苗中较年幼的母株的枝条上采集，插穗必须保留一部分叶片。某些常绿及落叶木本花卉，如木兰属、蔷薇属、绣线菊属、连翘属、夹竹桃等均常用此方法。一些草本花卉类，如天竺葵属、大丽菊、地被菊、矮牵牛、香石竹、秋海棠、孔雀草（*Tagetes patula*）、一串红等也常使用此方法。

图 3–11　地被菊嫩枝扦插

左图为细沙与黄土混合的扦插基质，右图为黄土基质

4. 叶芽插

又称单芽插，是以 1 叶 1 芽及其芽着生处茎的一段作为插条的方法（图 3-12）。将插穗插入沙床中，芽尖露出土面，叶插不易产生不定芽的种类宜采用此法。该方法具有节约插穗的优点，但成苗较慢。许多草本花卉都可使用该法，另外一些木本花卉如杜鹃、天竺葵、山茶及某些热带灌木也常用此法。

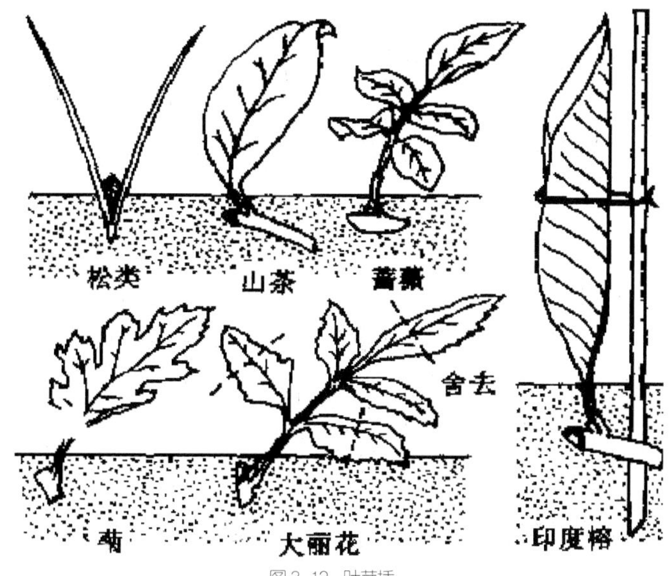

图 3–12　叶芽插

（三）根　插

有些宿根花卉能从根上产生不定芽形成幼株，这类植物可采用根插繁殖（图 3-13）。这类花卉具有粗壮的根，粗度不应小于 2mm，同种花卉，较粗较长者含营养物质多，易成活。根插可在晚秋和早春进行，冬季也可在温室或温床中扦插。进行根插的花卉有蓍草（*Achillea alpina*）、秋牡丹（*Anenone japonica*）、灯罩风铃草（*Campanula pyramidalis*）、剪秋萝（*Lychnis senno*）等。根插时，把根剪成 3 ～ 5cm 长，撒播于浅箱、花盆的沙面上，覆土约 1cm，保持湿润，产生不定芽之后生根之后移植。而荷包牡丹、芍药等一般剪成 3 ～ 8cm 的根段，垂直插入土中，上端露出土面，生出不定芽后进行移植。

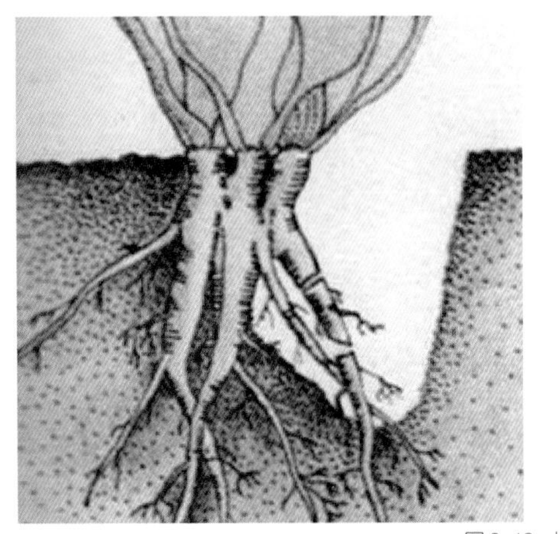
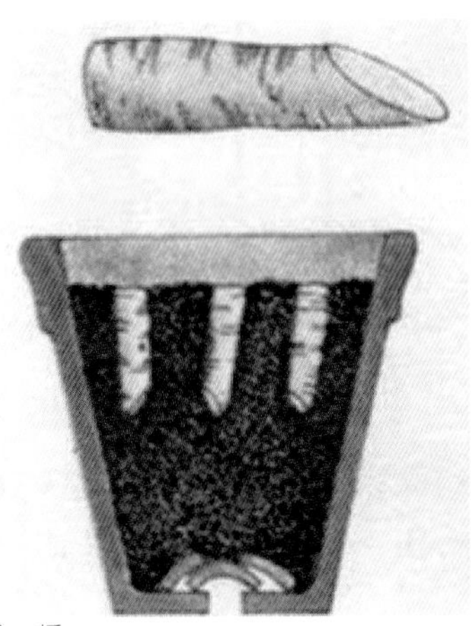

图 3-13　根　插

二、影响扦插生根的内外因素

（一）内　因

1. 种类差别

植物本身的遗传特性是影响扦插成活的主要内因，根据植物插穗的生根难易程度，可将植物分为四类：极易生根、较易生根、较难生根和极难生根植物。极易生根的植物有小叶黄杨、木槿、常青藤、连翘、南天竹、紫穗槐、番茄、月季、仙人掌、景天、发财树、一品红、芦荟等；较易生根的植物有茶花、竹子、 杜鹃、 樱桃、石榴、无花果、葡萄、柑橘、夹竹桃、野蔷薇、女贞，绣线菊、金缕梅、珍珠梅、花椒、石楠等；较难生根的植物有君迁子、赤杨、苦楝、臭椿、挪威云杉、山茶、核桃、海棠等；极难生根的植物有核桃、板栗、柿树、马尾松、木兰等。

2. 树龄、枝龄和枝条的部位

一般情况下，树龄越大，插条生根越难。发根难的树种，如从实生幼树上剪取枝条进行扦插，则较易发根。插条的年龄以 1 年生枝的再生能力最强，一般枝龄越小，扦插越易成活。但有的树种如醋栗用 2 年生扦插容易生根，主要原因是其 1 年生枝过于纤细，营养物质含量少。从 1 个枝条不同部位剪截的插条，其生根情况不一。常绿树种，春、夏、秋、冬四季均可扦插；落叶树种，夏秋扦插以树体中上部枝条为宜，冬、春扦插以枝条的中下部为宜。

3. 枝条的发育状况

凡发育充实的枝条，其营养物质比较丰富，扦插容易成活，生长也较良好。嫩枝扦插应在插条刚开始木质化即半木质化时采取；硬枝扦插多在秋末冬初，营养状况较好的情况下采条；草本植物应在植株生长旺盛时采条。

4. 贮藏营养

枝条中贮藏营养物质的含量和组分，与生根难易密切相关。通常枝条碳水化合物越多，生根就越容易，因为生根和发芽都需要消耗有机营养。如葡萄插条中淀粉含量高的发根率达63%，中等含量的为35%，含量低的仅有17%。枝条中的含氮量过高影响生根量，低氮可以促进生根，而缺氮就会抑制生根。硼对插条的生根和根系的生长有良好的促进作用，所以应对采取插条的母株补充必需的硼。

5. 激　素

生长素和维生素对生根和根的生长有促进作用。由于内源激素与生长调节剂的运输方向具有极性运输的特点，如枝条插倒，则生根仍在枝段的形态学下端，因此，扦插时应特别注意不要倒插。

6 . 插穗的叶面积

插条上的叶，能合成生根所需的营养物质和激素，因此嫩枝扦插时，插条的叶面积大则有利于生根。然而插条未生根前，叶面积越大，蒸腾量越大，插条容易枯死。所以，为有效地保持吸水与蒸腾间的平衡关系，实际扦插时，要依植物种类及条件，调节插条上的叶数和叶面积。一般留 2 ～ 4 片叶，大叶种类要将叶片剪去一半或一半以上。

（二）外　因

1. 湿　度

插条在生根前失水干枯是扦插失败的主要原因之一。因为新根尚未生成，无法顺利供给水分，而插条的枝段和叶片因蒸腾作用而不断失水。因此要尽可能保持较高的空气湿度，以减少插条和插床水分消耗，尤其是在嫩枝扦插时，高湿可减少叶面水分蒸腾，使叶子不致萎蔫。插床湿度要适宜，又要透气良好，插穗才容易生根。一般基质含水量 50% ～ 60% 为适宜、水分过多常使插穗腐烂，尤其是一些幼嫩插穗。空气相对湿度 80% ～ 90%，可减少插穗枝叶中水分的过分蒸发。扦插初期，愈伤组织形成需较多水分，以后应减少水分，一般维持土壤最大持水量的 60% ～ 80% 为宜。扦插后的管理主要为浇水、遮阴。

半硬枝及软枝扦插宜精细管理，保持床土湿润，以防止蒸发失水影响成活。扦插初期要注意庇荫，发根时早晨和傍晚可逐渐通风透光，逐步减少灌水，增加日照，并要注意拔草、除虫防病等工作，新芽长出后施淡肥一次。芽插、叶插多在温室内进行，也要精细管理，进行遮阴，以防止失水。

2. 温　度

因花卉种类不同，要求不同的扦插温度，多数花卉的软枝扦插宜在 20 ～ 25℃之间进行、热带植物可在25～30℃之间，耐寒性花卉可稍低。基质温度要高于气温3～6℃，可促进根的发生，气温低抑制枝叶的生长，因而在冬季或气温较低进行扦插时，扦插床往往会有增高地温的设备。

3.光　照

光对根系的发生有抑制作用，因此，必须使枝条基部埋于土中避光，才可刺激生根。同时，扦插后适当遮阴，可以减少圃地水分蒸发和插条水分蒸腾，使插条保持水分平衡。但遮阴过度，又会影响土壤温度。嫩枝带叶扦插需要有适当的光照，以利于光合制造养分，促进生根。但仍要避免日光直射。软材扦插带有顶芽和叶片，要在日光下进行光合作用，从而产生生长素促进生根，但不能强光。扦插初期要适当遮阴，晚上增加光照，夜间光照有利于插穗成活。在生根后期，要逐步地增多早晨和傍晚的光照，而在中午继续遮光。

4.氧　气

扦插生根需要氧气。插床中水分、温度、氧气三者是相互依存、相互制约的。土壤中水分多，会引起土壤温度降低，并挤出土壤中的空气，造成缺氧，不利于插条愈合生根，也易导致插条腐烂。插条在形成根原体时要求比较少的氧，而生长时需氧较多。一般土壤气体中以含15%以上的氧气而保有适当水分为宜。当愈伤组织及新根发生时，呼吸作用增强，因此要求基质中含有充足的氧，氧气含量高有利于插穗生根。一般用河沙、蛭石、泥炭和其他疏松土壤作为适宜的扦插基质。扦插深度也不宜过深，一般是插穗长度的1/3～2/3为宜，插穗通常靠盆边容易生根。

5.生根基质

理想的生根基质要求通水、透气性良好，pH值适宜，可提供营养元素，既能保持适当的湿度又能在浇水或大雨后不积水，而且不带有害的细菌和真菌。扦插所用的基质，可选用河沙、泥炭、蛭石、珍珠岩、黄土等材料。在露地大面积扦插时，多采用河沙、黄土或河沙与黄土的混合物，单独用河沙作为栽培基质时，因河沙无营养物质，往往在生根后要及时移栽；黄土扦插对浇水是一项考验，浇多了容易积水，长时间不浇水又容易造成土壤表层干裂；而河沙与黄土的适当配比，可有效避免各自的不足。蛭石、珍珠岩是扦插常用的材料，生根条件较好，既透水透气，又可保水，适合大多数植物使用。泥炭也可用来扦插，但是使用得较少。水培是一种新型的室内植物无土栽培方式，又名营养液培。如绿萝（*Scindapsus aureum*）、吊兰（*Chlorophytum comosum*）、月季、四季海棠、何氏凤仙（*Impatiens holstii*）、吊竹梅（*Zebrina* spp.）等花卉适宜水培。

三、扦插技术

（一）扦插程序

扦插育苗因植物种类及条件不同，各需经过不同的阶段，其程序大致有如下几种：

（1）露地直接扦插。

（2）催根后露地扦插。

（3）催根处理后在插床内生根发芽，再移植于露地。

（4）催根后在插床内生根发芽，经锻炼后再移植于露地。

（5）催根后在插床内生根发芽，即成苗。

（二）插条的贮藏

硬枝插条若不立即扦插，可按 60 ～ 70cm 长剪截，每 50 或 100 根打捆，并标明品种、采集日期及地点。选地势高燥、排水良好地方挖沟或建窖以湿沙贮藏，短期贮藏置阴凉处湿沙埋藏。

（三）扦插时期

不同种类的植物扦插适期不一。一般休眠枝最好在春季进行扦插，只要枝条不萌发就能扦插；生长枝（绿枝）在温室里可以随采随插，多数在春、夏、秋季进行。一般落叶阔叶树硬枝插在 3 月份，嫩枝插在 6 ～ 8 月份，常绿阔叶树多夏季扦插（7 ～ 8 月份），常绿针叶树以早春为好，草本类一年四季均可。

在花卉繁殖中，一般以生长期的扦插为主，但在温室条件下，只要条件适宜，全年都可进行。根据花卉的种类不同，选择其最适时期。一些宿根花卉茎插时，在春季发芽后至秋季生长停止前均可进行。在露地苗床或冷床中进行时，最适时期在夏季 7、8 月雨季期间。多年生花卉作一二年生栽培时，如一串红、金鱼草、三色堇、美女樱、孔雀草、藿香蓟等常在春、夏进行扦插，有时为了花期调控，也可在冬季温室内扦插。多数木本花卉选择在雨季扦插，但月季也可在秋冬季温室内扦插。

（四）扦插方式

1. 露地扦插

露地扦插分畦插与垄插。畦插：一般畦床宽 1m，长 8 ～ 10m，株行距 12 ～ 15cm×50 ～ 60cm；每公顷插 120000 ～ 150000 条，插条斜插于土中，地面留 1 个芽。垄插：垄宽约 30cm，高 15cm，垄距 50 ～ 60cm，株距 12 ～ 15cm；每公顷插 120000 ～ 150000 条，插条全部插于垄内，插后在垄沟内灌水。

2. 全光照弥雾扦插

全光照弥雾扦插是国外近代发展最快、应用最为广泛的育苗新技术。方法是采用先进的自动间歇喷雾装置，于植物生长季节，在室外带叶嫩枝扦插，使插条的光合作用与生根同时进行，由自己的叶片制造营养，供本身生根和生长需要，明显地提高了扦插的生根率和成活率，尤其是对难生根的果树效果更为明显。

（五）插床基质

易于生根的树种如葡萄等对基质要求不严，一般壤土即可。生根慢的种类扦插及嫩枝扦插，对基质有严格的要求，常用蛭石、珍珠岩、泥炭、河沙、苔藓、林下腐殖土、炉渣灰、火山灰、木炭粉等。用过的基质应在火烧、熏蒸或杀菌剂消毒后再用。

（六）插条的剪截

在扦插繁殖中，插条剪截的长短对成活率及生长率有一定的影响。在扦插材料较少时，为节省插条，需寻求插条最适宜的规格。一般来讲，草本插条长 7 ～ 10cm，落叶休眠枝长 15 ～ 20cm，常绿阔叶树枝长 10 ～ 15cm。绿枝一般 8 ～ 15cm，2 ～ 3 个节；休眠枝一般 10 ～ 20cm，3 ～ 4 个节。插条的切口，上端离上芽 1cm 处剪断，切口平滑，下端可剪削成双面模型或单面马耳朵形。一般要求靠近节部；剪口整齐，不带毛刺；还要注意插条的极性，上下勿颠倒。

（七）扦插深度与角度

扦插深度要适宜，露地硬枝扦插过深，地温低，氧气供应不足；过浅易使插条失水。一般硬枝春插时上顶芽与地面平，夏插或盐碱地插时顶芽露出地表，干旱地区扦插时插条顶芽与地面平或稍低于地面。嫩枝插时，插条插入基质中 1/3 或 1/2。扦插角度一般为直插，插条长者，可斜插，但角度不宜超过 45°。

扦插时，如果土质松软可将插条直接插入。如土质较硬，可先用木棒按株行距打孔，然后将插条顺孔插入并用土封严实；也可向苗床灌 1 次透水，使土壤变软后再将插条插入。已经催根的插条，如不定根已露出表皮，不要硬插，需挖穴轻埋，以防伤根。

四、促进扦插生根的方法

因花卉种类的不同，扦插生根的难度不同，有些植物生根较困难。因此，在扦插中，要根据植物种类及生根难易，选择合适的促进插穗生根的方法。

（一）机械处理

有些种类不易生根，需要进行机械刻伤产生了愈伤组织才易生根，所以对它们可在扦插前进行环割、环剥、纵向刻伤等手段处理一下。

（二）加温催根处理

常用的方法有：① 阳畦催根；②酿热温床催根；③火炕催根；④ 电热温床催根。

（三）植物生长素处理

植物生长素常用于枝插。生长素常见的有吲哚乙酸、吲哚丁酸和奈乙酸等，目前成商品销售的有 ABT 生根粉、根宝等。生根剂有许多类型，分别适用于不同的植物种类，在实践中可根据需要选用。生根剂处理插条是在插条剪截后立即于基部施用。浓度和施用方法依植物种类决定，一般草本、幼茎和生根容易的种类用较低浓度，相反的用高浓度。

施用方法主要有粉剂和水剂。水剂：先用低浓度 0.002% ～ 0.02% 水溶液浸插条基部 24h，继而用高浓度 0.05% ～ 1% 的溶液浸 5s 的方法。由于生长调节剂不溶于水，应先用酒精溶解后，再用水调整至所需浓度。用液体处理最大缺点是：易于使病害随药液相互感染，使用后剩余的药液不宜保存再用，因此浪费大。粉剂：用滑石粉配成一定浓度，只需将插条新切口在盛药粉浅盘中蘸一下即可。用粉剂，方便经济，效果很好。不论水剂或粉剂，用后剩下的药剂最好弃去不再使用。

使用生根剂应注意，过量会抑制芽的萌发，严重过量时会使叶变黄脱落、茎部变黑而枯死。最佳剂量是不产生药害的最高剂量，需经过试验确定。适量情况下插条表现出基部略膨大，产生愈伤组织，首先出现根。

（四）高锰酸钾与蔗糖

高锰酸钾用于多数木本植物效果较好，处理浓度为0.1% ～ 1.0%，浸24h。蔗糖对木本及草本植物均有效，处理浓度为2% ～ 10%，草本植物在较低浓度时就有良好效果，一般浸24h（处理时间不宜过长），因糖液有利于微生物活动，处理完毕后，要用清水清洗后扦插。

（五）杀菌剂药剂处理

最简便的方法是粉剂杀菌剂和粉剂生根剂混合使用。例如：用含0.4%生根剂的药粉按重量1∶1加入含50%克菌丹可湿性粉剂，配成含生根促进物0.2%、克菌丹25%的混合剂。

又如先将50%苯那明可湿性粉剂与滑石粉按1∶4配含有10%苯那明粉剂，再用它和含IBA0.4%+NAA0.4%的生根粉按1∶1配合，即成含苯那明50%，IBA0.2%、NAA0.2%的混合粉剂。

第三节　分生繁殖

分生繁殖，是人为地将植物体分生出来的幼植物体（如吸芽、珠芽等），或者植物营养器官的一部分（如走茎和变态茎等）与母株分离或分割，另行栽植而形成独立生活的新植株的方法。新植株能保持母株的遗传性状，繁殖方法简便，容易成活，成苗较快，而繁殖系数低于播种繁殖。

一、分株法

分株繁殖是将花卉带根的株丛分割成多株的繁殖方法。该操作方法简便可靠，新个体成活率高，适于易从基部产生丛生枝、萌蘖苗或新植株的花卉植物。常见的多年生宿根花卉如兰花、芍药、菊花、萱草、玉簪、蜘蛛抱蛋（*Aspidistra elatior*）、石竹等，木本花卉如牡丹、文竹、木瓜（*Chaenomeles sinensis*）、腊梅、紫荆和棕竹等均可用此法繁殖。

（一）丛生及萌蘖类分株

将母株上发生的根蘖、茎蘖及根茎等分割出来，培育成独立的新枝。分株繁殖的时期依花卉种类而定，一般春季开花的在前年秋季分株；秋季开花的在当年春季分株。秋季分株需在地上部进入休眠，地下部还在活动时期进行，如牡丹、芍药等；春季分株应在发芽前进行。如玉簪、鸢尾等。对于宿根类草本花卉，如鸢尾、玉簪、菊花等，地栽3 ～ 4年后，株丛就会过大，需要分割株丛重新栽植。分株时，宿根花卉先除去根部附着的宿土，然后用手或利刀按着根际的自然缝隙，顺序将其分离开，使割后的每一小株至少带有2 ～ 3个芽。花木类分株时无需将母株刨起，可用花铲将土挖开，从根际一侧挖出幼株即可栽植，分株时少伤根系，以利成活（图3-14）。

左图为丛生的射干，尽量保持根系的完整。
右图为清洗过后的连结在一起的射干丛生苗，红线表示分割部位，可用利刀切割也可手掰。

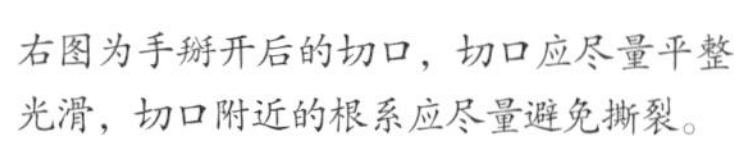

右图为手掰开后的切口，切口应尽量平整光滑，切口附近的根系应尽量避免撕裂。

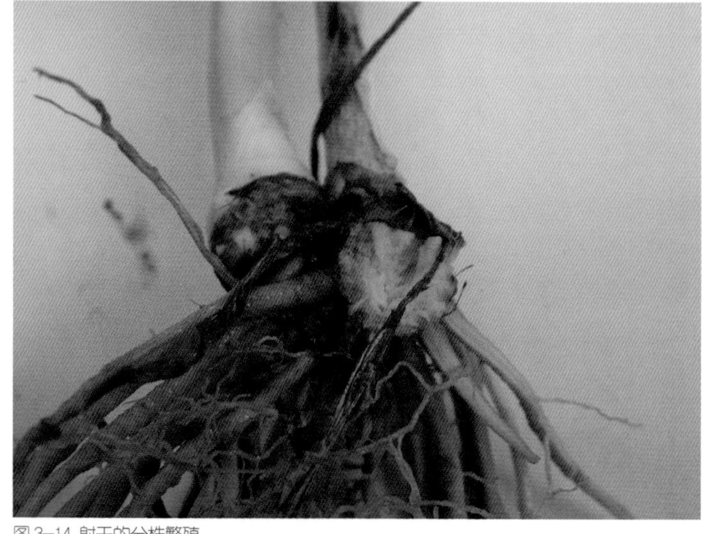

图 3-14 射干的分株繁殖

不论是分离母株根际的萌蘖，还是将成株花卉分劈成数株，分出的植株必须是具有根茎的完整植株。将牡丹、腊梅、玫瑰、中国兰花（*Cymbidium* spp.）等丛生型和萌蘖类的花卉，挖起植株酌量分丛；蔷薇、凌霄、金银花等，则从母株旁分割带根枝条即可。丛生型及萌蘖类的木本花卉，分栽时穴内可施用些腐熟的肥料。通常分株繁殖上盆浇水后，宜先放在荫棚或温室蔽光处养护一段时间，如出现凋萎现象，可向叶面和周围喷水来增加湿度。

（二）块根、块茎类分株

块根繁殖是对于一些具有肥大的肉质块根的花卉，如大丽花（图 3-15）、马蹄莲等所进行的分株繁殖。这类花卉常在根颈的顶端长有许多新芽，分株时将块根挖出，抖掉泥土，稍晾干后，用刀将带芽的块根分割，每株留 3 ～ 5 个芽，分割后的切口可用草木灰或硫磺粉涂抹，以防病菌感染，然后栽植。块茎繁殖是利用多年生花卉的地下茎，根系自块茎底部发生，块茎顶端通常具有几个发芽点，表面有芽眼可生侧芽。如仙客来常可切割块茎进行分株繁殖，每块球茎上均带顶芽，将切割的仙客来晾晒切口稍干后即可栽植，注意少浇水保持一定湿度即可愈合生根。

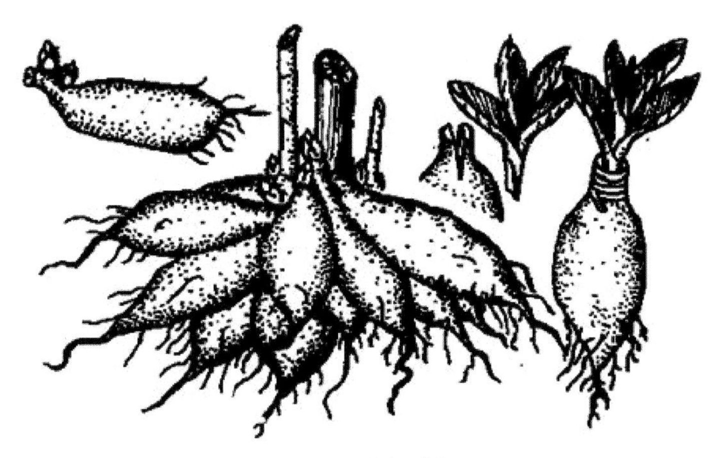

图 3–15 大丽花的分株繁殖

（三）根茎类分株

根茎是一些多年生花卉的地下茎肥大呈粗而长的根状，节上常形成不定根，并发生侧芽而分枝，继而形成新的株丛。如美人蕉、香蒲（*Typha angustata*）、紫菀（*Aster tataricus*）、鸢尾（图 3-16）等。对于美人蕉等有肥大的地下茎的花卉，分株时分割其地下茎即可成株。因其生长点在每块茎的顶部，分茎时每块都必须带有顶芽，才能长出新植株，分割的每株留 2 ～ 4 个芽即可。荷花与碗莲多采用 3 节以上的带顶芽的藕。

图 3–16 鸢尾根茎分株繁殖

（四）分球繁殖

分球繁殖是指利用球根花卉地下部分分生出的子球进行分栽的繁殖方法。球根花卉的地下部分每年都在球茎部或旁边产生若干子球，秋季或春季把子球分开另栽即可。根据种类不同，将分球繁殖分为球茎类繁殖和鳞茎类繁殖。分球时间在休眠后，将球根、球茎从母球上分割挖出，培育成独立的新株。如风信子的小鳞茎，一般发生在基部的四周，自母球分离后培育 4 年可达到与母株同等大小；水仙小球经 3 年能长成大球；郁金香大球经 1 年形成 2 ～ 3 个小球，小球经 1 ～ 2 年生长可长成大球；唐菖蒲球经 1 年生长可形成 1 ～ 4 个大球，并可产出许多小球。

1. 球茎繁殖

球茎是茎轴基部膨大的地下变态茎，短缩肥厚近球状。球茎上有节、退化叶片和侧芽。老球茎萌发后在基部形成新球，新球旁常生子球。球茎可供繁殖，也可分切数块，每块具芽另行栽植。生产中通常将母株产生新球和小球分离另行栽植，如唐菖蒲（图 3-17）。秋季叶片枯黄时将球茎挖出，在空气流通、温度 32 ～ 35℃、相对湿度 80% ～ 85% 的条件下自然晾干，依球茎大小分级后，贮藏在 5℃、相对湿度 70% ～ 80% 的条件下。春季栽种前，用适当的杀菌剂、热水等处理球茎。

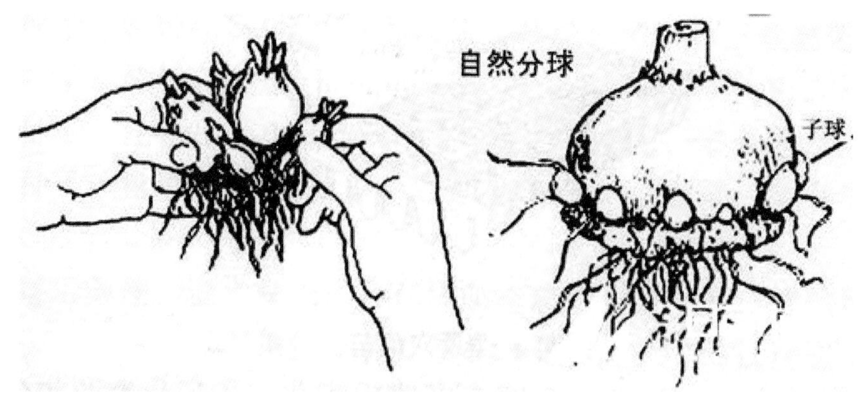

图 3–17 唐菖蒲自然分球繁殖

2. 鳞茎繁殖

鳞茎由一个短的肉质的直立茎轴（鳞茎盘）组成，茎轴顶端为生长点或花原基，四周被厚的肉质鳞片所包裹。鳞茎顶芽常抽生真叶和花序；每年可从鳞叶间的腋芽中形成一个或数个鳞茎并从老鳞茎旁分离开。生产中可栽植子鳞茎。如水仙、郁金香、春兰、朱顶红等。鳞茎发生在单子叶植物，通常植物发生结构变态后成为贮藏器官。鳞茎由小鳞片组成，鳞茎中心的营养分生组织在鳞片腋部发育，产生小鳞茎。鳞茎、小鳞茎、鳞片都可以作为繁殖材料。郁金香、水仙常用小鳞茎繁殖；百合常用小鳞茎和珠芽繁殖，也可用鳞片叶繁殖（图 3-18）。

图 3–18 百合的鲜茎繁殖

二、走茎、匍匐茎

走茎是自叶丛抽生出来的节间较长的茎。节上着生叶、花和不定根，能产生幼小植株，分离小植株另行栽植即可形成新株，如虎耳草（*Saxifraga stolonifera*）、吊兰（图 3-19）等。匍匐茎与走茎相似，但节间稍短，横走地面并在节处生不定根和芽，如禾本科的草坪植物狗牙根（*Cynodon dactylon*）、野牛草（*Buchloe dactyloides*）等。

图 3–19 吊兰匍匐茎繁殖

三、吸芽、珠芽及零余子繁殖

吸芽是某些植物根际或地上茎叶腋间自然发生的短缩、肥厚呈莲座状的短枝，自母株分离吸芽的下部可自然生根。如芦荟（*Aloe* spp.）（图 3-20）、景天（*Sedum* spp.）、玉树（图 3-21）、拟石莲花（*Echeveria* spp.）等在根际处常着生吸芽。凤梨的地上茎叶腋间也生吸芽。

有些植物叶腋间生有鳞茎状的芽叫珠芽。如卷丹（*Lilium lancifolium*）的珠芽生于叶腋间（图3-22），观赏葱类（*Allium* spp.）生于花序中，薯蓣类（*Dioscorea* spp.）的特殊芽呈鳞茎状或块茎状，称零余子（图 3-23）。珠芽和零余子脱离母株后自然落地即可生根。

对一些宿根性草本花卉以及球茎、块茎、根茎类花卉，在分栽时穴底可施用适量基肥，基肥种类以含较多磷、钾肥的为宜。栽后及时浇透水、松土，保持土壤湿润。

图 3-20 芦荟的吸芽

图 3-21 玉树的吸芽

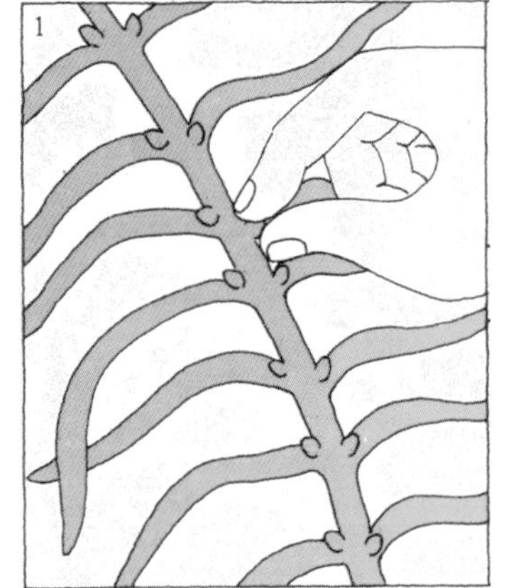

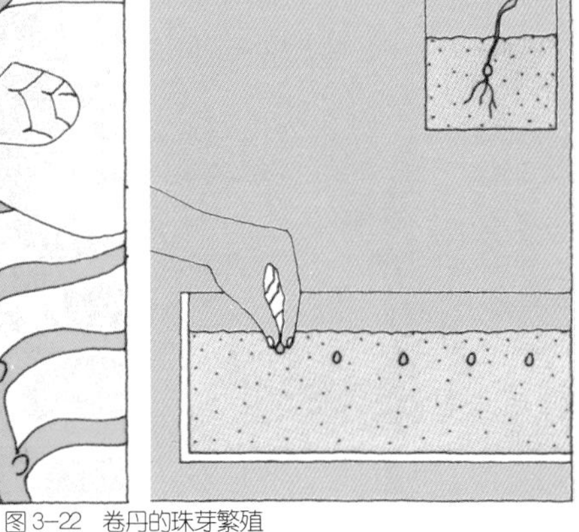

图 3-22 卷丹的珠芽繁殖

图 3-23 零余子

第四节 压条繁殖

压条繁殖，是花卉营养繁殖方式之一，是将接近地面的枝条在其基部堆土或将其下部压入土中，待枝条土中生根后，再与母体分离成独立新株的繁殖方式。压条繁殖操作繁琐，繁殖系数低，成苗规格不一，难以大量生产，但成活率高。故多用于扦插、嫁接不易成活的植物，有时用于一些名贵、稀有种类或品种繁殖上。

压条繁殖的原理和枝插相似，只需在茎上产生不定根即可成苗。不定根的产生原理、部位、难易等均与扦插相同。

一、普通压条

普通压条选用靠近地面而向外伸展的枝条，先进行扭伤、刻伤或环剥处理后，弯入土中，使枝条端部露出地面（图 3-24）。为防止枝条弹出，可在枝条下弯部分插入小木杈等固定，再盖土压实，生根后切割分离。如石榴、康乃馨、玫瑰等均可用此法。

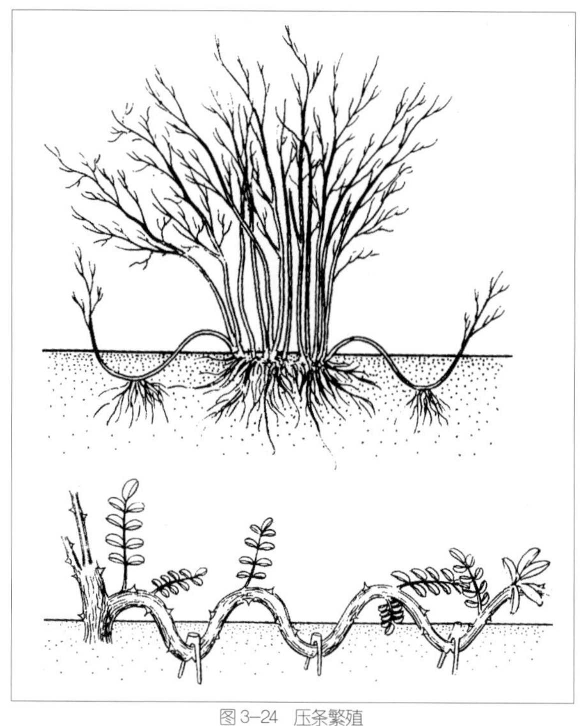

图 3–24 压条繁殖

上图为普通压条，下图为波状压条

二、波状压条

波状压条也叫多段压条，适用于枝梢细长柔软的灌木或藤本（图 3-24）。将藤蔓做蛇曲状，一段埋入土中，另一段露出土面，如此反复多次，一根枝梢一次可取得几株压条苗。如紫藤、铁线莲属（*Clematis* spp.）可用此法。

三、壅土压条

壅土压条是将幼龄母株在春季发芽前近地表处截头，促发多个萌枝（图 3-25）。当萌枝高 10cm 左右时将基部刻伤，培土将基部 1/2 埋入土中，生长期可再培土 1 ～ 2 次，培土共深 15 ～ 20cm，以免基部露出。经过一个生长季的生长，到休眠后就可切割分离幼小植株，母株在次年春季又可再生多数萌枝供继续压条繁殖。如贴梗海棠、日本木瓜等常用此法繁殖。

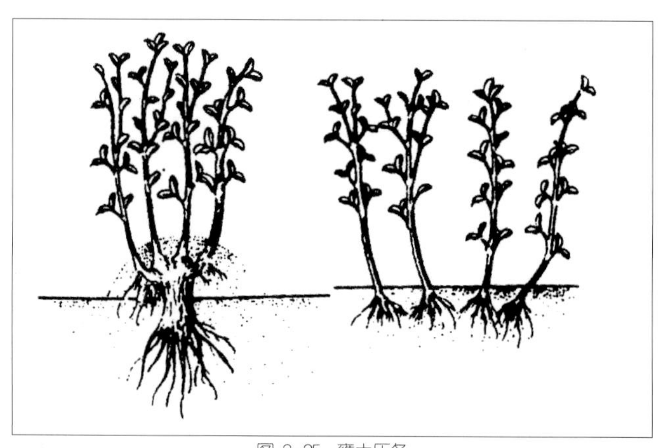

图 3–25 壅土压条

四、高枝压条

图 3–26 高空压条

高枝压条始于我国，故又称中国压条，适用于大树及不易弯曲埋土的情况（图 3-26）。先在母株上选好枝梢，将基部环割并用生根粉处理后，用苔藓或其他保湿基质包裹，外用聚乙烯膜包密，两端扎紧即可。一般植物 2 ～ 3 个月后生根，最好在进入休眠后剪下。杜鹃花、山茶、桂花、米兰、蜡梅等均常用此法。

压条生根后切离母体的时间，依其生根快慢而定。有些种类生长较慢，需翌年切离，如牡丹、腊梅、桂花等；有些种类生长较快，当年即可切离，如月季、忍冬（*Lonicera japonica*）等。切离之后即可分株栽植，移栽时尽量带土栽植，并注意保护新根。

压条时由于枝条不脱离母体，因而管理比较容易，只需检查压紧于否。而分离后必然会有一个转变、适应、独立的过程。所以开始分离后要先放在庇荫的环境，切忌烈日曝晒，以后逐步增加光照。刚分离的植株，也要剪去一部分枝叶，以减少蒸腾，保持水分平衡，以利其成活。移栽后注意水分供应，空气干燥时注意叶面喷水及室内洒水，并注意保持土壤湿润。同时适当施肥，保证植株生长需要。

第五节 嫁接繁殖

嫁接就是将需要种植的花卉的枝或芽人工嫁接在另一种花卉的茎或根上，使之长成新植株的繁殖方法，嫁接繁殖是花卉营养繁殖的方式之一。

此法能保持原品种特性，改变原生产株形，提高对不良环境条件的抵抗能力，并能调节花木的生育进程，利于提早开花结果。如仙人掌类不含叶绿素的黄、红、粉色品种只有嫁接在绿色砧木上才能生存；菊花利用黄蒿（*Artemisia annua*）作砧木可培育出高达 5m 的塔菊。但此法繁殖量少，操作技术繁琐，难度大。此法多应用于扦插难于生根或难以得到种子的花木类，多见于木本花卉，少数草木花卉也可用此法。木本花卉里月季常使用此法，如切花月季常用强壮品种作砧木促使其生长旺盛，提高特殊品种的成活率。

一、接穗与砧木选择

用于嫁接的枝条称接穗；用于嫁接的芽称接芽；承受接穗的植株称砧木；嫁接后成活的苗称嫁接苗。

嫁接的过程实际上是砧木与接穗切口相愈合的过程。嫁接口的愈合通常分为三个阶段：愈伤组织的产生、形成层的产生、新维管束组织产生。接穗与砧木首先要求亲缘关系近、具有亲合力的植物，如以同科植物女贞作砧木，嫁接桂花或丁香等；其次是两者都要壮实无病虫，接穗应选择品种优良、健壮成熟的一年生枝条，芽要饱满；砧木宜选生长旺盛的一二年实生苗或一年生扦插苗，若砧木树龄偏老，就会影响成活，砧木粗度要达到一定规格。

嫁接成活的关键，一是掌握嫁接时期，一般应在树液开始流动而芽尚未萌发时进行，枝接多在早春3～4月，芽接多在7～8月；二是嫁接时注意先削砧木、后削接穗（缩短水分蒸发时间），工具要锋利，切口要平滑，嫁接时形成层要对准，薄壁细胞要贴紧，接合处要密合，扎缚松紧要适度。

二、嫁接种类与技术

嫁接方式与方法多种多样，因花卉种类、砧穗状况不同而异。依砧木和接穗的来源性质不同可分为枝接、芽接、根接、髓心接等几种方法。

（一）枝　接

图3-27　菊花在青蒿上枝接

枝接是用一段完整的枝作接穗嫁接于带有根的砧木茎上的方法（图3-27）。常用的方法有：①切接，此法操作简易，适用于砧木较接穗粗的情况。②劈接，适于砧木粗大或高接。砧木去顶，过中心或偏一侧劈开一个长5～8cm的切口。接穗长8～10cm，将基部两侧略带木质部削成长4～6cm的楔形斜面，将接穗外侧的形成层与砧木一侧的形成层相对插入砧木中。③靠接，用于嫁接不易成活的常绿木本花卉。靠接在温度适宜且花卉生长季节进行，处于较高温期最好。如用小叶女贞（*Ligustrum quihoui*）作砧木嫁接桂花、大叶榕树（*Ficus altissima*）嫁接小叶榕树（*Ficus microcarpa*）等。先将靠接的两株植株移置一处，各选一个粗细相当的枝条，在靠近部位相对削去等长的面，削面要平整，深至近中部，使两枝条的削面形成层紧密结合，至少对准一侧形成层，然后用塑料膜带扎紧，待愈合成活后，将接穗自接口下方剪离母体，并截去砧木接口以上的部分，则成一株新苗。

（二）芽　接

芽接与枝接的区别是接穗为带一芽的茎片，或仅为一片不带或带有木质部的树皮，常用于较细的砧木上。芽接具有以下优点：接穗用量省；操作快速简便；嫁接适期长，可补接；接合口牢固等。依砧木的切口不同，常用的方法有：①盾形芽接，又称“T”形芽接，是将接穗削成带有少量木质部的

图3-28　菊花在青蒿上盾形芽接

盾状芽片，再接于砧木的各式切口上的方法（图 3-28），适用树皮较薄和砧木较细的情况。T 形芽接，是最常用的方法。②嵌芽接是将砧木从上向下削开长约 3cm 的切口，然后将芽嵌入。③贴皮芽接，接穗为不带木质部的小片树皮，将其贴嵌在砧木去皮部位的方法。适用于树皮较厚或砧木太粗，不便于盾形芽接的情况，也适于含单宁多和含乳汁的植物。

（三）髓心接

髓心接是指接穗和砧木以髓心愈合而成一新植株的嫁接方法（图 3-29）。一般用于仙人掌类花卉。在温室内一年四季均可进行。

图 3-29　仙人掌的髓心接方法

从左到右依次为平接法、斜接法、楔接法、插接法、用尼龙线绑扎固定。

（四）根　接

根接指以根为砧木的嫁接方法（图 3-30）。肉质根的花卉用此方法嫁接。牡丹根接，在秋天温室内进行。以牡丹枝为接穗，芍药根为砧木，按劈接的方法将两者嫁接成一株，嫁接处扎紧放入湿沙堆埋住，露出接穗接受光照，保持空气湿度，30 天成活后即可移栽。

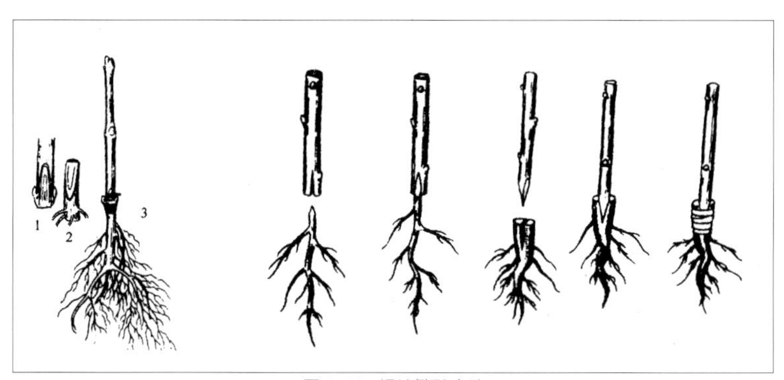

图 3-30　根接繁殖方法

1. 接穗 2. 砧木 3. 愈合体

三、嫁接后管理

各种嫁接方法嫁接后都要对温度、空气湿度、光照、水分等环境条件正常管理，不能忽视某一方面，特别是接口处要保持较高的相对湿度。

（一）温　度

温度对愈伤组织发育有显著的影响。春季嫁接太晚，会因为温度过高导致嫁接失败，温度过低则愈伤组织形成较少。花卉最适温度为 12 ～ 32℃。

（二）湿　度

在嫁接愈合的全过程中，保持嫁接口的高湿度是非常必要的。湿度越高，细胞越不易干燥。嫁接中常用涂蜡、保湿材料如泥炭藓包裹等提高湿度。

（三）氧　气

细胞旺盛分裂时呼吸作用加强，故需要有充足的氧气。透气的保湿聚乙烯膜包裹嫁接口和接穗，是生产上较为方便、合适的材料与方法。

嫁接后要及时检查成活程度，如果没有嫁接成活，应及时补接。嫁接成活后要适时解除塑料薄膜条带等绑扎物。除绑不可过早过晚，过早愈合不牢，过晚接口生长受阻，不利于今后的生长。芽接一般在嫁接成活后 20 ～ 30 天可除绑；枝接一般在接穗上新芽长至 2 ～ 3cm 时，才可全部解绑。为保证营养能集中供应给接穗，应及时剥除砧木上的萌芽，操作可多次进行，根蘖应由基部剪除。

第六节　组织培养

一、植物组织培养概述

植物组织培养是指通过无菌操作，把植物体的外植体（植物的器官、组织、细胞及原生质体等材料）接种在人工配制的培养基（按一定的配方，把无机盐、有机物、植物生长调节剂等加在一起，配成供植物材料生长发育的营养基质）上，在人工控制的环境条件（光照、温度、湿度、气体等）下，进行离体培养的技术和方法，也称之为植物离体培养，或是植物的细胞与组织培养。

（一）分　类

由于植物组织培养所采取的培养基、培养材料、培养方法和培养目标的不同，可以把植物组织培养划分为各种不同的类型：

1．按植物的外植体来源分类

根据植物的外植体来源不同，可分为胚胎（幼胚、成熟胚、胚乳、胚珠、子房）培养；器官（根、茎、叶、花、果、种子）培养；组织（分生组织、形成层组织、韧皮部组织、薄壁组织及其他组织结构）培养；细胞（单细胞、多细胞、悬浮细胞、细胞遗传转化体）培养；原生质体（原生质融合体、原生质体遗传转化体）培养。

2．按培养过程分类

根据培养过程，将组织培养分为初代培养（也叫第一代培养）、继代培养两类。初代培养是指对外植体的第一次培养；继代培养是对初代培养的外植体增殖的培养物（包括细胞、组织或其切段）通过更换新鲜培养基及不断切割或分离培养物，进行连续多代的培养。

3．根据培养基分类

根据培养基性质的不同，可分为固体培养与液体培养。固体培养基指的是在培养基中添加适量凝固剂（琼脂、明胶等）配制成的固体状态的基质。液体培养基是指培养基中不加凝固剂的液体基质。

4．根据培养方式分类

根据培养的方式不同，可分为浅层培养、深层培养、滋养培养、微室培养、平板培养和条件培养等。

（二）在花卉生产上的用途与特点

植物组织培养与其他繁殖方法相比较，具有其他繁殖手段无法比拟的优点，主要表现为：

1．花卉种苗的良种繁育

组织培养可以周年生产种苗，而且繁殖系数大，繁殖周期短，苗木整齐一致，无病毒，苗木能很好地保持种质遗传特性，在生长中表现出健壮、花朵大、色泽鲜艳、抗逆能力强的特点。

利用组织培养技术，可以快速繁殖，反复继代培养周年生产，通常一个外植体在一年内可以繁殖数以万计的、较为整齐一致的种苗，大大提高了植株的繁殖系数。同时占用的空间小，一间 $30m^2$ 的培养室可以放置 1 万多个瓶子，可同时繁殖几十万株种苗。与通常的无性繁殖相比，繁殖同样数量的苗木可节约大量的土地、人力和物力。

组织培养由于环境条件的可控制性，可做到有计划、定时、定量生产，可灵活适应市场需求，避免季节、气候的影响，实现周年生产。

2．遗传与育种

胚胎培养技术克服了杂交不育和远缘杂交中胚败育的现象。用花药和花粉培养进行单倍体育种，可快速获得纯系，缩短育种周期，有利于隐性突变筛选，提高选择效率。此外利用胚乳培养可获得三倍体植株，利用细胞培养可获得多倍体。

3．突变体的选择和利用

组织培养可发生各种各样的变异，如曾在兰花的分生组织培养中发现白化叶和斑叶植株；在玉簪嵌合体的培养中得到了金色斑点兼具绿色斑点的植株；在百合组织培养中，结合秋水仙素诱变获得多倍体百合。

4．细胞融合和 DNA 重组

随着单细胞和原生质体培养技术的发展，现在已经可以通过原生质体的融合和细胞融合获得体细胞杂种，克服了植物有性杂交和远缘杂交不亲和的障碍。将组织培养和分子生物方法结合起来，在分子水平上对细胞进行遗传修饰，重组 DNA，可获得抗逆植物，改良观赏植物品种，如通过花色基因的克隆与转化，获得了不同花色的矮牵牛品种。

5．便于种质储存与交换

利用组织培养繁殖材料，在试管内保存种质资源，成本低，可方便种质资源交换，避免病虫的人为传播扩散，防止资源丢失。20 世纪 70 年代发展起来的种质资源冷冻保存法，把冷冻生物学和植物组织培养结合起来，大大提高了种质保存的效率。

（三）植物组织培养原理

1．细胞全能性

植物组织培养的理论基础是建立在细胞全能性的概念上。1902 年德国植物学家 Gottlieb Haberlandt 提出了植物细胞全能性理论，即植物的体细胞在适当条件下具有不断分裂和繁殖、发育成完整植株的能力。现今，植物细胞全能性进一步解释为：每一个细胞带有该植物的全部遗传信息，在适当条件下可表达出该细胞的所有遗传信息，分化出植物有机体所有的不同类型的细胞、器官甚至胚状体，直至形成完整再生植株。

2．细胞分化、脱分化和再分化

在组织培养中，植物细胞全能性的表达要经过一个从分化状态到脱分化愈伤组织（或悬浮细胞）的中间形式，然后进入再分化和植株再生阶段，但也有直接发生脱分化和再分化的过程，而不需要经历愈伤组织的中间形式。

细胞分化是指由同一来源的细胞经过细胞分裂后，逐渐发生各自特有的具有稳定形态结构、生理功能和生化特征的差异转变的过程。细胞分化是从化学分化到形态、功能分化的过程。现代分子生物学和发育生物学的研究表明，细胞分化的机制是极其复杂的，且受到多种因素的作用。这些因素主要有：调控基因的激活和适时表达、核质的相互作用、信使 RNA 的产生、遗传物质在不同区域的相互作用、细胞内多种物质对遗传物质活动的控制、各种酶之间的相互作用、激素作用和细胞与环境间相互作用等。

细胞脱分化是指在组织培养条件下生长的细胞、组织或器官，经过细胞分裂或不分裂，逐渐失去原来的结构和功能而恢复分生状态，形成无组织结构的细胞团或愈伤组织，成为具有未分化细胞特性的过程。脱分化过程的难易与植物种类、组织和细胞状态有关：一般单子叶和裸子植物较双子叶植物难，成年细胞和组织比幼年细胞和组织难，单倍体细胞比二倍体细胞难。

愈伤组织是植物细胞脱分化而不断增殖形成的，主要由薄壁细胞构成的非器官化组织或不定形组织。它可以是植物在自然生长条件下，从机械损伤或微生物损伤、昆虫咬伤的伤口处产生，也可在特定组织培养条件下诱导形成。

细胞再分化是指脱分化的组织或细胞在一定条件下可以转变为各种不同类型的细胞、组织、器官，最终形成完整植株的过程。再分化可以在细胞水平、组织水平和器官水平递进地进行，最后再生成完整植株。细胞再分化有两种方式，一种是胚胎发生，一种是器官发生。在大多数情况下，再分化过程是在愈伤组织细胞中发生的，但在有些情况下，再分化可以直接发生于脱分化的细胞中，无须经历愈伤组织阶段。

二、植物组织培养设施条件

根据研究需要可将植物组织培养实验室分为研究实验室和生产实验室两大类。实验室设计可根据实际需要确定实验室面积规模、仪器设备的规格和数量。一般研究型实验室对仪器设备要求高，而生产型实验室则对仪器设备要求较为粗放。除试验用房外，其他必备条件有：

（一）光照培养箱或培养室

培养室就是将接种到三角瓶的材料进行培养的场所。培养室要求清洁干净，控温控湿，保温隔热，室内一般选用白色或浅色涂料，增强反光，提高室内亮度。一般培养室内必备空调、调湿机、培养架等设备，温度保持在25℃左右，湿度保持在70%～80%，光照在1000～5000lx。在无培养室或组织培养材料不多的情况下，可使用光照培养箱进行培养。

（二）无菌操作室或超净工作台

无菌操作室也叫接种室，是进行无菌工作的场所，是植物材料接种、培养物转移、继代增殖、生根等工作的重要操作室，它是物质培养成功的关键因素。无菌室要求墙壁光滑，地面平坦无缝，清洁明亮，门窗密闭，采用滑动门窗。室内一般必备紫外灯1～2盏，用以消毒灭菌。一般在无菌室外有准备室，用以人员再次更换鞋、衣服，洗手及处理准备消毒培养的材料。在没有无菌室的情况下，具备超净工作台也可开展接种工作，需将使用的器具在超净工作台内杀菌消毒。

（三）高压灭菌锅

对培养基和器具进行蒸汽高压消毒，有手提式、立式、卧式等不同规格、不同型号。

（四）制备培养基的必备仪器及药品

制备培养基所需的必备仪器有分析天平（精度0.0001g）、扭力天平（精度0.001g）、普通天平（0.01g）、恒温箱、酸度计、电炉、摇床、冰箱、三角瓶、镊子等。

制备培养基所需的必备药品有琼脂、蔗糖、去离子水、无机元素、维生素、植物生长调节剂等。

三、植物组织培养操作技术

植物组织培养技术可应用于多种花卉种类上，技术已经成熟。本节以菊花为例介绍组织培养的技术流程。

（一）外植体的选择与灭菌

菊花能产生再生植株的营养器官很多，如茎尖、茎段、侧芽、叶、花序梗、花序轴、花瓣等。不同季节采摘的不同器官在组织培养中的表现一般是不一致的，因此要根据组织培养的目的选择合适的部位及组织。如果以快繁为目的，最好用茎尖或侧芽，其次是花序轴；如果是以育种为目的，可采用花瓣；以脱毒为目的，则必须用茎尖；以形态发生学研究为目的，则可用各种器官。

从菊花无病虫害、生长健壮的植株或新抽出的嫩枝上采集茎尖或茎段。茎段去叶，初步切割后，经以下一系列步骤处理：用自来水冲洗15～20min，70%～75%酒精浸泡30～60s，0.1%L汞溶液灭菌8～10min，无菌水冲洗8～10次，滤纸吸干水分，准备接种。

（二）培养基制作与灭菌

适用于菊花的培养基种类很多，如White、B5、N6、Morel、MS等、现大多采用MS培养基。

激素组合有BA3+NAA0.01、BA3+NAA0.1、BA2+NAA0.2、KT2+NAA0.2等不同配比，菊花对激素的要求并不严格，适用的范围很广。培养基pH值为5.8左右。

培养基灭菌一般采用高温蒸汽灭菌，因培养基中某些添加成分在高温下容易失活，所以要注意添加的次序，是否需要在灭菌后接种时添加。在实践操作中，需仔细查阅说明要求。

（三）接种与初代培养

在培养基制备完成后，需将超净工作台提前用紫外线消毒灭菌30min以上。接种前，要将各种用具及器皿根据情况采用高温蒸汽灭菌或酒精消毒。

由于品种和外植体不同，诱导芽的初代培养所用的培养基也不相同。茎尖及茎段用MS+BA1.0～5.0+NAA0.01培养基，第5～7天腋芽萌动，然后开始展叶，当小芽长到2cm左右即可转至增殖培养基进行继代培养。

（四）继代培养

4～6周后继代培养的小芽逐渐增多，随着多次继代培养，分化苗就会增多。以4～6周为一个周期，增殖3～8倍后，就不再继续增殖培养（图3-31、图3-21）。增殖培养基为MS+BA0.5～2.0+IAA0.01～0.2。

图3–31 菊花在培养皿中继代培养

图3–32 菊花在三角瓶中继代培养

（五）生根培养

菊花无根苗生根一般较容易，通常在增殖培养基上久不转瓶，即可见有根系发生，生根有两种方法：

1．无根嫩茎试管生根

切取3cm左右无根嫩茎，转插到1/2MS+NAA0.1（IBA）培养基上，经2周即可100%生根（图3-33）。即使在无激素的培养基上亦可达到90%生根率。生根培养基糖用量应保持在30g/l。一般低盐浓度的1/2MS培养基有利于生根。

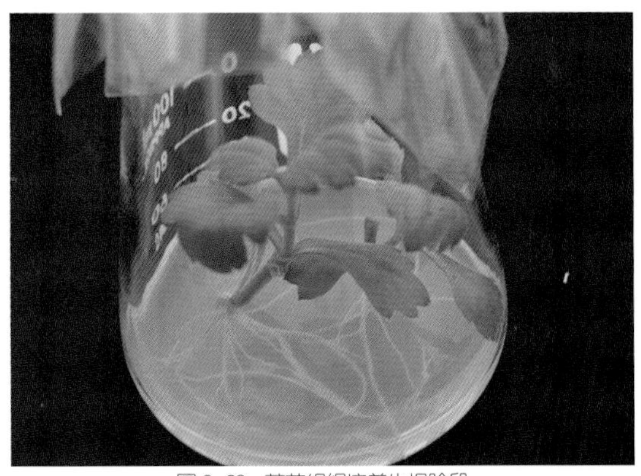

图3–33 菊花组织培养生根阶段

2. 无根嫩茎直接插到插壤中生根

剪取 2 ～ 3cm 无根苗，插植到用促生根的生长素溶液浸透过的珍珠岩或蛭石中，12 天后生根率可达 95% ～ 100%。直接生根的插壤介质要求疏松透气，珍珠岩要优于蛭石。

（六）移　栽

生根培养一段时间后，根系生长减缓，上部顶芽开始生长。当顶芽长到 3 ～ 4 片叶时即可移栽。移栽前要进行通风炼苗，在室内将生根培养的三角瓶揭开封口膜通风 7 ～ 10 天，使幼苗逐步适应环境。移栽时用镊子轻取试管苗颈部，将残存的培养基洗干净，栽入准备好的基质中。基质一般使用干净无菌无杂质的沙土、蛭石、泥炭土等。移植后，温度保持在 25 ～ 28℃，空气相对湿度保持在 90% 以上，避免太阳直晒；10 天以后逐渐增加光照和通风。刚移栽后的小苗，根系生长较弱，吸收能力弱，应每 3 ～ 5 天叶面喷营养液一次，7 ～ 10 天基质浇营养液一次，移栽 2 ～ 3 周待长出新叶、新根，即可上盆定植。当今，许多花卉种苗生产商出售各种组织培养苗，一般栽培单位无须自己进行组织培养，直接购买生根培养的瓶苗进行移栽定植即可。

第四章
园林花卉的栽培与养护管理

第一节　露地花卉的栽培管理措施

露地栽培是指完全在自然气候条件下，不加任何保护的栽培形式。露地栽培投入少、设备简单，是花卉生产栽培中的常用方式。

一、土壤的选择与改良

在实际操作中，找到完全理想的土壤是很难的。因此在种植花卉之前，应对土壤 pH、土壤成分、土壤养分等进行检测，然后根据所植花卉的要求进行改良。一般来说，肥沃、疏松、中性或微酸性、排水良好的土壤适于多种花卉。

过沙的加入黏土，过黏的加沙土；加入堆肥、厩肥、泥炭等有机物提高肥力。如在碱性土壤中栽培喜酸性花卉时，可施用硫酸亚铁，每 $10m^2$ 用量为 1.5kg，施用后 pH 可相应降低 0.5 ～ 1.0，黏性重的碱性土，用量需适当增加。对盆栽花卉如杜鹃，常浇灌硫酸亚铁等的水溶液，即每千克水加 2g 硫酸铵和 1.2 ～ 1.5g 硫酸亚铁的混合溶液，也可用矾肥水浇灌，配制方法是将饼肥或蹄片 10 ～ 15kg、硫酸亚铁 2.5 ～ 3kg 加水 200 ～ 250kg 放入缸内于阳光下暴晒发酵，腐熟后取上清液加水稀释即可施用。如土壤酸性过高，可用生石灰中和，以提高 pH，草木灰也可起到中和酸性的作用。含盐量高的土壤需进行洗盐。施用土壤结构改良剂可以促进团粒结构的形成，利于花卉的生长发育。

二、整地作畦

在露地花卉进行播种或移植以前，整地作畦是栽培管理过程中的重要的一环，整地质量是苗齐、苗均、苗壮的保障。

（一）整地深度

整地深度依据花卉的种类和土壤状况而定。一二年生花卉生长期短，根系入土不深，宜浅耕，整地深度 20 ～ 30cm。宿根花卉定植后，继续栽培数年至 10 余年，要求深耕土壤 40 ～ 50cm，同时需施入大量有机肥料。球根花卉地下部分肥大，整地深度需 30cm 左右，深耕应逐年加深，不宜 1 次翻耕过深，否则心土与表土相混，不利于花卉生长。整地深度还要考虑到土壤质地的差异，沙土宜浅，黏土宜深。

（二）整地方法

翻耕可用犁式翻耕机；如只需疏松表土打碎土块，可用旋耕机；面积小的地块可用人工翻土。翻地时先翻起土壤，细碎土块，清除石块、瓦片、断茎和杂草，然后镇压，以防止土壤过于松软，根系吸水困难。镇压可用机械镇压，通常用滚筒或木板等进行；如面积不大，也可用脚轻踏镇压。新开垦的土地应进行深耕、施基肥、改良土壤，也可种植农作物如大豆等一至二季。花坛土壤的整地除以上工作外，如土壤过于瘠薄或土质不良，可将上层 30 ～ 40cm 的土壤，换成新土或培养土。土地使用多年后，表层土壤中虫卵多，可用深翻法将表土埋入深层，并在翻耕后大量放入堆肥或厩肥，补给有机养分。

（三）整地时间

整地应在土壤干湿适度时进行，当土壤相对含水量为 40% ～ 60% 时，土壤的可塑性、凝聚力、黏着力和阻力最小，是整地最适宜的时间。土壤过干，费工费时；过湿则破坏土壤团粒结构，物理性质恶化，形成硬块，特别是黏土。春季使用的土地应在前一年秋季深翻，以加强有机物质的腐化，使土地疏松，还可灭菌。秋季使用时地应在上茬花苗出圃后立即翻耕。

（四）作畦方式

花卉栽培多采用畦栽方式，常用高畦和低畦两种方式，依地区和地域的不同而异。高畦高于地面畦面通常为 20 ～ 39cm，便于排水，且畦面两侧的排水沟还有扩大与空气接触面积及促进风化的效果，多用于南方多雨地区。低畦畦面两侧有畦梗，利于保水和灌溉，畦面宽 80 ～ 100cm，定植 2 ～ 4 行，畦面整平，顺水源方向微有坡度，多用于北方干旱地区。灌溉方式为喷灌或滴灌对畦面平整度要求不严。

三、繁　殖

露地花卉因种类不同，繁殖方法各异。如一二年生花卉都用播种法繁殖；宿根花卉除播种外，常用分株或扦插、压条、嫁接等方法繁殖；球根花卉主要采用分球繁殖。繁殖季节大体分为春秋两季。

四、间　苗

间苗又称“疏苗”，是对播种生长出的苗进行疏拔，以防幼苗拥挤，扩大苗木间距。间苗可使苗木间空气流通，日照充足，生长茁壮，减少病虫害。间苗过程中选留壮苗，拔去生长柔弱、徒长、畸形苗，是选优去劣的过程。间苗的同时还可除去杂草。

间苗通常在子叶长出后分数次进行。最后一次间苗叫定苗，在雨后和灌溉后进行，用手拔出，操作要细心，不可牵动留下的幼苗，以免损伤幼苗的根系，影响生长。间苗后要及时灌溉 1 次，使土壤与根系紧贴，利于苗的恢复生长。间苗常用于直播的一二年花卉，以及不适于移植而必须直播的种类。

五、移　植

大部分露地花卉是先在苗床育苗，经分苗和移植后，最后定植于花坛或花圃中的。移植可加大株间距，扩大幼苗的营养面积。移植中切断了主根，促进侧根发生。移植还可抑制花卉的徒长，使幼苗生长充实、株丛紧密。

移植时间因苗的大小而定，露地床播或冷床播种的幼苗，一般应在长出 5 ～ 6 片真叶时进行。较难移植的花卉，应在苗更小时进行。可在间苗时结合进行移植。对珍贵的或小粒种子的种类，可进行床播，待幼苗长出 2 ～ 3 片真叶后，再按一定的株行距进行移植。

移植以幼苗水分蒸腾量极低时进行最为适宜。因此多选在无风的阴天移植，天气炎热时需要午后或傍晚时进行，并且在移植时应边移植边喷水，待一畦全部栽完后再进行灌水。移植时土壤不宜过湿或过干，过湿会使土壤组织黏重；过干不能抱成土团不便于操作。降雨前移植成活率较高，对幼苗生长也有利。带土移植苗对天气要求不严，即使炎热的天气也可进行。移植前要分清品种，避免混杂。挖苗与种植要配合，随挖随种。如果风大，挖起幼苗在种植前要覆盖遮阴。

移植的步骤分为起苗和栽植：

（一）起　苗

起苗应在土壤湿润状态下进行，使湿润的土壤附在根群上，同时避免掘根时损伤根系。如天气干旱土壤干燥，可在起苗前一天或数小时灌水然后再起苗。起苗时也可摘除部分叶片以减少蒸腾。

起苗的方法包括裸根移植和带土移植两类。小苗和易成活的大苗采用裸根移植。用手铲将苗带土掘起，然后将根群的土轻轻抖落，尽量减少伤根，迅速栽植。木本花卉裸根起苗后如不能随即栽植，可将裸根粘上泥浆，以延长须根的寿命。

常绿针、阔叶花果和少数根系稀少较难移植成活的大苗需采用带土移植。先用手铲将苗四周铲开，然后从侧下方将苗掘出，保持完整的土球。土球的大小应依苗木的大小和方便运输而定。必要时用草绳包扎土球，保证其不破碎。

（二）栽　植

栽植的方法有沟植法和穴植法。沟植法是依一定的行距开沟栽植。穴植法是依一定的株行距掘穴或打孔栽植。裸根栽植时，应使根系舒展于穴中，然后覆土并镇压。镇压时压力应均匀向下，不应用力按压茎的基部，以免压伤植株。带土球栽植时，填土于土球四周并镇压，但不可镇压土球，以免将土球压碎。栽植深度应与移植前的深度相同，或再深 1 ～ 2cm。过浅易倒伏，过深则发育不好，如栽植于疏松土壤中可稍深些。根上有芽的不宜深栽，否则发芽的部位埋入土中，容易腐烂。栽植完毕后要立即充分浇水，天旱时要边种边浇水。夏季移植初期要遮阴，以降低蒸发速度，避免萎蔫。株行距根据花卉种类、苗床的时间和观赏目的来确定，生长速度快的种类株行距宜大些，花大观赏单花的株行距大些，花小观赏群花的株行距应小些。

六、灌溉与排水

（一）灌溉的方式

1．地面灌溉

北方多采用畦灌、沟灌。吸取井水，经水沟引入畦面。畦灌设备费用较少，灌水充足；但灌后易引起土壤板结，整地不平或镇压不均时，常使水量分布不均。大面积的灌溉如花坛、苗床等常采用橡皮管引自来水灌溉。

2．地下灌溉

将素烧的瓦管埋在地下，水经过瓦管时，从管壁渗入土壤 (图 4-1)。这种方法可不断供给根系适量的水分，有利于花卉的生长；水流不经过土面，不会造成土面板结；表面干土还可阻止水分的蒸发，节省水；但需有足够的水量不断供给，且管道造价高，易淤塞，表土不太湿润。在土质过于疏松或心土有不透水层时不能采用此法。

3．喷　灌

用机械力将水压向水管和喷头，喷成细小的雨滴进行灌溉（图 4-2）。喷灌与地面灌溉相比，省水、省工、不占地面，还能保水、保肥，地面不板结，防止土壤盐渍化，提高水的利用率。在冬季要灌溉的地区，喷灌比畦灌的土温高；在干热的季节，喷灌又可显著增加空气湿度，降低温度，改善小气候。喷灌的缺点是投资较大。

4．滴　灌

用低压管道系统，使灌溉水成点滴状，经常不断地湿润植株根系附近的土壤（图 4-3）。滴灌可控制水量，极大地节约了用水。滴灌时，株行间土面仍为干燥状态。因此可抑制杂草生长，减少除草用工和除草剂的消耗。滴灌的缺点是投资大，管道和滴头容易堵塞，在接近冻结气温时不能使用。

图 4-1　地下灌溉

图 4-2　喷　灌

图 4-3　滴　灌

（二）灌溉用水

露地花卉栽培时灌溉用水以软水为宜，避免用硬水。灌溉最好用河水，其次是池塘水和湖水。河水中富含养分，水温也较高。此外可以用不含碱质的井水灌溉。井水温度较低，对植物根系发育不利，应先抽出贮于池内再浇。也可用自来水灌溉，但费用较高，且最好放置两天以上再用。

（三）灌溉的次数和时间

灌溉的次数与时间要根据气候特点和花卉的需水规律来确定。夏季和春季干旱时期，花卉中水分蒸发量大，需多次灌水；秋冬季节温度低，灌水少。露地播种苗，宜用喷壶喷水，避免将小苗冲倒。幼苗移植后通常在移植后连续灌水 3 次，称为“灌三水”。即在移植后随即灌水 1 次；过 3 天后，灌第 2 次水；再过 5 ～ 6 天，灌第 3 次水。“灌三水”后进行松土。有些花卉的幼苗根系较强大，移栽后恢复较快，灌溉 2 次以后就可松土。有些花苗生长势较弱，可在第 3 次灌水后 10 天左右再灌第 4 次水，灌水后松土。幼苗生长稳定后可按正常水分管理进行。

正常水分管理中浇水应充分浇足。浇水量及浇水次数依季节、土质、气候条件及花卉种类不同而异。一二年花卉和球根花卉，多灌水。沙土和沙壤土灌水次数多，黏土灌溉少。针叶、狭叶灌水少，大叶、圆叶灌水多。前期生长需多灌，后期花果期宜少灌。晴天风大时比阴天无风时多浇。浇水时间各季节也有差异。夏季在清晨和傍晚灌水，冬季在中午灌水。

（四）排　水

通过人为设施避免植物生长积水的方法为排水。排水是花卉栽培中的重要环节之一，尤其是在中国的南方，许多观赏植物由于地下水位过高而长期处于水淹和半淹状态，久而久之，使植物生长不良甚至死亡。在花卉生产实践中，应根据每种花卉的需水量采取适宜的灌溉与排水措施，以调控花卉对水分的需求。

七、施　肥

（一）花卉的需肥特点

不同花卉对肥料的需求不同。一二年生花卉对氮、钾要求较高，施肥以施用基肥为主，生长期视生长情况适量施肥。一年生花卉幼苗阶段氮肥的需要量少。二年生草花，春季生长旺盛，需供应充足的氮肥，配施磷钾肥，开花前停止施肥。宿根花卉花后应及时补充肥料，速效肥为主，配以一定比例的长效肥。球根花卉对磷钾肥比较敏感，基肥比例可以减少，前期以氮肥为主，子球膨大时及时控制氮肥，增施磷钾肥。

（二）施肥的时期和次数

施肥的时期和次数受花卉种类、生育阶段、气候和土质的影响。一般苗期、生长期以及花前花后应施追肥，高温多雨时节，追肥宜少量多次。一二年生花卉幼苗期需追肥。多年生花卉一年需追肥 3 ～ 4 次，分别在春季开始生长后、开花前、开花后和秋季叶枯后，最后一次需配合基肥施用一次速效磷、钾肥。速效性、易淋失或易被土壤固定的肥料宜稍提前施用，如碳酸氢铵、过磷酸钙等；迟效性肥料可提前施。施肥后要立即灌水。如土壤干旱，还应先灌水再施肥，以利吸收并防止伤根。

（三）施肥量

施肥量因花卉种类、品种、土质以及肥料种类不同而有所不同（表 4-1）。一般植株矮小、生长旺盛的花卉可少施；植株高大，枝叶繁茂，花朵丰硕的花卉宜多施。喜肥的花卉，如牡丹、香石竹、一品红、菊花等需肥较多；耐贫瘠的花卉，如山茶、杜鹃等需肥较少。缓效有机肥可适当多施，速效有机肥应适度使用。施肥量的确定需经田间试验，结合土壤营养分析和植物体营养分析，根据养分吸收量和肥料利用率来测算。施肥量的计算方法：

$$施肥量=\frac{元素植物吸收量-元素土壤供给量}{肥料利用量\times 肥料含元素率}$$

表 4-1 花卉的施肥量（kg/100m^2）

类别	N	P_2O_5	K_2O
草花类	0.94 ~ 2.26	0.75 ~ 2.26	0.75 ~ 1.69
球根类	1.5 ~ 2.26	1.03 ~ 2.26	1.88 ~ 3.00

（四）施肥方法

施肥方法有施基肥和追肥两种。花卉栽培中一般以施基肥为主，追肥作为补充。土壤施肥的深度和广度，应根据根系分布的特点，将肥料施在根系分布范围内或稍远处。这样一方面可以满足花卉的需要，另一方面还可诱导根系扩大生长分布范围，形成更为强大的根系，增加吸收面积，有利于提高花卉的抗逆性。

1. 基 肥

基肥以有机肥料为主，常用厩肥、堆肥、饼肥、粪干等。厩肥和堆肥多在整地前翻入土中，粪干和豆饼在播种或移植前进行沟施或穴施。与追肥相比，基肥含氮、磷、钾的总量较多，肥效期长，属于缓效肥。花卉栽培中采用无机肥料作为部分基肥，与有机肥料混合施用。宿根花卉和球根花卉要求较多的有机肥。无机肥料作基肥施用时，可在整地时混入土中，但不宜过深；也可在播种或移植前，沟施或穴施，一面盖一层细土，再播种或栽植。基肥的施用量根据土质、土壤肥力状况和花卉种类而定。一般厩肥、堆肥应多施；饼肥、骨粉、粪干宜少施。一般花卉每 100m^2 宜施厩肥 113 ～ 225kg。以化学肥料作基肥时，应注意三种主要肥分的配合，见表 4-2。

表 4-2 花卉的基肥施用量（kg/100m^2）

类别	硝酸铵	过磷酸钙	氯化钾
一年生花卉	1.2	2.5	0.9
多年生花卉	2.2	5.0	1.8

2. 追　肥

追肥使用化肥、粪干、粪水、豆饼及化肥。粪干、豆饼可沟施或穴施，粪水和化肥常随水冲施。化肥也可按株点施，或按行条施，施后需灌水，也可采用叶面喷施的方法。追肥属速效性肥，肥效短，可按氨、磷、钾配合施用。追施化肥时各种花卉大致的施肥量见表4-3。菊花、紫罗兰喷施1%过磷酸钙，叶色浓绿，花大色艳，可提前开放。唐菖蒲、百合等球根花卉喷施1%过磷酸钙，生长势强，球根大而充实。一串红、金鱼草等一二年草花喷施0.5%过磷酸钙和0.1%尿素溶液，小苗叶色纯正，生育健壮；开花前再喷1次，则花艳而繁茂。杜鹃、栀子等嫩枝扦插后喷施0.5%过磷酸钙和0.1%尿素溶液，可促进根系的形成。观果类花卉如金桔、石榴、无花果等花谢后喷0.1%磷酸二氢钾，可以防止落果，并促进果实丰硕肥大。

表4—3　花卉追肥用量（$kg/100m^2$）

类别	硝酸铵	过磷酸钙	氯化钾
一年生花卉	0.9	1.5	0.5
多年生花卉	0.5	0.8	0.3

八、中耕除草

（一）中　耕

中耕能疏松表土，减少水分的蒸发，增加土温，增加通气和有益微生物的繁殖和活动，促进土壤中养分的分解。中耕的同时，还能除去杂草。在幼苗期和移植后不久，土面极易干燥和生杂草，此时应及时中耕。幼苗渐大、枝叶覆盖地面后，有利于阻止杂草的发生，但此时根系已扩大于株间，无法中耕，否则因中耕切断根系会影响到植株的正常生长。幼苗时中耕宜浅，以后随苗株生长逐渐加深；植株长成后由浅耕至完全停止中耕。中耕时，株行中间深，近植株处浅，以免损伤到植株的根系。中耕深度一般为3～5cm。

（二）除　草

杂草与花卉竞争水分和养分，影响花卉的正常生长，除草可以保存土壤中的养分及水分，有利于植株的生长发育。除草要点有：

应在杂草发生之初，尽早进行除草。此时杂草苗小，根系较浅，入土不深，易于去除。

在杂草开花结果之前去除，否则需多次除草，甚至数年后才能清除。

除草不仅要清除栽培地上的杂草，还应将杂草地下部分除净。

除草方法：小面积以人工除草为主，大面积可采用机械除草或化学除草。

常用的化学除草剂有：除草醚、草枯醚、五氯酚钠、扑草净、灭草隆、敌草隆、百草枯、草甘膦、西玛津、盖草能等。

九、整形修剪

整形修剪是在花卉自然形态的基础上，通过人工创造，有效提升花卉观赏价值的一种养护管理措施。木本植物及大部分的草本花卉常进行整形修剪，尤以盆景最多。

（一）整　形

1．单干式

只留主干，不留侧枝，使顶端开花 1 朵。如大丽菊和标本菊的整形，将所有侧蕾全部裁除，使养分全部集中于顶蕾。

2．多干式

留主枝数枝，使开出较多的花。如大丽花留 2 ～ 4 个主枝，菊花留 3、5、9 枝，其余全部剥去。

3．丛生式

生长期进行多次摘心，促使发生多数枝条，全株成低矮丛生状，开出多数花朵。如矮牵牛、一串红、波斯菊、金鱼草、美女樱、百日草等。

4．悬崖式

特点是全株枝条向一方伸展下垂，有些可通过墙垣或花架悬垂而下，多用于小菊类品种的整形。

5．攀援式

多用于藤本花卉，使枝条附着在墙壁上，缠绕在篱笆上或枯木上生长。如牵牛、茑萝、凌霄等。

6．匍匐式

利用枝条自然匍匐地面的特性，使其覆盖地面。如旱金莲、旋花和多数地被植物。

7．支架式

通过人工牵引，使植株攀附于一定形式的支架上，形成透空花廊或花洞，多用于藤本花卉。如金银花、紫藤等。

8．圆球式

通过多次摘心和修剪，使形成稠密的侧枝，然后对突出的侧枝进行短截，将整个树冠剪成圆球形或扁球形。如大叶黄杨、枸骨等。

9．象形式

把整个植株修剪或蟠扎成动物或建筑物的形状。如圆柏、刺柏等。

（二）修　剪

1．摘　心

摘除枝梢顶芽。摘心可促进分枝生长，增加枝条数目。幼苗期间早行摘心促其分枝，可使全株低矮，株丛紧凑。摘心还可延迟花期或促进其第二次开花。但花穗长而大的或自然分枝力强的种类不宜摘心。适合摘心的花卉有一串红、大丽花、万寿菊、千日红、金鱼草等。

2．除　芽

剥去过多的腋芽，限制枝数增加和过多花朵的发生，使养分相对集中，花朵充实。如菊花、大丽花等。

3．折梢和捻梢

折梢是将新梢折曲，但仍连而不断；捻梢是将枝梢捻转，抑制新梢的徒长，而促进花芽的形成。如牵牛、茑萝等。

4．曲　枝

将生长势强的枝条向侧方压曲，弱枝扶正，有抑强扶弱的效果。

5．去　蕾

常指除去侧蕾而留顶蕾，使顶蕾开花美大。如芍药、菊花、大丽花等。在球根生产中，常去除花蕾，使球根肥大。在球根花卉生产过程中，为使球根肥大，亦用此法。

6．修　枝

剪除枯枝和病虫害枝、位置不正而扰乱株形的枝、开花后的残枝等，可改善通风透光条件，减少养分的消耗。

十、防寒降温

（一）防寒越冬

防寒越冬是对抗寒性弱的花卉在冬季为保证其安全越冬进行的一项保护措施。尤其对我国北方一些较为严寒的区域来说，防寒越冬是花卉生产中的非常重要的一项。常用的方法有：

1．覆盖法

霜冻来临前，在畦面上覆盖干草、落叶、马粪或草席等材料，直到晚霜过后再将畦面清理好。常用于一些二年生花卉、宿根花卉、一些可露地越冬的球根花卉和木本植物幼苗。这种方法效果较好，应用普遍。

2．培土法

对于冬季地上部分枯萎的宿根花卉和进入休眠的花灌木，壅土压埋或开沟覆土压埋植物的茎部或地上部分进行防寒，待春季到来后萌芽前再将培土扒开，使其继续生长。

3．熏烟法

在圃地周围上风向点燃干草堆，烟和水汽组成的烟雾，能减少地面散热，防止地温下降。冒烟时，烟粒吸收热量使水气凝结成液体，而放出热量，也可使气温升高，防止霜冻。常用于露地越冬的二年生花卉，只有在温度不低于 -2℃度时才有效。

4．灌水法

冬灌能减少或防止冻害，春灌有保温、增温的效果。灌溉还可提高空气的含水量，可以提高气温。

5．浅耕法

浅耕可降低因水分蒸发而产生的冷却作用，使表土疏松，有利于太阳热的导入，再加镇压更可增强土壤对热的传导作用，减少已吸收热量的散失。

此外，还可采用设立风障、阳畦、适当密植、喷洒药剂，以及减少氮肥、增施磷肥等措施来提高植物的抗寒能力。

（二）降 温

夏季高温尤其是水分含量低时，易对花卉造成热害，导致植株萎蔫、花色暗淡、生长缓慢等不良现象。采用合适的措施降低植株表面温度，是花卉越过干旱高温时期的关键。常用的降温法有喷水法、遮阴法、草帘覆盖法等。

十一、轮 作

一些害虫只危害一种花卉，如长期在同一块土地中种植同种花卉，虫害就会越来越严重。如进行轮作，可使之因无可食的植物而死去或转移，减少专性花卉病虫害的危害。此外不同种类的花卉对营养成分的吸收不同，如浅根性花卉主要吸收表土附近的营养，而深根性的花卉吸收较深处土层中的营养。同一块土地中不同类型的花卉轮作可最大限度地利用地力。花卉还可与其他作物轮作。如秋播花卉和秋植球根花卉常与蔬菜、大豆和红薯等轮作，花卉在春季 4 ～ 5 月开花收获后，播种或移栽其他作物，至秋季再栽培秋播花卉或秋植球根花卉。

第二节 盆花的栽培与管理

将栽植于各类容器中的花卉统称为盆栽花卉，简称盆花或盆栽。栽培盆花的容器可为盆、桶、花盆、吊篮等。盆花便于控制花卉生长的各种条件，移动方便，可布置于庭院，也可在室内摆设，且盆花更宜进行促成栽培。大部分花卉均可作为盆花栽培。许多原产热带及亚热带的花卉，如椰子、南洋杉、橡皮树等，均能在北方盆栽观赏。盆景艺术也是由盆花衍生而来。盆栽已经是花卉生产中非常重要的栽培形式之一，在花卉生产中占有极其重要的地位。

一、花 盆

花盆是人工培养花卉容纳根部的容器，一般底部均有排水孔。花卉盆栽要选择适当的花盆。常用的有：素烧盆、陶瓷盆、紫砂盆、塑料盆、水盆、石盆、玻璃盆等（表 4-4）。

表 4–4 花盆类别及性能

	素烧盆	陶瓷盆	紫砂盆	塑料盆	水盆	石盆	玻璃盆
透气性	良好	不透气	居中	不透气	不透气	较差	较差
排水	良好	居中	良好	居中	不排水	居中	居中

不同材质花盆的透气性、排水性等差异较大、应根据花卉的种类、植株的高矮和栽培目的选用。

二、培养土的配制

盆栽花卉要在有限的土壤空间内生长，因此要求盆土必须具有良好的物理性状，以保障植物正常生长发育的需要。一般盆栽花卉对培养土的要求为：疏松、透气，满足根系呼吸；水分渗透性能良好，不会积水；能固持水分和养分，不断供应需要；培养土的酸碱度适合花卉要求；无有害微生物和其他有害物质的滋生和混入。

（一）常见培养土的组分

1．园　土

果园、菜园、花园等的表层活土，具有较高的肥力及团粒结构，但透气性差，干时板结，湿时泥状，必须配合其他透气性强的基质使用。

2．厩肥土

厩肥土由马、牛、羊、猪等家畜厩肥发酵沤制，其主要成分是腐殖质，质轻、肥沃、呈酸性。

3．堆肥土

堆肥土是由植物的残枝落叶、旧换盆土、垃圾废物、青草及干枯的植物等，一层一层地堆积起来，经发酵腐熟而成。含有较多的腐殖质和矿物质，一般呈中性或微碱性（pH6.5 ～ 7.4）。

4．腐叶土

腐叶土由树木落叶堆积腐熟而成，土质疏松，有机质含量高，是配制培养土最重要的基质之一。以落叶阔叶树最好；针叶树及常绿阔叶树的叶子，多革质，不易腐烂；草本植物的叶子质地太幼嫩，禾本科等植物的老硬茎、叶，均不适用。腐叶土一般呈酸性（pH4.6 ～ 5.2），适合于多种盆栽花卉应用，尤其适用于秋海棠、仙客来、蕨类植物、倒挂金钟、大岩桐等。腐叶土可以人工堆制，亦可在天然森林的低洼处或沟内采集。腐叶土堆制的方法是将落叶、厩肥与园土层层堆积。先在地面铺一层落叶，厚度约为 20 ～ 30cm；上面铺一层厩肥，厚度约为 10 ～ 15cm；厩肥上最好再撒一层骨粉；然后铺一层园土，厚约 15cm；最后堆成高 150 ～ 200cm 的肥堆，上加覆盖物，以防雨水浸入。

5．草皮土

取草地或牧场的上层土壤，厚度约为 5 ～ 8cm，连草及草根一起掘取，将草根向上堆积起来，经一年腐熟即可应用。草皮土含有较多的矿物质，腐殖质含量较少，堆积年数越多，质量越好。草皮土呈中性至碱性反应，pH6.5 ～ 8，常用于水生花卉、玫瑰、石竹、菊花、三色堇等。

6．针叶土

针叶土由松科、柏科针叶树的落叶残枝和苔藓类植物堆积腐熟而成。针叶土呈强酸性反应（pH3.5 ～ 4.0），腐殖质含量多，不具石灰质成分，适于栽培杜鹃花、栀子等喜酸性植物。

7．沼泽土

沼泽土是池沼边缘或干涸沼泽内的上层土壤。一般只取上层约 10cm 厚的土壤。它是由水中苔藓及水草等腐熟而成。含多量腐殖质，呈黑色，强酸性（pH3.5 ～ 4.0），宜用于栽培杜鹃及针叶树等。北方的沼泽土又名草炭土，一般为中性或微酸性。

8．泥炭土

泥炭土是由泥炭藓炭化而成。分为褐泥炭和黑泥炭。褐泥炭是炭化年代不久的泥炭，呈黄褐色，有机质含量多，呈酸性反应，是酸性植物培养土的重要成分，也可以掺入1/3的河沙作扦插用土，既有防腐作用，又能刺激插穗生根。黑泥炭是炭化年代较久的泥炭，呈黑色，含有机质较少，呈微酸性或中性反应。

9.沙 土

沙土排水良好，但养分含量不高，呈中性或微碱性反应。

盆栽花卉除以土壤为基础的培养土外，还可用人工配制的混合基质，如珍珠岩、蛭石、泥炭、椰糠等一种或数种按一定比例混合使用。无土混合基质重量轻、易消毒、通气透水，是规模化、现代化的盆花生产常用的基质。

（二）培养土的配制

盆土通常由园土、沙、腐叶土、泥炭、松针土、谷糠及蛭石、珍珠岩、腐熟的木屑等材料按一定比例配制而成，培养土的酸碱度和含盐量要适合花卉的要求。不同花卉所需培养土中各成分的配比不同。一二年生花卉如瓜叶菊、蒲包花、报春等，所用培养土中腐殖质含量要多，约占5份，园土占3.5份，河沙1.5份。多次移植时幼苗期所用培养土中腐殖质含量要更多，定植时腐叶土的含量约2～3份，壤土5～6份，河沙1～2份。宿根花卉对腐叶土需要量少，配制量约为腐叶土3～4份，园土5～6份，河沙1～2份。球根花卉如大岩桐、仙客来及球根海棠等，所用培养土中腐叶土的含量较多，约为3～4份。实生苗要用更多的腐叶土，通常为5份左右。木本花卉所用培养土，在播种苗及扦插苗培育期间，要求较多的腐殖质，等植株成长后，腐叶土的量要减少，河沙要有1～2份。因各地材料来源和习惯不同，培养土的配制也有差异。

1．常用的几种培养土调配成分及比例

播种和幼小的幼苗移植：用轻松的土壤，不加肥或只有微量的肥分。

播种用培养土：腐叶土5、园土3、河沙2。

假植用土：腐叶土4、园土4、河沙2。

定植用土：腐叶土4、园土5、河沙1。

苗期用土：腐叶土4、园土4、河沙2。

2．国外一些标准培养基质

国外盆土一般均商品化，按需求选用合适的培养基质即可。下面是国外一些培养基质的配制标准。

(1) 种苗和扦插苗基质：沙壤土2：泥炭1：沙1，每100L另加过磷酸钙117g，生石灰58g。

(2) 杜鹃花类盆栽基质：沙壤土1：泥炭或腐叶3：沙1。

(3) 荷兰常用的盆栽基质：腐叶土10：黑色腐叶土10：河沙1。

(4) 英国常用基质：腐叶土3：细沙1。

（5）美国常用基质：腐叶土 2∶小粒珍珠岩 1∶中粒珍珠岩 1。

3．培养土的酸碱度测试与调节

花卉都有其适合的土壤酸碱度范围。超出这个范围，过酸或过碱，均会对花卉的生长发育不利，甚至造成花卉的死亡。因此，培养土配制完成后要进行酸碱度的测试与调节。测定培养土酸碱度最简便的方法是用石蕊试纸。如碱性过强通常在花卉生长期用矾肥水浇花，7 ～ 10 天一次，北方栽培喜酸性花卉常用此法，也可在花卉生长期施用硫磺粉或硫酸铝进行调节。如酸性过强性通常是向培养土内掺入石灰粉或草木灰调节酸性。

（三）培养土的消毒

土壤中常常带有病菌孢子、害虫虫卵及杂草种子等，为了减少盆花病虫害的发生，配制好的培养土最好进行消毒，以达到消灭病菌和害虫的目的。

1．日光消毒法

把配制好的培养土放在清洁的水泥地或木板上薄薄地摊开，曝晒 2 ～ 3 天，经常翻动，即可杀死大量真菌的分生孢子、菌丝体及部分害虫的卵、幼虫和病原线虫。用此法消毒虽不彻底，但简便易行，有较好效果，多在 6 ～ 8 月期间采用。

2．加热消毒法

把培养土倒入锅内加水，加热煮沸 30 ～ 45min，滤去水分晾干，直到合适的湿度为止，可杀死培养土中的病原细菌和其他有害微生物。也可将培养土放入铁锅内加火炒灼，土粒变干后再烧 30min，可将培养土中的病原微生物彻底消灭，还能将土壤中的有机物烧成灰分，使土质更加透水透气，利于扦插和播种。

3．草木灰液消毒法

用草木灰 10kg，兑水 50kg 浸泡 24h，取滤液喷洒在培养土上，可有效防治地老虎、地蛆等地下害虫，或在培养土中撒施草木灰，既能杀菌又能增加土壤中的钾肥。

4．药剂消毒法

常用含甲醛 40% 的福尔马林进行消毒，在每立方米培养土中均匀撒上福尔马林 400 ～ 500ml 加水 50 倍的稀释液，然后把土堆积，上盖塑料薄膜，密闭 48h 后去掉覆盖物并把上摊开，待福尔马林气体完全挥发后便可使用。也可用 0.3% ～ 0.5% 的高锰酸钾溶液，均匀喷洒营养土，然后堆积并用塑料布盖严，消毒后密封一昼夜使用。营养土需量较大或使用厩肥土较多时，可用 1000 倍六硫磷加 600 倍多菌灵混合液均匀喷洒消毒，密封堆放 2 ～ 3 天后使用。用黑矾或硫磺粉也可对盆土进行消毒。

三、上盆与换盆

（一）上　盆

在盆花栽培过程中，将花苗从苗床或育苗器皿中取出移入花盆中的过程称为上盆。上盆春、夏、秋均可进行，以春、秋季节较好，夏季较少。如使用旧盆，必须将其内外洗净，除去泥土和苔藓，干后再用；如为新盆，要先浸入水中一两天后才能使用。用碎瓦片凹面向下挡住排水孔，瓦片上可铺上一层粗沙。然后一手持花苗，扶正植株，立于盆中并掌握栽植深度；另一手加入培养土，加土将根部完全埋没至根颈部，使盆土至盆缘保留 3 ～ 5cm 的距离，上盆完成后浇透水，放在阴凉处一周。以后按常规养护。

（二）换 盆

植株在花盆中生长一段时间以后，植株长大，需将植株脱出换栽入较大的花盆中的过程称为换盆。逐渐更换大的花盆，可扩大植株的营养面积，有利于花卉继续健壮生长。原来盆中的土壤物理性质变劣、养分丧失或严重板结时也需要进行换盆。这种换盆仅是为了修整根系和更换新的培养土，用盆大小可以不变，故也可称为翻盆。一二年生草花一年换盆 2 ～ 3 次，球根、宿根花卉一年换盆一次，木本植物 2 ～ 3 年换盆一次。换盆多在惊蛰至清明时进行。先将植株连根带土从原来的花盆中倒出，倒盆前不要浇水，但要保持一定的湿度，倒时一手托盆，一手握拳轻敲盆边，使泥团自行脱出，除去旧土 1/3 ～ 1/2，然后上盆。

换盆时应按植株发育的大小逐渐换到较大的盆中，不可换入过大的盆内。换盆的时间过早、过迟对植物生长均不利。有根自排水孔伸出或自边缘向上生长时即需要换盆。多年生盆栽花卉换盆在休眠期进行，生长期最好不换盆。换盆后应立即浇水，第 1 次应充分灌水，使根系与土壤密接。以后保持土壤湿润为度，但水分不可过多。因换盆后根系受伤，吸收减少，伤处易腐烂。换盆后应放置阴凉处养护 2 ～ 3 天，并增加空气湿度，移回阳光下后，应注意保持盆土湿润。

四、浇 水

盆栽花卉主要靠浇水供给水分，浇水是花卉盆栽中非常重要的一个养护环节，是制约盆栽花卉成活的关键。

（一）浇水量和浇水次数

盆栽花卉的浇水次数、浇水时间和浇水量，应根据花卉种类、生长期、自然气象因子、培养土性质、花盆的大小、植株的长势、光照的强弱、温度的高低、天气的阴晴、空气的干湿及摆放的位置等灵活掌握。浇水的原则是盆土见干则浇水，浇就浇透。要避免浇水不足，只湿及表层盆土，形成“拦腰水”，影响植株的正常生长。

蕨类植物、兰科植物、秋海棠类植物生长期要求充足的水分。但肾蕨需水少些，在光线不强的室内，保持土壤湿润即可；铁线蕨需水较多，常将花盆放置水盘中或栽植于小型喷泉之上。多肉多浆等旱生花卉要少浇水。进入休眠期，浇水量应依花卉种类减少或停止。从休眠期进入生长期，浇水量逐渐增加。生长旺盛时期，浇水量要充足。开花前浇水量应适当控制，盛花期适当增加，结实期要适当减少。疏松土壤多浇，黏重土壤少浇。盆小或植株较大者，盆土干燥较快，浇水次数应多些，反之宜少。

不同季节浇水量也有很大的差异。春季的浇水量要比冬季多些。一般草花每隔 1 ～ 2 天浇水 1 次，花木每隔 3 ～ 4 天浇水 1 次。夏季温室花卉每天早晚各浇 1 次。放置露地的盆花每天浇水 1 次。夏季雨水较多时，应注意盆内勿积雨水，可在雨前将花盆向一侧倾倒，雨后要及时扶正。秋季放置露地的盆花，浇水量可减至每 2 ～ 3 天浇水 1 次。冬季低温温室的盆花每 4 ～ 5 天浇水 1 次，中温温室和高温温室的盆花每 1 ～ 2 天浇水 1 次。

（二）浇水方法

通过眼看、手摸、耳听等方法确定盆栽花卉的土湿。用食指按盆土。如下陷达 1cm 说明盆土湿度是适宜的。搬动一下花盆如已变轻，或是用木棒敲盆边声音清脆等说明需要浇水了。盆花最常用的浇水方式是将灌溉水直接送入盆内，使根系最先接触和吸收水分。常用的浇水方法还有浸盆法、喷壶洒水法和细孔喷雾法等。水质以软水为好，避免用硬水。家庭中常用自来水浇花，使用自来水时应先存放几个小时或在太阳下晒一段时间。家庭养花可用淘米水、茶水、奶液残渣、洗碗水等，这些水中含有一定量的养分，对花卉生长有益。

1. 浸　盆

先将盆浸入水中，让水沿盆底孔由下而上渗入，直到盆土表面见湿时，再将盆由水中取出。多用于播种育苗与移栽上盆期。这种方法既能使种子或植株充分吸收水分，又能防止盆土表层发生板结，也不会因直接浇水而将种子、幼苗冲出。此法可视天气或土壤情况每隔 2 ～ 3 天进行一次。

2. 喷　水

用喷壶洒水。第一次要充足，直到盆底有水渗出为止。喷水可降低温度，提高空气湿度，还可清洗叶面上的尘埃，提高光合效率。喷水法洒水均匀，容易控制水量，是常用的浇水方法。喷水量应根据花卉的需要而定，一般喷水后不久即可蒸发掉最适宜。幼苗和娇嫩的花卉需要多喷水，新上盆和尚未生根的插条也需多喷水，热带兰类花卉、天南星科及凤梨科花卉更需经常喷水。

3. 喷　雾

利用细孔喷壶将水滴变成雾状喷洒在叶面上的方法。这种方法可增加空气湿度、防暑降温，对一些扦插苗、新上盆的植物或树桩盆景都非常有效。温室栽培中也常采用喷雾的方式进行浇水。但是大规模的喷雾对水的要求较高。

4. 其　他

盆花栽培除上述浇水方式外还有找水、放水和扣水等。找水是补充浇水，即对个别缺水的植株单独补浇。应在午后 16：00 ～ 17：00 查看盆土干湿，酌情补浇适量水，以保持盆土潮湿为度。放水是指生长旺季结合追肥加大浇水量，以满足枝叶生长的需要。扣水指少浇水或不浇水，在根系被修剪而伤口尚未愈合时、花芽分化阶段及入室前后常采用。压清水是在盆栽植物施肥后的浇水，要求水量大而且必须要浇透，因为只有量大浇透才能使局部过浓的土壤溶液得到稀释，肥分才能够均匀地分布在土壤中，避免因为局部肥料过浓而出现“烧根”现象。盆栽花卉浇水应注意以下几点：夏秋季多浇，雨季少浇甚至不浇；高温时宜早、晚浇，中午切忌浇水；冬天宜少浇，在晴天上午 10：00 左右浇；幼苗时少浇，旺盛生长时多浇、开花结果时不能多浇；春天浇花宜在中午前后。

五、施 肥

盆栽花卉长期生活在花盆中，土壤空间有限，施肥对其生长发育的影响更明显。在上盆及换盆时，常施用基肥。常用基肥主要有饼肥、牛粪、鸡粪、蹄片和羊角等。基肥施入量不得超过盆土总量的20%，与培养土混合施入。蹄片分解较慢，可放于盆底或盆土四周。生长期间要进行追肥。追肥以薄肥勤施为原则，通常以沤制好的饼肥、油渣为主，也可用化肥或微量元素追施或叶面喷施。使用化肥一定要适量，浓度应控制在0.1%～0.3%，不可过浓，否则容易损伤花卉根苗。此外，施用化肥后要立即灌水。

花卉种类不同对施肥的要求不同。一般情况下，草本花卉施肥浓度为0.1%～0.3%，木本花卉为0.5%～0.8%。桂花、茶花喜猪粪，忌人粪尿。杜鹃、茶花、栀子等忌碱性肥料。需每年重剪的花卉，需加大磷、钾肥的比例，以利萌发新的枝条。以观叶为主的花卉，在花期需要施适量的完全肥料，才能使所有花都开放，且形美色艳。观果为主的花卉，在开花期应适当控制肥水，壮果期施充足的完全肥料，才能达到预期效果。香花类花卉进入开花期，应多施些磷、钾肥，以促进花香味浓。

施肥要注意适时适量。适时是指花卉需要时再施，如发现花卉叶色变淡、植株生长细弱时，施肥即为适时。施肥种类要根据花卉不同生育期而定，植株黄弱、发芽以前、开始孕蕾和花谢之后，多施肥；植株健壮色浓或正在发芽或正在开花则少施；新栽幼苗、刚移植的苗木、盛夏时或枝叶徒长或植株休眠期基本不施肥。无论何时都应注意适量施肥，若氮肥过多，易造成徒长；钾肥过多也会阻碍生育。适量，对于盆栽植物要掌握勤施薄施的原则，一般是三份肥，七份水，每星期一次，N、P、K配合施用。

其次，施肥要注意季节。冬季气温低，植株生长缓慢，大多数花卉生长处于停滞状态，一般不施肥。春、秋季为生长旺季，根、茎、叶增长，花芽分化，幼果膨胀，均需较多肥料，应适当多施追肥。夏季气温高，水分蒸发快，又是花卉生长旺盛期，追肥浓度宜小，次数可多些。施肥要在晴天进行。施肥前先松土，等盆土稍干时洒点水再施肥，第二天早上浇一次透水。

六、整形与修剪

整形和修剪在应用上既密切联系，又有不同的涵义。整形一般是对幼苗而言，是指对幼苗实行一定的措施，使之形成一定的结构和形态；修剪一般是对大苗而言，意味着要去掉植物的地上部或地下部的一部分。整形修剪可培养出理想的主枝、侧枝，进而培养出优美的株形；能改善观赏花卉的通风透光条件，减少病虫害，使植株健壮、长势旺盛；可使花卉矮化，从而使其与室内、花坛或岩石园的空间比例相协调。因此，整形与修剪是盆栽花卉生产中必不可少的一个重要环节。

（一）修剪时期

修剪时期应按照花卉的抗寒性、生长特性及物候期等来决定，通常分为休眠期（冬季）修剪和生长季（夏季或春季）修剪两个时期。休眠期的修剪期在气候转冷植株生长缓慢或进入休眠后至次年春季植株萌动前进行，一般为12月至翌年2月。生长季的修剪期是自萌芽后至新芽生长停止前（一般4～10月）。抗寒力差的种类最好在早春修剪，以免伤口受风寒之害；伤流特别严重的种类，不可修剪过晚，否则会自剪口流出大量体液而使植株受到严重伤害。一般落叶花卉于秋季落叶后或春季发芽前进行修剪。早春先花后叶的，如梅花、迎春等，要花后1～2周内修剪。月季、八仙花等于花后剪除枝梢，促其抽发新枝，下一个生长季开花硕大艳丽。夏秋开花的在休眠期进行修剪。观叶的花卉也可在休眠期进行修剪。常绿花卉一般不宜剪除大量枝叶，只有在伤根较多情况下才剪除部分枝叶，以平衡其生长。

（二）剪　枝

剪枝依剪去部分的长短可分为疏剪和短截两种。对一些病虫枝、枯枝、重叠枝、细弱枝等常自基部将其完全剪除，这种剪枝属于疏剪。仅剪去枝条先端一部分称为短截。修剪时应使剪口呈一斜面，斜面顶部宜略高出留芽1～2mm，不宜过高或过低。剪口的芽要留外侧芽。扶桑、倒挂金钟、叶子花等在当年枝条上开花，应在春季修剪，山茶、杜鹃等在二年生枝条上开花，宜在花后短截枝条，使其形成更多的侧枝。

花卉移植或换盆时如伤及根部，伤口应进行修整。为了保持盆栽花卉的冠根平衡，凡是根部进行修整的植株，地上部分也应适当修剪枝条。如果要抑制枝叶的徒长，促使花芽的形成，也可剪除根的一部分。花卉移植时所有的花芽均应剪除，以利植株营养生长的恢复。

（三）整　形

花卉整形是人为对花卉的树形进行修整，使其达到一定的形状。可根据植物的自然姿态稍加修整使之更加完美，也可依人们的喜爱和情趣将其修剪成各种预想的形姿，达到源于自然高于自然的艺术境界。在这个过程中，要细心琢磨，精心养护，以达到预想的目的。在确定整枝形式前，必须对植物的特性有充分了解，枝条纤细且柔韧性较好者，可整成镜面形、牌坊形、圆盘形或S形等，如常春藤、三角花、藤本天竺葵、文竹、令箭荷花等。枝条较硬者，宜做成云片形或各种动物造型，如蜡梅、一品红等。花卉整形往往需一段较长的时间才可成型，即使成型后也需定期进行修剪，以保持其树形。在实际操作中，整形往往与修剪结合使用。

（四）摘心与抹芽

摘心有利于花芽分化，可以促发更多的侧枝，还可调节开花的时期。因其抑制生长，所以次数不宜多。对于一株一花或一个花序，以及摘心后花朵变小的种类不宜摘心，此外球根类花卉、攀缘类花卉、兰科花卉以及植株矮小、分枝性强的花卉均不摘心。

抹芽即将多余的芽全部除去。这些芽有的是方向不当，有的是过于繁密。抹芽应尽早于芽开始膨大时进行，以免消耗营养。有些花卉如芍药、菊花等仅需保留中心一个花蕾时，将其他花芽全部摘除。

（五）绑扎与支架

盆栽花卉中有时要做成扎景，有时茎枝纤细柔长，常设支架或支柱，同时进行绑扎。花茎细长的如小苍兰、香石竹等常设支柱或支撑网；攀缘性植物如香豌豆、球兰等常扎成屏风形或圆球形支架，使枝条盘曲其上，以利通风透光和便于观赏；扎景则根据造型需求扎成型。支架常用的材料有竹类、芦苇等。绑扎可用棕丝、铅丝、棕线等耐腐烂的材料。

第三节 温室花卉的栽培管理

露地花卉受到当地气候条件的影响，往往具有很强的时间性，而现代社会中随着人们生活水平的提高需要在任意时间均可观赏到鲜花，温室花卉就满足了人们的这种需求，能打破季节的限制，实现周年生产。温室花卉是指当地常年或一段时间内在温室中栽培的观赏植物。温室花卉可盆栽，也可地栽。一般来说，温室内花卉以盆栽较多，多数原产热带、亚热带及南方温暖地区的花卉，在北方寒冷地区栽培多采用此方式。温室内地栽主要用于大规模切花生产。

一、温室基本知识

温室又称暖房，能透光、保温（或加温），是用来栽培植物的设施，多用于低温季节喜温蔬菜、花卉、林木等植物栽培或育苗等。我国的温室大多结构简单，荷兰、日本、英国等国的温室发展很快。现在我国的许多温室大多参考荷兰温室的结构建造。

（一）温室的种类

按建筑形式分为：单屋面温室、双屋面温室、不等面温室和连幢式温室。

按覆盖材料分为：玻璃温室和塑料温室。

按应用目的分为：观赏温室、栽培温室、繁殖温室、促成温室和人工温室。

（二）温室设计

1．选择温室类型的依据

建什么样的温室，要依据当地的自然气候条件、欲种植花卉种类、生产方式、生产规模及资金等情况而定。如在北方宜选南向单屋面或不等面的中小型温室。

2．温室设置地点的选择

温室对地理条件的要求是：地形开阔，地势平坦，避风向阳，土质良好，水源充足，交通方便，排水良好。

3．温室的平面布局和间距

设计规模较大的温室群时，所有的温室应尽可能地集中，以利管理和保温，但应以彼此不遮光为原则。东西走向温室的间距，以冬至时前排的投影刚好应在后排窗脚下最为理想，以保持前排高度的 2 倍为宜。南北走向的温室间距，由于中午前后无彼此遮光的现象，在管理方便和有利通风的前提下，以不大于温室跨度 2 倍为宜。

4．屋面的倾斜度

东西走向的温室利用太阳辐射能主要是通过南向倾斜的玻璃屋面取得的。在北半球，通常以冬至中午的太阳高度角来确定东西走向温室玻璃屋面的倾斜度。南北走向的双坡面温室，不论玻璃屋面的倾斜角度多大，都和太阳光线投射于水平相同，这正是南北走向的温室中午温度比东西走向的温室相对偏低的原因。但是，为了上下午能更多地接受太阳的辐射热，屋面倾斜度不宜小于 30°。

表 4–5 几种常用大棚薄膜性能比较

类别	防老化性（连续覆盖月数）	防雾滴持效期（月）	保温性	透光性	防尘性	转光性
PVC 普通膜	4 ～ 6	无	优	前优后差	差	无
PE 普通膜	4 ～ 6	无	差	前良后中	良	无
PVC 防老化膜	10 ～ 18	无	优	前优后差	差	无
PE 长寿膜	24 以上	无	差	前良后中	良	无
PVC 双防膜	10 ～ 12	4 ～ 6	优	前优后差	差	无
PE 双防膜	12 ～ 18	2 ～ 4	优	前良后中	良	无
PE 多功能复合膜	12 ～ 18	3 ～ 4	优良	前良后中	良	无
EVA 多功能复合膜	15 ～ 20	6 ～ 8	优	前优后中	良	无
PE 无滴转光膜	12 ～ 18	2 ～ 4	中	前良后中	良	有

注：PE（聚乙烯）、PVC（聚氯乙烯）和 EVA（乙烯—醋酸乙烯）。

（三）温室内部的设施

1．植物台

植物台是放置盆花的台架，多用于盆花的栽培。植物台的形式有平台和级台两种。平台常设于单屋面温室、双屋面温室的两侧，在较大的温室中也可设于温室的中部。平台高度一般为 80cm，宽度为 80 ～ 100cm，若设于中部，两边有道路时，其宽度为 150 ～ 200cm。级台常设于单屋面温室的北侧或双屋面温室的正中。级台可充分利用温室空间，通风良好，光照均匀，但不便于工作，适合观赏温室及标本保存，不适于大规模生产应用。

2．栽培床

栽培床是温室内栽植花卉的设施。如香石竹、非洲菊、小苍兰等切花的栽培常使用栽培床。栽培床依其高度可分为地床和高床。地床直接栽植于温室内地面。高床高出温室地面，侧面由砖块或混凝土构成，其中添入土壤。专用作繁殖的栽培床称为繁殖床。在单屋面温室及不等式温室中，繁殖床设于北墙，因多用于扦插，光线不宜过强。一般床宽约100cm，深40～50cm，上设玻璃窗，下部至加温管道全封闭，以免温度降低，床底用水泥砖铺成，下部距温管道40～50cm。繁殖床现多采用电热线加热。

3．水池及水箱

温室花卉所用的灌溉用水需事先贮于室内池中，以提高温度，使其与室温相近。通常在灌溉前一日注入水池，第二日即可利用。水池一般设于植物台下，或温室的北侧。水池的形状不定，但以方形和长方形居多，均以砖块、水泥砌成。深浅及大小不一，一般深约100cm。如自来水可以利用时，可装水箱于高处，先一日贮水于水箱中，用橡皮管引水灌溉更为便利。水池除供水之外，还可增加空气湿度。在温室内栽培蕨类、热带兰、秋海棠等要求空气湿度较高的花卉种类，可扩大地面水池的面积，提高空气湿度。

二、温度调节

温度的控制是温室花卉生产中关键技术之一。温度调节要根据季节变化及花卉的生态需求合理控制。通常冬季寒冷，需进行保温，北方严寒地区还需要加温；夏季温度过高时需进行降温；春秋两季视花卉的需求而定。

（一）保　温

1．室内覆盖保温

这种方法是利用保温的材料制成固定或可移动的保温幕，在温室大棚内的顶部进行二次覆盖，以达到夜间或阴天时保温的目的。用于保温幕的材料有：聚乙烯（PE）塑料薄膜、聚氯乙烯（PVC）塑料薄膜、聚乙烯混铝薄膜、聚乙烯镀铝薄膜及不织布（无纺布）等。保温幕安装在温室或大棚内的顶部，也可将顶部与四周侧墙同时覆盖，通过机械拉幕装置自由拉开叠起或关闭覆盖。白天拉开保温幕接受正常光照，晚上关闭覆盖形成上层或整体的内保温幕。装有保温幕的温室温度可提高3℃以上，同时还具有防止屋面内结露的作用。内覆盖保温幕适用于大型连栋温室大棚、钢骨架高标准单栋塑料大棚和玻璃温室。在安装和使用时，要求接缝处、四周、底部严密不留缝隙，接缝处最好重叠30cm。此外与屋面、墙面之间要留10～15cm的空隙，保持一定的静止空气隔温层。

2．室外覆盖保温

温室外可通过覆盖草苫、草席、纸被和发泡塑料等对温室进行保温。也可就地取材，如用稻草、蒲草以及其他类似的作物秸秆。纸被可以用牛皮纸外侧加防水材料制成，也可以用发泡塑料、聚乙烯、棉絮等制成。一般室外覆盖保温于冬季安装在温室大棚外面，通过人工或机械卷帘装置卷放，白天卷起，夜间覆盖，起到保温作用。但降雪前不要覆盖，防止积雪堆压造成卷起困难。外覆盖可提高温度5～10℃，适于各种类型的单栋温室大棚。

3．其他保温措施

除增加覆盖外，各地还有一些其他的保温措施。在大棚内加设小拱棚、覆盖地膜，均可提高地表附近的温度。在温室前屋面底角基础外界或基础之下挖防寒沟也可提高温室的温度。防寒沟一般 50cm 深、30 ～ 40cm 宽，用废旧塑料薄膜铺垫上，内装干燥碎草，用薄膜将上部封严，压上田土，防止漏进水。也可在防寒沟内埋 50cm、深 9cm 厚的聚苯板。此外还可以在后墙基部堆防寒土，也有利于温室温度的保持。

（二）加　温

温室加温方法较多，有火炕、散热管系统、热风加温和电热加温等。

1．火炕加温

火炕加温是最简单易行的方法，在我国花卉生产的土温室中常见。其缺点是室内空气干燥，烟尘和二氧化硫污染严重。

2．散热管加温系统

这种方法常见于高纬度地区，由锅炉集中供热，以煤、石油液化气或天然气为烘焙。散热管装置在温室内四周，也可根据需要装于地下、种植床下或空中（可向下移动），以提高局部种植面或地面的温度。

散热管内可通热水或蒸汽。热水加温室内温度均匀，湿度较高，即使管内的水温达到 70℃，也不会烫伤触壁的植物，是温室花卉生产中常用的加温方式。但是热水冷却后温室的温度回升慢，热力也有限，一般只适用于中小型温室。蒸汽加温温度可达到 100℃，热量是热水加温的两倍以上，室内温度提升快，而且蒸汽锅炉房规模大，自动化和安全装置多，操作较简便，是现代化大型温室常用的加温方式。但蒸汽加温室内温度较低，且靠近散热管的植物容易受到伤害。

3．热风加温系统

热风加温系统在现代化大型温室中使用，主要用于低纬度地区作临时加温。热风供暖的设备是热风炉，这种热风炉由热风机和通风管道组成。热风机是热风供暖的主机，由热源、空气换热器和风机 3 部分构成。通风管道也称供暖管道，由开孔的聚乙烯薄膜制成，长度可根据温室规格自行确定。热风炉按热源可以分为燃煤热风炉和燃油（气）热风炉两种。外观造型和安装形式分为吊装式、落地式和移动式 3 种。其工作过程为：热源加热空气换热器，用风机强制室内部分空气进人换热器，空气被加热后直接或通过供热管道进入室内。

4．电热加温

电热加温是利用电流通过电阻大的导体，将电能转变成热能使室内增温，并保持一定温度。电热加温具有升温快、温度均匀、易调控等优点，是自动化控温育苗的好方法。但电热加温耗电量较大，只能作短期临时加温。目前，利用电热线加温主要有两个用途：一是电热温床育苗，二是补充加温。电热温床是在温室和大棚内的栽培床上，做成育苗用的平畦，在育苗床上铺上加温线而成。电加温线的铺设方法是在整好的栽培小高畦中央挖深 10cm 的小沟，埋入一段长 100m 的 800W 电热线，接南北畦铺设，连续回龙布线，每根电线可铺 13 畦左右，采用并联方法连接每根电热线，每公顷温室需要电加温线 120 ～ 150 根。每天早上 6: 00 ～ 8: 00 加温，阴雪天可从 22: 00 加温至次日 6: 00。白天一律不加温，夜间加温时间长短可以根据外界天气情况而定。总之，既要节约用电量，又要保证土温不可过低。

（三）降 温

我国大部分地区夏季炎热，当室外气温达30℃时，温室大棚内的气温可达40℃。即便是喜温的杜鹃花、瓜叶菊、蒲包花、四季海棠等，高于30℃都会生长不良，因此降温是必要的。通常采用通风窗包括侧窗和顶窗等自然通风系统、排风扇等强制通风系统、遮阴网、湿帘—风机降温系统、微雾降温系统等。

1．通风降温

通风降温是利用温室内外空气的流通实现室内温度的下降。通风降温又分为自然通风和强制通风两种类型。自然通风的设施是开窗器，可安装在温室顶部，也可安装在侧墙上。窗户的开启和关闭可利用人工也可通过机械。温室开窗通风总面积应大于温室地面面积的15%。一般大部分时间温室都是靠自然通风来调节环境温度的，但夏季高温时自然通风不能满足需要。

强制通风的设备是由电机带动的排风扇，安装在温室的侧墙。强制通风是利用风机将电能或机械能转化为风能，强迫空气流动进行通风进而降低室内温度，一般能达到室内外温差5℃的效果。通风除降温外，还有调节温室气体环境和除湿的作用。

2．加湿降温

加湿降温又称蒸发降温，是利用空气中不饱和性和水的蒸发来降温的。当空气中所含水分没有达到饱和时，水汽化为水蒸气，使空气中温度降低，湿度升高。蒸发降温过程必须保证温室内外空气流动，将温室内高温高湿的气体排出去，并补充新鲜空气，因此必须配合通风。

（1）湿帘—风机降温

湿帘—风机降温系统由湿帘、循环水、轴流风机等部分组成。湿帘通常安装在温室北墙上，以避免遮光影响作物生长。风扇则安装在南墙上。当需要降温时启动风扇将温室内的空气强制抽出并形成负压，室外空气在因负压被吸入室内的过程中以一定速度从湿帘缝隙穿过，与潮湿介质表面的水汽进行热交换，导致水分蒸发和冷却，冷空气流经温室吸热后再经风扇排出达到降温目的。其降温效果取决于湿帘的性能，要有吸附水的能力、通气性、多孔性、抗腐烂性。常将杨木刨花、聚氯乙烯、甘蔗渣等压制成约10cm厚的蜂窝煤状的结构制成湿帘。

（2）微雾降温

微雾降温系统由水过滤器、高压水泵、高压管道和雾化喷头组成。直接将水的雾粒喷在室内空间，雾粒可在空中直接汽化而吸热降温。这种方法降温速率很快，而且温度分布均匀。但对水质要求较高，自来水等必须过滤后才可使用，否则易堵塞喷头，且整个系统精度高，造价及运行费用都较高。雾粒一般在50～70μm。如配合强制通风效果更好。其降温能力在3～10℃间，是一种较新的降温技术。

3．遮阳降温

通过遮阳减弱光照强度实现降低温室内温度的目的。遮阳设施可装于室外也可装于室内。室外遮阳需要在温室外安装一套遮阳骨架，将遮阳网安装在骨架上。遮阳网可以用拉幕机或卷膜机带动自由开闭，驱动装置有手动或电动。外遮阳的优点是直接将太阳辐射隔在温室外，降温效果好，缺点是骨架要耗费钢材。室内遮阳是将遮阳网安装在温室大棚内，在温室骨架上拉推、开闭。推拉系统由一些金属网线作为支撑，整个系统轻巧简单，不需要制作骨架。内遮阳可以降低地面温度，但仍有一部分太阳辐射进人室内，所以降温效果略差些。遮阳网是由聚乙烯制成的纱网，有黑色、银灰色，绿色和蓝色，还有缀铝箔的，外遮阳多用蓝色和绿色，内遮阳多用银灰色和缀铝箔的。遮阳系统除了有降温作用还有调节光照的作用。

除上述这些措施还可利用屋顶喷淋、屋面喷白等方法降温。实际使用时根据需要配合使用这些方法可以取得更好的降温效果。

三、湿度调节

（一）空气湿度

在日光温室里，特别是夜间，空气的相对湿度经常趋于饱和状态。高湿对大多数花卉的生长发育是不利的，常会引起多种病害发生或蔓延。空气湿度大是温室环境的一个显著特点，要特别注意降低空气湿度。温室内降低空气湿度一般都采用通风法，即打开所有门窗，通过空气的流动来降湿。但是在夏季室外也处于高温高湿的环境时，就需用排气扇进行强制通风，以增大通风量，效果明显。如在 4m×27m 的小温室内采用强制通风时，大约 45min 就能达到降低湿度的目的。

花卉在进行周年生产时，到了高温季节还会出现高温干燥、空气湿度不够的问题，这时就需要增加室内的空气湿度。增加空气湿度的方法有室内修建贮水池、喷雾加湿、湿帘加湿和温室内顶部安装喷雾系统等。对于播种、扦插、嫁接或湿生花卉的生长应用喷水、喷雾、二次覆盖等方法增加空气湿度。

（二）土壤湿度

土壤湿度直接影响花卉根系的生长和肥料的吸收，间接影响地上部分的生长和发育。调节土壤湿度的方法有：

1．地表灌水法

我国花卉生产通常采用的方法，也是最古老的灌水方式，即对地栽的花卉地面进行漫灌或开沟浇灌。对盆栽的花卉则用手提软管或喷壶浇水。这种方法用水量大，灌溉不均匀，且易造成病虫害的传播。

2．底面吸水法

底面吸水法是花卉播种育苗和盆花常用的灌水方法。将花盆底部装入碎砖瓦、粗砂粒、炉渣等，上面填入栽培土后，放在栽培床中，床中间隔一定时间灌满水，使花盆底部完全浸泡在水中，水逐渐由下向上浸满全盆。这种方法用水量小，植物根部着水均匀，不易染真菌病害，但是由于水的移动方向是自下而上，易造成花盆表土的盐分浓度较高。

3．喷灌法

将喷灌管高架在花卉上方，从上面向植物全株进行喷灌，喷灌是大型现代温室花卉生产较理想的一种灌水方式。喷灌系统的主管道上一般还配有液肥混合装置，液肥或农药与水的配比可在 100 ～ 600 倍范围内选定，自动均匀地混合流往支管中，达到一举多得的效果。

4．滴灌法

花卉生产中常用的灌水方法，将供水细管一根根地连接在水管上，或将供水细管几根同时连接到配水器上，细管的另一端则插入植株的根际土壤中，将水一滴滴地灌入。采用此法可节省大量的用水。但是使用此法时要求花卉的生长发育整齐一致，否则供水量和供水时间无法控制。

四、光照调节

生产中采取的措施主要有补光、遮阴、遮光和光质调节。温室内由于覆盖材料的阻挡，无论是光照强度还是光照时间均差于露地，往往需要人工进行补光。而在夏季，光照强度过强，大部分温室花卉都需要进行遮阴，以避免受到伤害。

（一）补　光

在温室大棚内进行的补光主要有长日照处理和补强光两种。长日照处理是为调节花卉的开花期而进行的人工补光，在菊花、一品红春节开花的栽培中广泛应用。补强光大多在冬季弱光或温室大棚遇到连阴天气，室内光照条件差时进行。可采用电灯补光，如钠灯、卤化金属灯、荧光灯、白炽灯等，有利于阳性花卉的生长。白炽灯和日光灯光强度低、寿命短，但价格低、安装容易，国内采用较多；高压水银灯和高压钠灯发光强度大、体积较小，但价格较高，国外常用作温室人工补光光源。有条件的地方可安装补光系统。所采用的光源灯具有防潮设计，使用寿命长、发光效率高、光输出量比普通钠灯高 10% 以上，但成本高，目前仅在效益高的工厂化育苗温室中使用。另外，在温室墙面涂白或北墙内侧设置反光镜、反光板、反射膜可增加室内光照 30% 以上，并可提高气温和地温。在温室大棚内进行的补强光，提高花卉的光合作用和生长量，意义很大，但费用太高，推广应用受限制。

（二）遮　阴

许多温室花卉是喜阴或耐阴的花卉，不适应夏季强烈的太阳辐射，因此为了避免强光和高温对植物造成伤害，需要进行遮阴处理。遮光材料应具一定透光率、较高的反射率和较低的吸收率。常用遮光物有白色涂层（如石灰水、钛白粉等）、草席、苇帘、无纺布和遮阳网。涂白遮光率为 14% ～ 27%，一般夏季涂上，秋季洗去，管理省工，但是不能随意调节光照强度，且早晚室内光强过弱。草帘遮光率一般在 50% ～ 90% 之间，苇帘遮光率在 24% ～ 76% 之间，一般用于小型温室。白色无纺布遮光率在 20% ～ 30%。遮阳网遮光率为 25% ～ 75%，目前最为常用，有黄、绿、黑、银灰等颜色，宽 2.0 ～ 6.0m；夏季可降温 4 ～ 8℃，使用年限 3 ～ 5 年；轻便，易操作，可依需要覆盖 1 ～ 3 层。

遮阴时间要根据花卉种类和季节而定。夏季遮阴时间较冬季长，遮阴的程度比冬季大。遮阴时间：在上午 9：00 至下午 16：00，阴雨天不遮阴。多浆植物要求充分的光照，不遮阴。喜阴花卉如兰花、秋海棠类花卉及蕨类植物等，必须适当遮阴。喜阴的蕨类植物应遮去全部直射光。一般温室花卉夏季要求遮去日光 30% ～ 50%，而在冬季需要充足的光照，不要遮阴，春秋两季则应遮去中午前后的强烈光线，晨夕予以充分光照。

（三）遮　光

遮光是指为达到短日效果的完全遮光处理，通常是把温室遮严或利用支架将植株遮光。如想使春夏开花的花卉在秋季开花就需要进行遮光处理。

（四）光质调节

采用能控制光质的覆盖物如彩色薄膜，调节不同光波的照射比例来控制花卉生长，对花卉进行特别的光照，刺激花卉的内部组织，以加快花卉的生长速度，调节植物生存环境，避免杂草和病虫害发生，从而能达到增产增效。

五、土壤调节

（一）土壤中盐类浓度及其调节

温室一般是用于在特定的季节里生产特定的花卉，连续施用同种肥料，形成了高度连作的栽培方式，使温室内的土壤性质和土壤微生物的情况发生了很大变化。特别是由于室内雨水淋不到，施用的肥料又很少流失，经毛细管作用，剩余的肥料和盐类逐渐从下向上移动并积累在土壤表层，使土表溶液浓度增大，从而影响了花卉的生长发育。因此，为了减轻或防止盐类浓度的障碍，可采取以下措施：

（1）正确地选择肥料的种类、施肥量和施肥位置。多施有机肥或硝酸铵、尿素、磷酸铵等不带副成分的无机肥。

（2）深翻改良土壤。

（3）防止表层盐分积累。进行地面覆盖、切断毛细管、灌水，或夏季去掉屋顶玻璃、打开天窗让雨水淋入。

（4）更换新土。

（二）土壤生物条件及其调节

土壤中有病原菌、害虫等有害生物，亦有微生物、硝酸细菌、亚硝酸细菌、固氮菌等有益生物。正常情况下这些微生物在土壤中保持着一定的平衡。但连作打破了土壤中微生物的平衡，造成连作危害。解决的方法有：

1．更换土壤

一般3～4年进行一次，费工、费时，可只加一部分新土，或者温室与露地之间进行轮作栽培。但是随着温室结构的大型化和固定化，换土的作业越来越困难，所以逐渐改用土壤消毒。

2．土壤消毒

（1）药剂消毒。

甲醛（40%）：可消灭土壤中病原菌，也能杀死有益微生物。使用浓度为50～100倍。先将土壤翻松，用喷雾器将药剂均匀地洒在地面上，用量为400～400ml/m^3。塑料布覆盖2天后揭掉，打开门窗使甲醛蒸气完全散发出去，两周后可使用。

硫磺粉：可消灭白粉病菌、红蜘蛛等。一般在播种前或定植前 2 ～ 3 天进行熏蒸，每 100m^3 的温室用硫磺粉和锯末 0.25kg，放在室内数处，关闭门窗点燃，熏蒸一昼夜即可。

氯化苦：防治土壤中的菌类和线虫，也能抑制杂草发芽。将土堆成高 30cm 的长垄，每 30cm^2 注入药剂 3 ～ 5ml 至地面下 10cm 处，用塑料薄膜覆盖 7（夏季）～ 10 天（冬季），之后打开薄膜放风 10 ～ 30 天，待无刺激性气味后再使用。

（2）蒸汽消毒。利用高温杀死有害生物。很多病菌在 60℃时 30min 即能致死，病毒需 90℃ 10min，杂草种子需 80℃ 10min，由于有益的硝酸细菌达到 70℃会致死，所以一般蒸汽消毒多采用 60℃ 30min 的处理方法。

蒸汽消毒无药害，操作时间短，能提高土壤的通气性、保水性和保肥性，可与加温锅炉兼用，是温室内土壤消毒的常用方法。具体做法：用直径 5 ～ 7.5cm、长 2 ～ 5m 的铁管，在管上每隔 13 ～ 30cm 钻直径为 3 ～ 6mm 的小孔，三根管子并排埋入水中 20 ～ 30cm 深处，地面覆盖耐热的布垫后通气，用 450kg/h 的蒸汽，温度为 100 ～ 120℃，每小时大致能消毒 5m^2，然后移动管子依次进行。另一种方法是在地下 40cm 深处埋直径为 5cm 的水泥管，每管相隔 50cm，一次给三条管子通气。由于管子埋得深，翻地时不用移动，较省工，还可与灌溉、排水兼用。

六、气体调节

（一）二氧化碳

在白天不通风条件下，温室内二氧化碳体积浓度常低于 0.03%，影响光合作用。即使在通常大气中，二氧化碳仍是限制陆地植物生长量的因素之一。补充二氧化碳可大大提高温室内花卉的产量。常用的二氧化碳补充方法有：

1．人工施用 CO_2 肥

（1）利用 CO_2 发生剂。即利用化学物质之间的作用所产生的 CO_2 来补充其不足。目前广泛应用的是稀硫酸＋碳酸氢铵的反应。此外，盐酸 + 石灰石、硝酸 + 石灰石的反应也有应用。

（2）利用 CO_2 发生器。用燃烧沼气、天然气、液化石油气、无烟煤、丙烷、煤油等碳氢燃料的方法生成 CO_2。但此法生产 CO_2 气肥的同时会产生 CO 和 H_2S 等有害气体，而且成本较高。

（3）干冰填埋法。CO_2 在低温下是固态即干冰，在常温下变为气态 CO_2。在大棚内每 1m^2 挖 1 个坑，坑内埋入少量干冰，使 CO_2 缓缓地释放到大棚里。这种方法释放量大、使用方便，但成本过高、劳动强度大，且因 CO_2 气体密度大，从地面向空气中释放比较困难，不利于作物吸收，无法做到定时定量，且会降低温室内的温度。

（4）用瓶装液态 CO_2 法。瓶装液态 CO_2 是化肥厂、酒精厂等企业的副产品，是比较理想的农用 CO_2 气源，且资源丰富、成本低廉、很容易控制、方便安全，具有其他 CO_2 气源所不具有的优点。

（5）施用 CO_2 的固体颗粒肥。按量施入土壤一定的深度，可以连续释放 40 天 CO_2。

2．通风换气

依靠空气流动来补充 CO_2 的不足，通过通风，在排出有害气体的同时，补充 CO_2 和 O_2，但

这种方法只能使 CO_2 浓度最高达到大气水平。

3．施用有机肥

土壤中多施入有机肥，可自然产生二氧化碳。

（二）有害气体

对于大棚温室内加温产生的一氧化碳和二氧化硫，以及化肥分解释放出的氨和二氧化氮等有害气体，应采取强制通风换气，减轻危害。同时土壤施用石灰，能防止二氧化氮气体的产生。

七、盆花在温室中的排列

一般来说，温室内部各部分间存在一定的生态条件差别。随距玻璃屋面的距离的增大，光照强度随之减弱；近侧窗处温度变化大，温室中部温度较稳定，近热源处温度高，近门处温度变化大。因此，盆花进入温室后，要根据温室条件，结合植物的高矮和对温度和光照的要求，以及盆花数量等进行合理的安排，以便充分利用室内空间，方便管理，达到增加产量和提高栽培质量的目的。

（一）依据温室中的光照

应把喜光的花卉放到光线充足的温室前部和中部；耐阴的和对光线要求不严格的花卉放在温室的后部。植株矮的放在前面，高的放在后面。

（二）依据温室中的温度

把喜温花卉放在近热源处和温室中部，比较耐寒的强健花卉放在近门及近侧窗部位。

（三）依据植株的发育阶段

扦插、播种的应放在接近热源的地方；幼苗移到温度较低而光照充足的地方；休眠的植株放在条件较差处，密度可加大。

（四）从平面和立面排列考虑，充分利用空间

平面排列上，除走道、水池、热源外，其他面积为有效面积。如设移动式种植床，平时不留走道。做好一年中花卉生产的倒茬和轮作。立面利用上，较高的温室中，在走道上方悬挂下垂植物；低矮的温室，放蔓性花卉在植物台的边缘。在单屋面温室中，可利用级台，在台下放置一些耐阴湿的花卉。

八、温室盆花的出入季节

（一）出　室

北方一般在 4 月底 5 月初，气温趋于稳定时温室内的盆花即可陆续出室。出室前 5 ～ 7 天，白天打开温室门窗，通风、降温、降湿，增强盆花抵抗力。最低气温升到 8℃左右时，御寒力较强的四季报春、凤尾蕨等首批出房，随着气温上升，御寒力较差的苏铁、金橘、吊兰等方可出房。一些需要高温高湿环境的如凤梨科、天南星科等花卉，还有一些不耐烈日直射的肉质多浆花卉，

如仙人掌科、大戟科等，夏季仍需留在温室，经常通风换气，适度遮阴。

（二）入　室

日最低温度降至 12℃时，就要着手盆花入室。温室先要清扫干净，并进行消毒。消毒可用硫磺加入干燥木屑在室内燃烧，熏蒸，密闭 2 ～ 3 天，再通风 2 ～ 3 天；或者用 50 倍甲醛液在温室内喷洒消毒。花卉入室前要注意清除病虫植株，剪去病枝。

第四节　花卉的无土栽培

一、无土栽培的定义及特点

无土栽培是指不用天然土壤而用其他基质，或仅育苗时用基质，在定植后用营养液进行培养的栽培方法。无土栽培能加速植物生长，提高产量和品质。如无土栽培的香石竹香味浓、花朵大、花期长、产量高，盛花期比土壤栽培的提早两个月。无土栽培的金盏菊的花序平均直径为 8.35cm，大于土培花序的 7.13cm。节省肥水，无土栽培中营养液直接供给花卉根部，完全避免了土壤的吸收、固定和地下渗透，大约可节省一半左右的肥料用量，肥料利用率高达 90% 以上。无土栽培的优点有：无杂草，无病虫，清洁卫生；应用范围广；节省劳动力，减轻劳动强度。但无土栽培一次性投资大，对环境条件和营养液的配置要求严格。

二、无土栽培方式

（一）水培法

水培法是无土栽培最早采用的方式，是将花卉的根系连续或不连续地浸于营养液中的一种方法（图 4-4）。营养液在栽培槽内流动，以增加空气含量。一般要有 10 ～ 15cm 深的营养液。水培时要使用不透明的容器（或以锡箔包裹容器），以防止光照及避免藻类的繁殖，并经常通气。

水培法中植株的根系浸于营养液中，处于水分、空气、营养供应的均衡环境之中，能发挥植物的增产潜力，但水培设施都是循环系统，生产的一次性投资大，且操作及管理严格，一般不易掌握，应用受到一定限制。水培法常用方式有营养液膜技术、深液流栽培、动态浮根法、浮板毛管水培法、雾培技术。

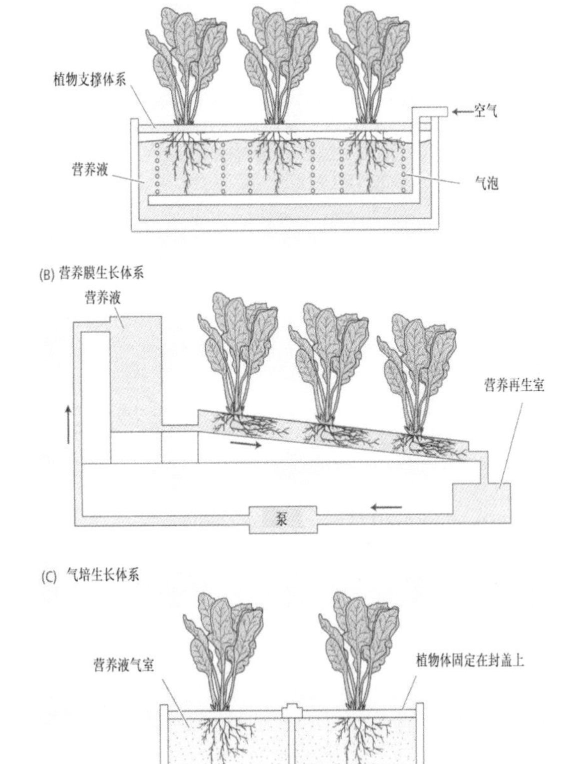

图 4-4　水培法示意图

（二）基质栽培

基质栽培有两个系统，即基质—营养液系统和基质—固态肥系统。基质—营养液系统是在一定容器中，以基质固定花卉的根系，根据花卉需要定期浇灌营养液，花卉从中获得营养、水分和氧气的栽培方法。基质—固态肥系统亦称有机生态型无土栽培技术，不用营养液而用固态肥，用清水直接浇灌。该项技术是我国科技人员针对北方地区缺水的情况而开发的一种新型无土栽培技术，所用的固态肥是经高温消毒或发酵的有机肥（如消毒鸡粪和发酵油渣）与无机肥按一定比例混合制成的颗粒肥，其施肥方法与土壤施肥相似，定期施肥，平常只浇灌清水。这种栽培方式一次性运转的成本较低，操作管理简便，排出液对环境无污染，是一种具有中国特色的无土栽培新技术。

三、无土栽培基质

目前世界上90%的无土栽培均为基质栽培。无土栽培的基质主要作用是固定植株，供应氧气，并有一定的保水保肥能力。因此，基质的保水性能、排水性能都要好，性能稳定，无杂质，无病、虫、菌，无异味和臭味，且有一定强度进而固根。作为生产中大量使用来说，还需要价格低廉，调制和配制简单。

（一）常用的无土栽培基质

1．沙

沙是无土栽培最早应用的基质。沙来源丰富，价格低，但容重大，粒径以0.6～2.0mm为好。使用前应过筛洗净，并测定其化学成分，供施肥参考。

2．蛭　石

蛭石是次生云母矿石经1000℃以上高温处理后的产品，质轻，透气性和保湿性好，具有良好的缓冲性；每立方米重80kg，中性偏酸。多数蛭石含有效钾5%～8%、镁9%～12%。以颗粒直径2～3mm的育苗好。

3．岩　棉

岩棉由60%辉绿石、20%石灰石、20%焦炭混合制成，孔隙度96%，具有很强的保水能力。岩棉可制成大小不同的方块，用于一品红和杜鹃等的扦插育苗。西欧各国应用较多。

4．珍珠岩

珍珠岩由硅质火山岩在1200℃下燃烧膨胀而成，每立方米重12kg，通气良好，pH值6～8，不含矿质营养，根系固定效果差，一般和草碳、蛭石等混合使用。

5．泥　炭

泥炭含有大量的有机质，疏松，透气、透水性能好，保水、保肥能力强，质地轻、无病害孢子和虫卵。泥炭土在形成过程中由于长期的淋溶，本身肥力甚少，因此在配制营养土时可根据需要加进足够的氮、磷、钾和其他微量元素肥料。泥炭土在加肥后可以单独盆栽，也可以和珍珠岩、蛭石、河沙等配合使用。

6．椰糠、锯末、稻壳类

椰糠是椰子果实外皮加工过程中产生的粉状物；锯末和稻壳是木材和稻谷在加工时留下的残留物。此类基质物理性能好，表现为质地轻、通气排水性能较好。可与泥炭、园土等混合后作为盆栽基质。但对于一些植物，使用这类基质时要经适当腐熟，以除去对植物生长不利的异物。

7．树 皮

主要是栎树皮、松树皮和其他厚而硬的树皮，具有良好的物理性能，能够代替蕨根、苔藓、泥炭，作为附生性植物的栽培基质。使用时将其破碎成 0.2 ～ 2cm 的块粒状，按不同直径分筛成数种规格。小颗粒的可以与泥炭等混合，用于一般盆栽观叶植物种植，大规格的用于栽植附生性植物。在使用过程中会因物质分解而使容重增加，体积变小，结构受到破坏，造成通气不良、易积水，这种结构的劣变需要一年左右。

8．炉 渣

用粒径 2 ～ 3mm 炉渣作基质，先把充分燃烧的锅炉炉渣用筛孔 3mm 的筛子筛一遍，然后用 2mm 筛子筛一遍，过筛后用水冲洗。炉渣可反复利用，隔年再用时用 0.05% ～ 0.1% 高锰酸钾溶液消毒。天竺葵用此基质栽培效果较好。

9．合成泡沫

合成泡沫为人工合成物质。其材料有脲甲醛、聚甲基甲酸酯或聚苯乙烯等。合成泡沫单位体积吸水力强，如脲甲醛泡沫 1kg 可吸水 12kg。质轻，孔隙度大，吸水力强，一般多与沙和泥炭等混合使用。

（二）基质的消毒

任何一种基质使用前均应进行处理。如选用腐殖土时，要将过大的枝叶和发酵不彻底的枝叶除去；选用菜园土，要除去板结不易碎的土块，过筛，去除土中杂质，如碎石等。有机基质需经消毒后才可使用。基质消毒常用的方法有：

1．物理消毒

（1）蒸汽消毒。将 60 ～ 120℃的蒸汽通入基质，消毒 30 ～ 60min，可杀死基质中的病原微生物，是最有效的消毒方法。消毒可以在密闭的房间或容器中进行，也可以在室外用塑料薄膜覆盖基质进行。蒸汽消毒比较安全，但成本较高。

（2）曝晒。将基质摊在水泥地上，让灼热的阳光直接照射 3 ～ 7 天，一般可以杀死真菌孢子和虫卵。

（3）太阳能消毒。夏季高温季节在温室或大棚中，把基质堆成 20 ～ 25cm 高的堆（长、宽视具体情况而定），同时喷湿基质，使其含水量超过 80%，然后用塑料薄膜覆盖基质堆，密闭温室或大棚，曝晒 10 ～ 15 天，消毒效果良好。太阳能消毒是近年来在温室栽培中普遍应用的一种廉价、安全、简单、实用的基质消毒方法。

（4）烧炒消毒法。用火直接加热锅或铁板上的基质进行消毒，目前已开发出旋转式烧炒消毒炉。

（5）冷冻。在低温冰箱中，用 −20℃冰冻 24 ～ 48h，一般可杀死杂草种子、真菌孢子和虫卵。用于育苗的少量基质可用此法进行消毒。

2．化学药剂消毒

利用一些对病原菌和虫卵有杀死作用的化学药剂来进行基质消毒的方法。化学药剂消毒方法简便，特别适合大规模生产中使用，但其消毒效果不及蒸汽消毒的效果好，而且对操作人员有一定的副作用。

（1）甲醛消毒。甲醛俗称福尔马林，一般用 40% 左右的甲醛稀释 50 ～ 100 倍，用喷壶将基质均匀喷湿，覆盖塑料薄膜，经 1 ～ 2 昼夜后，摊开曝晒至少 2 天以上，直至基质中没有甲醛气味方可使用。利用甲醛消毒时由于甲醛有挥发性强烈的刺鼻性气味，因此，在操作时工作人员必须戴上口罩做好防护性工作。

（2）溴甲烷消毒。对于病原菌、线虫和许多虫卵具有很好的杀灭效果。将基质中的植物残根剔除后，逐层堆放，然后在堆体的不同高度用施药的塑料管插入基质中施入溴甲烷，施完足量药剂后立即用塑料薄膜覆盖，密闭 3 ～ 5 天，去掉薄膜，晒 7 ～ 10 天后即可使用。荷兰温室中大部分采用溴甲烷消毒。利用溴甲烷进行熏蒸是相当有效的消毒方法，但由于溴甲烷有剧毒，并且是强致癌物质，因而必须严格遵守操作规程，并且须向溴甲烷中加入 2% 的氯化苦以检验是否对周围环境有泄漏。

（3）高锰酸钾消毒。高锰酸钾是一种强氧化剂，只能用在石砾、粗沙等没有吸附能力且较容易用清水清洗干净的惰性基质的消毒上，不能用于泥炭、木屑、岩棉、蔗渣和陶粒等有较大吸附能力的活性基质或者难以用清水冲洗干净的基质上。用高锰酸钾进行消毒时，先配制好浓度约为 1/5000 的溶液，将要消毒的基质浸泡在此溶液中 10 ～ 30min 后，排掉高锰酸钾，用大量清水反复冲洗干净即可。

（4）漂白剂。适于砾石、沙子的消毒，不可用于具有较强吸附能力或难以用清水冲洗干净的基质上。一般在水池中配制 0.3% ～ 1% 的药液（有效氯含量），浸泡基质半小时以上，然后用清水冲洗，消除残留氯。此法简便迅速，短时间就能完成。也可用次氯酸代替漂白剂进行基质的消毒。

（5）硫磺粉消毒法。硫磺粉可杀死病菌、虫卵，又能改善土壤酸碱度。喜酸花卉在土壤中加入适量硫磺粉，可提高土壤酸性。一般每立方米加入 50 ～ 60g。

（6）黑矾消毒法。黑矾又名硫酸亚铁，将 2% ～ 3% 的硫酸亚铁加入土中混匀，按每立方米 100 ～ 150g 撒入土中，可杀死病菌。

（7）多菌灵消毒。多菌灵可杀死土壤中真菌，是预防真菌病害的方法。此外，甲基托布津、代森锰锌、三唑酮、扑海因等，也有同样的效果。

无土栽培的基质在使用一段时间后，基质中会带有许多病菌，严重影响后茬植株的正常生长，因此每次种植后应对基质进行消毒处理，对于病菌量多的基质要及时更换，以免造成病菌大面积的传播进而导致整个种植过程的失败。

3．基质的混合及配制

无土栽培中各种基质可单独使用，也可以按不同比例混合使用。从栽培效果上来说，混合基质优于单一基质，有机基质与无机基质混合的基质优于纯有机或纯无机混合的基质。好的混合基质具有良好的物理、化学性质；持水能力强，通气效果好；重量轻，便于搬运；质地均匀；不含虫卵草籽；不易传染病虫害。基质最好能够就地取材或价格便宜。对大多数花卉来说，混合后的培养基质要疏松多孔，酸碱度以微酸性至中性为好。配制栽培基质应遵循以下的原则：

（1）具有一定的稳定性。花卉需要在配制好的基质中培植一段时间，因此需要具有一定的稳定性。一般在基质中加入一定的有机成分以增强其稳定性。有机物中除了泥炭较为稳定外，其他有机物均需发酵腐熟才能混入栽培基质中，以免其在腐熟过程中放热烧伤花卉。

（2）平衡栽培基质中的碳氮比。花卉正常生长的碳氮比是 30∶1。如果不相对平衡，在栽培过程中，植物和分解有机物的微生物就会争夺氮，造成植物缺氮。

（3）调整基质中的 pH。每种花卉都有其适宜的酸碱度范围。配制基质时，要根据栽培花卉的需求，将基质调整到合适的酸碱度，以确保花卉的正常生长。

（4）适当控制栽培基质的 EC 值。EC 值是指可溶性盐类如钾、钙、镁、磷、硝酸银等的含量。盐类浓度过低不能满足花卉的需求，盐类浓度过高会伤根。利用基质为媒介栽培花卉时基质中的 EC 值可稍高些，可高于土壤栽培 0.5 ～ 1.5mS/cm，最高可达 3mS/cm。土壤中这么高的 EC 值对花卉来说是致命的。可充分供给花卉生长所需的盐类是基质栽培的一大优点。

（5）协调好基质的保水能力与通透性。理想的栽培基质含水量应为体积的 35% ～ 50%，空气占体积的 10% ～ 20%。因此，在配制基质时应充分考虑所用原材料的物理性质，以便发扬其固有的保水能力和通透性。

（6）栽培基质中应有适量的氮、磷、钾。针对所栽培的花卉，栽培基质中应含有适量的氮、磷、钾，且其比例要适当。

（7）微量元素不可缺少。在大量使用有机物的基质时，较易发生微量元素缺乏症。如在香石竹、菊花栽培中，经常发生缺硼症，一品红易发生缺钼症。因此在配制基质时要注意加入适量的微量元素。

不同的基质具有各自不同的优缺点，对花卉栽培起到不同的效果。各国往往根据本国的资源状况，就地取材选择无土栽培的方法与基质。日本以选用岩棉进行营养膜（NFT）水培法为主，加拿大多选用锯末，南非以采用蛭石居多，英国、德国、荷兰、意大利、法国、丹麦、挪威和美国等国主要发展岩棉培。我国重点发展有机与无机相结合的基质培。根据马太和（1985）、王华芳等（1997）的归纳总结，适用于盆栽花卉无土栽培的基质配方为泥炭∶珍珠岩∶细沙 =2∶2∶1 或 1∶1∶1，喜酸性的杜鹃花、栀子、山茶花的基质配方为泥炭∶细沙 =3∶1 或泥炭∶炉渣 =1∶1。菊花、一品红、百合、热带观叶花卉的盆栽基质配方为泥炭∶细沙∶浮石 =2∶1∶2 等。

基质的混合使用，以 2 ～ 3 种为宜。比较好的基质应适用于各种作物。用于育苗和盆栽的基质中应加入适量矿质养分，以提供花卉生长所需。以下是一些常用的育苗和盆栽基质配方：

- 2 份草炭、2 份珍珠岩、2 份沙。
- 1 份草炭、1 份珍珠岩。
- 1 份草炭、1 份沙。
- 1 份草炭、3 份沙。

- 1份草炭、1份蛭石。
- 3份草炭、1份沙。
- 1份蛭石、2份珍珠岩。
- 2份草炭、2份火山岩、1份沙。
- 2份草炭、1份蛭石、1份珍珠岩。
- 1份草炭、1份珍珠岩、1份树皮。
- 1份刨花、1份炉渣。
- 3份草炭、1份珍珠岩。
- 2份草炭、1份树皮、1份刨花。
- 1份草炭、1份树皮。

具体栽培时可根据所植花卉及各地的特点，选择合适的基质及配制比例。

四、无土栽培营养液

无土栽培中尤其是以蛭石、珍珠岩等有机质含量非常低的基质进行栽培或采用水培法时都必须以营养液浇灌。营养液是植株在无土栽培过程中营养物质的主要来源，对植株的生长和发育起着决定性的作用。因此，营养液的配制是花卉无土栽培中的关键技术之一。

（一）营养液配置的原则

（1）营养液应含有花卉生长所必需的全部营养元素。在适宜原则下元素齐全且配方组合，选用无机肥料用量宜低不宜高。有些微量元素由于花卉的需要量很微小，在水源、固体基质或肥料中已含有所需的数量，因此配制营养液时不需另外加入。

（2）营养液中的各种化合物在水中有良好的溶解性，并易为花卉吸收利用。一般选用的化合物大多为水溶性的无机盐类，只有少数为增加某些元素有效性而加入的络合剂是有机物。某些基质培营养液也选用一些其他的有机化合物，例如用酰胺态氮尿素作为氮源组成。

（3）水源清洁，不含杂质及污染物。

（4）营养液应为平衡溶液。

（5）溶液的pH值适合植物生长。

（二）营养液配制的要求

氮肥应以硝态氮为主。铵态氮易使作物徒长、组织细嫩，用量不宜超过总氮量的25%。

配制营养液时应注意水质，过硬的水不宜使用，或经处理以后再使用。一般用自来水、井水、河水和雨水配制营养液。自来水和井水使用前应化验水质，一般要求水质和饮用水相当。收集雨水要考虑当地空气污染程度，污染严重不可使用。河水需经处理达到饮用水标准才可使用。用作营养液的水，以硬度不超过10°（1°=10ppmCaO）为宜。科研中使用蒸馏水配制营养液。

有机肥或有机发酵物不宜作为配制营养液的肥源，因有机肥不易计算有效成分用量，同时有机成分不易直接被作物吸收利用，而且还有可能对作物造成损伤。

（三）营养液的配制

无土栽培中配制营养液时，营养液中各种元素的选择及用量应根据花卉品种、生育时期、适生地区和环境条件而定。营养液配制的总原则是避免难溶性物质沉淀的产生。营养液中含有钙、镁、铁、锰等阳离子和磷酸根、硫酸根等阴离子，因此任何一种营养液配方都必然潜伏着产生难溶性物质沉淀的可能性，若配制过程掌握不好就有可能产生沉淀。配制时应运用难溶性电解质浓度积法则来配制，混合与溶解肥料严格按顺序依次加入。生产上配制营养液一般分为浓缩贮备液（母液）和工作营养液（直接应用的栽培营养液）两种。配制浓缩贮备液时，一般分为A、B、C三种母液。A母液以钙盐为中心，凡不与钙作用而产生沉淀的盐都可放在一起。B母液以磷酸盐为中心，凡不与磷酸根形成沉淀的都可放在一起。C母液是由铁和微量元素合在一起配制而成的，用量小，可以配成浓缩倍数很高的母液。母液的浓缩倍数，应以不致过饱和而析出为准；其倍数以配成整数为好，方便操作。母液应贮存于黑暗容器中。若母液需贮存较长时间，应将其酸化，以防沉淀产生。

（四）营养液pH调整

营养液的酸碱度直接影响花卉植物对营养元素的吸收，影响花卉植物的生长。因此，营养液配制好后要进行pH调整，无土栽培过程中也应定时检测营养液的pH值。花卉植物生长要求的营养液pH值因种类而异，一般pH为5.5～6.5（表4-6）。pH值测定使用专用pH计，也可用pH试纸。pH偏高，可加入适量硫酸校正；偏低，可加入适量氢氧化钠校正。

表4—6 常见花卉营养液pH

花卉名称	pH	花卉名称	pH
百合	5.5	唐菖蒲	6.5
鸢尾	6.0	大丽花	6.5
金盏花	6.0	香石竹	6.8
紫罗兰	6.0	风信子	7.0
秋海棠	6.0	虞美人	6.5
月季	6.5	樱草	6.5
菊花	6.8	郁金香	6.5
仙客来	6.5	天竺葵	6.5

（五）常用营养液配方

目前世界应用的营养液配方有 600 余种，典型的配方如霍格兰德（Hoagland，1920）、怀特（White，1934）、春日井（1939）、道格拉斯（Douglas，1959）、图蔓诺夫（Tumanov，1960）等。其中以美国霍格兰德研究的配方最驰名，被世界各地广泛采用。后人参照霍氏配方，在使用中进行了研究与调整，从而演变出许多适用于不同植物和栽培条件的配方（表 4-7 至表 4-11）。花卉生长还需多种微量元素，因此，每种大、中量元素配方都辅配有相应的微量元素配方。通用型的微量元素营养液配方为 EDTA 铁 51.3 ～ 102.5μmol/L、四水硫酸锰 9.5μmol/L、五水硫酸铜 0.3μmol/L、七水硫酸锌 0.8μmol/L、硼酸 46.3μmol/L、四水钼酸铵 0.02μmol/L。

Hoagland 溶液配方：

A. 大量元素　　每升培养液加入毫升数

KH_2PO_4 1mol　　1

KNO_3 1mol　　5

$Ca(NO_3)_2$ 1mol　　5

$MgSO_4$ 1mol　　2

B. 微量元素，每升大量元素培养液中

加入下列溶液各 1ml　　1L 水中的克数

H_2BO_3　　2.86

$MnCl_2 \cdot 4H_2O$　　1.81

$ZnSO_4 \cdot 7H_2O$　　0.22

$CuSO_4 \cdot 5H_2O$　　0.08

$H_2MoO_4 \cdot H_2O$　　0.02

C. 铁，每升大量元素培养液中加 1mlEDTA 铁溶液。

表 4—7　道格拉斯的孟加拉营养液配方

肥料名称	化学式	两种配方用量（g/L）	pH
		1	2
硝酸钠	$NaNO_3$	0.52	1.74
硫酸铵	$(NH_4)_2SO_4$	0.16	0.12
过磷酸钙	$CaSO_4 \cdot 2H_2O+Ca(H_2PO_4)_2 \cdot H_2O$	0.43	0.93
碳酸钾	K_2CO_3		0.16
硫酸钾	K_2SO_4	0.21	
硫酸镁	$MgSO_4$	0.25	0.53

表 4-8 波斯特的加利福尼亚营养液配方

肥料名称	化学式	用量（g/L）
硝酸钙	$Ca(NO_3)_2$	0.74
硝酸钾	KNO_3	0.48
磷酸二氢钾	KH_2PO_4	0.12
硫酸镁	$MgSO_4$	0.37

表 4-9 观叶植物营养液配方

成分	化学式	用量（g/L）	成分	化学式	用量（g/L）
硝酸钾	KNO_3	0.505	硼酸	H_3BO_3	0.00124
硝酸铵	NH_4NO_3	0.08	硫酸锰	$MnSO_4 \cdot 4H_2O$	0.00223
磷酸二氢钾	KH_2PO_4	0.136	硫酸锌	$ZnSO_4 \cdot 7H_2O$	0.000864
硫酸镁	$MgSO_4 \cdot 7H_2O$	0.246	硫酸铜	$CuSO_4 \cdot 5H_2O$	0.000125
氯化钙	$CaCl_2$	0.333	钼酸	$H_2MoO_4 \cdot 4H_2O$	0.000117
EDTA 二钠铁	$Na_2FeEDTA$	0.024			

表 4-10 观果类营养液

成分	化学式	用量（g/L）	成分	化学式	用量（g/L）
硝酸钾	KNO_3	0.70	硫酸铜	$CuSO_4$	0.0006
硝酸钙	$Ca(NO_3)_2$	0.70	硼酸	H_3BO_3	0.0006
过磷酸钙	$CaSO_4+Ca(H_2PO_4)_2$	0.80	硫酸锰	$MnSO_4$	0.0006
硫酸镁	$MgSO_4$	0.28	硫酸锌	$ZnSO_4$	0.0006
硫酸亚铁	$FeSO_4$	0.12	钼酸铵	$(NH_4)_6MoP_{24} \cdot 4H_2O$	0.0006
硫酸铵	$(NH_4)_2SO_4$	0.22			

表 4-11 一些专用营养液配方（大中量元素）

类别	无土栽培方式	化合物编号与组成浓度 (mmol/L1)	肥料盐类总计 (mg/L)
月季	温棚切花	①2.07, ②1.88, ③2.12, ⑥1.13, ⑪2.01, ⑫0.49	1253
菊花	温棚切花	①7.10, ④1.80, ⑧3.30, ⑩3.60, ⑫3.00	3730
香石竹	温棚切花	①3.75, ②4.00, ④0.48, ⑤10.37, ⑦1.87, ⑩0.13, ⑪1.06, ⑬1.09	1760
唐菖蒲	温棚切花	④1.20, ⑤7.30, ⑦1.90, ⑪8.50, ⑫2.20, ⑬1.50	3540
非洲菊	温棚切花	①2.25, ②4.75, ⑧1.50, ⑩0.25, ⑫0.75	1444
郁金香	温棚切花	①3.33, ②3.37, ③0.25, ⑧1.50, ⑫0.75	1716
玫瑰	温棚切花	②11.10, ④1.70, ⑦1.80, ⑫2.60, ⑬1.90	2769
紫罗兰	温棚切花	①2.10, ②6.90, ④1.20, ⑦4.30, ⑫1.80, ⑬1.20	3085
马蹄莲	温棚切花	①4.00, ②6.00, ⑫2.00, ⑭1.00	2159
观叶花芋（肾蕨等）	温棚切花	①2.10, ②2.00, ③0.50, ⑧1.00, ⑫1.00 ⑬0.50	1206
梅花	盆栽	②1.28, ⑧1.10, ⑫1.00, ⑬4.00	1387
中国兰花	盆栽	②5.44, ③2.50, ⑦2.30, ⑫2.15, ⑬0.40	1930
山茶花、杜鹃花	盆栽	④1.00, ⑧0.50, ⑩1.00, ⑫1.00, ⑬1.00	793
荷花	盆栽	①1.00, ②0.70, ③0.44, ⑧0.32, ⑫0.42	489
桂花	盆栽	①2.60, ②2.80, ③3.00, ⑧1.00, ⑨0.10, ⑩0.12, ⑫0.63, ⑮0.20	1479
百合花	盆栽	④1.18, ⑤7.29, ⑦1.86, ⑪8.32, ⑫2.23, ⑬1.45	2666
花叶芋	盆栽	①5.00, ②5.00, ⑧1.30, ⑫1.50	2231
君子兰	盆栽	①1.00, ④1.00, ⑧0.50, ⑩1.00, ①2.00	857

① $Ca(NO_3)_2 \cdot 4H_2O$, ② KNO_3, ③ NH_4NO_3, ④ $(NH_4)_2SO_4$, ⑤ $NaNO_3$, ⑥ H_3PO_4, ⑦ $Ca(H_2PO_4)_2 \cdot H_2O$, ⑧ KH_2PO_4, ⑨ K_2HPO_4, ⑩ K_2SO_4, ⑪ KCl, ⑫ $MgSO_4 \cdot 7H_2O$, ⑬ $CaSO_4 \cdot 2H_2O$, ⑭ $NH_4H_2PO_4$, ⑮ $NaCl$（资料来自陈元镇，2002）。许如意，李劲松，孔祥义，等．浅淡无土栽培基质消毒 [J]. 现代园艺，2007,3:31 ~ 32。

第五章
园林花卉的花期调控

花期调控，是指人为地利用各种栽培措施，使花卉在自然花期之外，按照人们的意愿定时开放的措施。开花期比自花期提早者为促成栽培；延迟者为抑制栽培。

花期调控可根据市场或应用需求按时提供产品，丰富节日或周年供花的需要。如国庆节，各地常展出百余种不时之花，集春、夏、秋、冬各花开放于一时，极大地强化了节日气氛。目前玫瑰、香石竹、菊花、百合等重要切花种类，采用花期调控的方法均已实现了周年供花。

花期调控过程中由于准确地安排了栽培程序，可缩短生产周期，加速土地利用周转率。如把花期控制的方法应用在一品红上，在不足一年的时间里可以连续开花三次，使原来需要一年的养护时间减少为 3 ～ 4 个月。

花期调控还可使不同花期的父母本同时开放，有利于开展杂交育种工作。

此外，准时供花还可获取有利的市场价格，有很好的经济价值。在当今花卉生产规模化、专业化、商品化的条件下，花期调控是一门既实用又有效的技术，花卉技术人员需要很好地掌握。

第一节　花期调控的基本原理

植物开花，受到自身因素及外界环境条件的影响。因此，控制植物开花，要掌握植物的生长发育规律及其对外界环境条件的需要。

一、光照与花期

光照是花卉生长发育的必要条件，它对花卉的影响主要表现在三个方面：光照强度、光照长度和光的组成。

不同花卉在一天中开花时间不同，主要是受到光照强度的影响。半支莲、酢浆草等的花蕾必须在强光下开放；月见草、紫茉莉、晚香玉等在傍晚开放；昙花在夜间开放；牵牛、亚麻等则在早晨开放。但不管是何种植物，只有在阳光充足的地方，花芽形成才较多。即便对阴生花卉来说，光照不足也形不成花芽。以茶花为例，在花芽分化的夏季，在荫棚下养护，叶色油绿，枝条茂盛，节间较长，但形不成花芽。

光周期对植物开花的影响很大。短日照花卉在超过一定暗期才开花，长日照花卉在短于一定暗期才开花。诱导植物开花的关键在于对暗期的控制。光周期反应有时也受到温度的影响。如一品红在夜温 17 ～ 18℃时表现为短日照性，一旦温度降到 12℃，则又表现为长日照性。圆叶牵牛也是在高温下为短日照性，而在低温下则为绝对的长日照性花卉。

二、温度与花期

温度是影响花卉开花的最重要的环境因子之一。大部分植物只要在可生长的温度范围内，生长到某种程度即可开花，如香石竹、大丽花、月季等。有些花卉的花芽分化是在高温下进行的，如花木类的杜鹃、山茶、梅花、桃花、紫藤等，球根花卉中的唐菖蒲、晚香玉、美人蕉（春植球根花卉，生长期）、郁金香、凤信子（秋植球根花卉，休眠期）等需要 25℃以上的高温。而原产温带中北部和各地的高山花卉，则要求在 20℃以下凉爽气候条件下进行花芽分化，如八仙花、卡特兰、石斛兰、金盏菊、雏菊等。

有些花卉的花茎需要一定的低温处理后，才能在较高的温度下生长，如凤信子、郁金香、君子兰、喇叭水仙等。也有一些花卉的春化作用需要低温，也是花茎的伸长所必须的，如小苍兰、球根鸢尾、麝香百合等。一些植物有休眠的特性，休眠期中，植物内部仍进行复杂的生理生化活动，这些植物的花芽分化也就在休眠期中进行。一般北方物种休眠所需要的低温偏低，时间较长；而南方物种休眠所需的低温偏高，时间较短。芍药花芽分化后，需要一定的低温，花芽才能顺利发育开花。

有些花卉在生长发育过程中必须经过低温的春化阶段，才能诱导花芽分化。许多越冬的二年生草本花卉及宿根花卉，如雏菊、金盏花、金鱼草、桂竹香、紫罗兰、石竹、矢车菊、花葵、月见草、蜀葵等均属此类。秋播后萌发的种子或幼苗通过冬季低温阶段即可进行花芽分化。一般要求低温为 0 ～ 5℃，经过 10 ～ 45 天即可通过春化阶段。气温逐渐升高时，花芽即可发育开花。这一类花卉如需春季播种，夏秋季开花，必须经过人工春化处理，将萌发的种子给予低温处理后再播种，也可以使其当年开花，但植株相对较小。

三、植物生长调节物质与花期

植物生长调节物质包括植物自身合成的植物激素和人工合成的生长调节剂。植物生长调节物质能够代替日照长度，促进开花；代替低温，打破休眠。

第二节　花期调控的技术和方法

植物生长发育的规律是对其原产地生态环境长期适应的结果。花期调控就是要遵循其自然规律并加以人工控制与调节，达到加速或延缓植物生长发育的目的。实现促成栽培与抑制栽培的途径主要是控制温度、光照等生长相关的气候环境因子，调节土壤水分、养分等栽培环境条件，对植物实施外科手术，外施生长调节剂等化学药剂。

一、处理材料的选择

花期调控需根据调控目标选择适宜的花卉材料。早花促成栽培宜选用自身花期早的品种，晚花促成栽培或抑制栽培宜选用晚花品种，这样可以简化栽培措施，省时省工。如菊花早花品种，短日照处理50天开花，而晚花品种要处理70天才开花。如郁金香鳞茎重量在12g以上，风信子鳞茎周径要达到8cm以上，才能处理开花。对于球根花卉来说，球根成熟程度高的，促成栽培反应好，开花质量高。

二、温度处理

在日照条件满足的前提下，温度是影响开花时期极为有效的促控因素。温度处理调节花期主要是通过温度质的作用调节休眠期、成花诱导与花芽形成期、花茎伸长期等主要进程实现对花期的控制。如君子兰、郁金香、喇叭水仙、风信子、馨香百合、球根鸢尾、小苍兰等需要低温春化才能开花。一些花卉花茎的伸长受温度影响很大。如君子兰、郁金香、喇叭水仙、风信子等花茎伸长需要较高的温度；而馨香百合、球根鸢尾、小苍兰等花茎伸长则需要较低的温度。温度对花卉的开花调节还有量性作用。适宜温度下植株生长发育快，而在非最适条件下进程缓慢，也可达到调节开花的目的。大部分越冬休眠的多年生草本和木本花卉以及越冬期生长呈相对静止状态的球根花卉，都可采用温度处理。盛夏大部分处于休眠、半休眠状态的花卉，生长发育缓慢，防暑降温可提前度过休眠期，使这些不耐高温的花卉在夏季开花不断。处理温度的高低，多依该品种的原产地或品种育成地的气候条件而不同。一般以20℃以上为高温，15～20℃为中温，10℃以下为低温。

（一）升温处理

冬季温度低，植物生长缓慢不开花，这时如果升高温度可使植株加速生长，提前开花。这种方法适用范围广，包括露地经过春化的草本、宿根花卉，如石竹、桂竹香、三色堇、雏菊等；春季开花的低温温室花卉，如天竺葵、兔子花；南方的喜温花卉，如扶郎花、五色茉莉；以及经过低温休眠的露地花木，如牡丹、杜鹃、桃花等。开始加温日期以植物生长发育至开花所需要的天数而推断。温度是逐渐升高的，一般用15℃的夜温，25～28℃的日温，开始加温的时候，要每天在枝干上喷水。原来在夏季开花的南方喜温植物，当秋季温度降低时停止开花，如果及时移进温室加温，常可使它继续开花，如茉莉、硬骨凌霄、白兰花、黄蝉等。对于一些较名贵的花卉，除利用温室等人工加温措施外，还可利用南方冬季温度高的气候优势进行提前开花的处理。如牡丹经过我国北方寒冷冬季的自然低温处理后，运到南方，利用南方的自然高温，打破牡丹的休眠，经过1个多月的精心管理，就可以开花。

（二）低温处理

在春季自然气温未回暖前，对处于休眠的植株给予1～4℃的人为低温，可延长休限期，延迟开花。根据需要开花的日期、植物的种类与当时的气候条件，推算出低温后培养至开花所需的天数，从而来决定停止低温处理的日期。这种方法管理方便，开花质量好，延迟花期时间长，适用范围广，包括各种耐寒、耐阴的宿根花卉、球根花卉及木本花卉都可采用。如杜鹃、紫藤可延迟花期 7 个月以上，且花的质量不低于春天开的花。很多原产于夏季凉爽地区的花卉，在夏季炎热的地区生长不好，也不能开花。对这些花卉要降低温度，使其在 28℃以下，这样植株处于继续活跃的生长状态中，就会继续开花，如仙客来、吊钟海棠、蓬蒿菊、天竺葵等。为延长开花的观赏期，在花蕾形成、绽蕾或初开时，给予较低温度，可获得延迟开花和延长开花期的效果。采用的温度，根据植物种类和季节不同，一般用 5℃、10℃和 12℃。

对于需要低温春化才能开花的花卉，低温处理可促使其花期提前。一般二年生草本花卉大多属于耐寒与半耐寒的花卉，要求严格的低温春化过程，才能形成花芽。花芽的发育也同时在低温环境中完成，之后在高温环境下开花，如毛地黄、桂竹香、桔梗、牛眼菊等。许多球根花卉的种球，在完成营养生长，形成球根的过程中，花芽分化阶段已经通过，但采收后需经过冷藏处理才能开花，否则不能开花或花的质量很差。在进行冷藏处理的过程中，一定要注意逐渐降温（4 ～ 7 天，每天降 3 ～ 4℃）。结束冷藏时也要逐渐升温，以确保处理种球的质量。风信子、水仙、君子兰等秋植球根需要一个 6 ～ 9℃的低温期才能使花茎伸长。桃花需要经过 0℃的人为低温，强迫其通过休眠阶段后才能开花。

三、光照处理

通过对光照时间的人工调节可达到调节花期的作用，是常用的调控方法。光照与温度一样，对开花既有质的作用，也有量的作用。光周期通过对成花诱导、花芽分化、休眠等过程的调控起到质的作用；光照强度则通过调节植株生长发育影响花期，起到量的作用。

（一）长日处理

人工辅助照明可使长日照花卉在短日照季节提前开花。在短日照季节，短日照花卉延迟开花也需要进行人工辅助光照。

1．延长明期法

在日没后或日出前人工延长光照 5 ～ 6h，使明期延长到该植物的临界日长小时数以上。常在日没前补充照明。

2．暗中断法

也称夜中断法或午夜照明法。在自然长夜的中期（午夜）进行一定时间的照明，打断长夜，使连续的暗期短于该植物的临界暗期小时期。通常晚夏、初秋和早春夜中断照明小时数为 1 ～ 2h，冬季照明小时数为 3 ～ 4h。

3．间隙照明法

也称闪光照明法。该法以夜中断法为基础，但午夜不用连续照明，而改用短的明暗周期，其效果与夜中断法相同。荷兰栽培切花菊，晚间的间隙照明以 30min 为单位，可进行照明 6min 停 24min、照明 7.5min 停 22.5min、照明 10min 停 20min 等处理，该法大约可节省电费 2/3。以色列菊花的抑制栽培，采用照明 7.5min 停 22.5min 的方法。

4．交互照明法

此法是依据诱导成花或抑制成花的光周期，需要连续一定天数才能引起诱导效应的原理而设计的节能方法。如长日照抑制菊花成花，在长日处理期间采用连续 2 天或 3 天夜中断照明，随后间隔 1 天非照明（自然短日），依然可以达到长日的效果。

5．终夜照明法

整夜都照明。照明的光强需要 100lx 以上才能完全阻止花芽的分化，用于抑制花期。

人工补光的照明光源主要有白炽灯、荧光灯、金属卤化灯、高压钠灯等。在农户中有使用普通照明灯泡进行补光的，也可起到延长光照的目的，但其有大量能源以热能形式散失，能源使用量大。不同植物适用的光源有所差异。日本人小西等提出菊花等短日植物多用白炽灯，锥花丝石竹等长日植物则多用荧光灯。也有人提出，短日照植物叶子花在荧光灯和白炽灯组合的照明下发育更快。

（二）短日处理

在长日照季节里，要使长日照花卉延迟开花，需要进行遮光处理；要使短日照花卉提前开花也需要遮光处理。可在日出之后至日出之前利用黑色遮光物，如黑布、黑色塑料膜等对植物进行遮光处理。时间以春季及早夏为宜，夏季做短日处理，在覆盖物下易出现高温危害或降低产花品质。为减轻短日处理可能带来的高温危害，应采用透气性覆盖材料或将覆盖材料的外层涂为白色，在日出前和日落前覆盖，夜间揭开覆盖物使与其自然夜温相近。

一般遮光处理前要停施氮肥，增施磷肥、钾肥。遮光程度应保持低于各类植物的临界光照度，一般不高于 22lx，对一些花卉还有特定的要求，如一品红不能高于 10lx，菊花应低于 7lx。另外，植株已展开的叶片中，上部叶比下部叶对光照敏感。因此在检查时应着重注意上部叶的遮光度。还要注意的是，实际操作中短日处理超过临界夜长小时数不宜过多，否则会影响植物正常光合作用，从而影响开花质量。

（三）光暗颠倒处理

白天遮光夜间加光，可以使只在夜晚开花的花卉种类在白天开花。如昙花中花蕾长至 6 ～ 9cm 的植株，白天放在暗室中不见光，夜间给以 100W/m^2 的光照，4 ～ 6 天即可在白天开花，并且可以延长开花期 2 ～ 3 天。

四、一般园艺措施

调节播期、修剪、摘心、摘蕾等园艺措施，可对一部分花卉的花期起到促进或抑制的作用。这类措施需要与所控制的环境因子相配合才能达到预期目的。土壤水分及营养管理对开花调节的作用范围较小，可作为开花调节的辅助措施。

（一）调节种植期

调节种植期是指根据预定的花期，在适宜的时间种植，使其适时开花的方法。多用于草本花卉。因为部分一年生草花属日中性，对光周期长短无严格要求，在温度适宜生长的地区或季节可分期播种，在不同时期开花。植物由生长至开花有一定的速度和时限，采用控制繁殖期、种植期、萌芽期、上盆期、翻盆期等常可控制花期。早开始生长的早开花，晚开始生长的晚开花。如四季海棠播种后 12 ～ 14 周开花；3 月种植的唐菖蒲 6 月开花，7 月种植的 10 月开花。春播草花，可自 3 月中旬至 7 月上旬陆续在露地播种，其营养生长与开花均在高温条件下进行。如欲提早或延迟花期则宜利用温室繁殖。一般情况下播种后经 45 ～ 90 天即可开始开花，可根据不同花卉的生长规律，计算其在不同季节气候条件下，自播种到开花所需时间，分批分期播种（表 5-1）。有些球根花卉可根据其开花习性，调节栽植期，亦可调节花期。如欲"十·一"开花，葱兰等可于 3 月下旬栽植，大丽花、荷花等可于 5 月上旬栽植，唐菖蒲、晚香玉等可于 7 月中旬栽植，美人蕉等可于 7 月下旬重新换盆栽植。

表 5–1　国庆节常见上市花卉的播期

品种	播期	品种	播期	品种	播期
百子石榴	3 月中	园绒鸡冠	6 月中	万寿菊	6 月中
一串红	4 月初	翠菊	6 月中	千日红	7 月上
半枝莲	5 月初	美女樱	6 月中	凤仙花	7 月上
马利筋	5 月下	银边翠	6 月中	百日草	7 月上
鸡冠花	6 月初	旱金莲	6 月中	孔雀草	7 月上
大花牵牛	6 月中	茑萝	6 月中	矮翠菊	7 月中

一些草本花卉是以扦插繁殖为主要繁殖手段，可以通过调整扦插时间控制开花时间，如一串红、菊花等。万寿菊在扦插后 10 ～ 12 周开花。

（二）修剪、摘心、剥蕾等园艺措施

用摘心、修剪、摘蕾、剥芽、摘叶、环刻、嫁接等措施，调节植株生长速度，对花期控制有一定的作用。摘除植株嫩茎，将推迟花期，推迟的日数依植物种类及摘取量的多少而有不同。一些木本开花植物，当营养生长到一定程度时，只要环境因子适宜，即可多次开花，可利用修剪的办法，使之萌发新枝不断开花。如月季一般修剪后夏季 40 ～ 45 天、冬季 50 ～ 55 天左右即可开花。

摘心一般用于易分枝的草本花卉。如一串红，一般摘心后 25 ～ 35 天即可开花；荷兰菊在短日照期间摘心后新枝经 20 天开花；茉莉开花后加强追肥，并进行摘心，一年可开花 4 次；倒挂金钟 6 月中旬进行摘叶，则花期可延至第二年 6 月；榆叶梅 9 月上旬摘除叶片，则 9 月底至 10 月上旬可以促使二次开花。在生长后期摘除部分老叶，也可改变花期，延长开花时间。宿根花卉菊花利用摘心技术不仅可以控制花期，还可以使植株丰满，开花繁茂。

剥除侧蕾则可使养分集中，促进主蕾开花。反之如剥除主蕾，则可利用侧蕾推迟开花。大

丽花常用此法控制花期。环割使养分积聚，有利开花。秋季结扎枝条，可促使叶片提早变色。9月把江南槐嫁接在刺槐上，一个月后就能开花；玉兰当年嫁接带花蕾的枝条，第二年就能在小植株上开花。

（三）肥水管理

施肥包括土壤施肥、叶面喷肥和二氧化碳气态施肥。通常氮肥和水分充足可促进营养生长而延迟开花，增施磷、钾肥有助抑制营养生长而促进花芽分化。菊花在营养生长后期追施磷、钾肥可提早开花约一周。二氧化碳肥不仅能提高植物的光合作用，增加产量，而且还有促进开花的效应。如高山积雪、仙客来等花期长的花卉，于开花后期增施氮肥，可延缓衰老和延长植物花期，在植株进行一定营养生长后，增施磷、钾肥，有促进开花的作用。能连续发生花蕾、总体花期较长的花卉，在开花后期增施营养肥可延长总花期。如仙客来在开花近末期增施氮肥，可延长花期约一个月。

在干旱的夏季生长季节，增加灌水，常能促进开花。如唐菖蒲在花蕾近出苞时，大量灌水一次，约可提早一周开花。某些植物在其生长期间控制水分，可促进花芽分化。如梅花、榆叶梅等落叶盆栽花卉，于高温期顶芽停止生长，进入夏季休眠或半休眠状态时进行花芽分化，此期可以进行干旱处理，使盆中水分控制到最低限度（使叶片呈卷曲状），可促进花芽分化。再于适当的时候给予水分供应，则可解除休眠，并使其发芽、生长、开花。如牡丹、玉兰、丁香等木本花卉，可用这种方法在元旦或春节开花。只要掌握吸水至开花的天数，就可用开始供水的日期控制花期。如网球石蒜，在7月份，自开始供给水分起5天后就开花。石蒜、酢浆草等也都有这种现象。

（四）应用生长调节剂

应用人工合成的生长调节剂是花期调控常采用的方法。常用的生长调节剂有赤霉素、乙醚、奈乙酸、2，4-D、秋水仙素、吲哚丁酸、乙炔、脱落酸等。生长调节剂在花期调控方面主要有以下这些应用：

1．促进诱导成花

采用各种植物生长调节剂如赤霉素、乙烯利，以及一些生长抑制剂如矮壮素、B_9等，可诱导花卉植物的花芽分化及促进开花，甚至在一般不开花的环境中也可以诱导开花。CCC浇灌盆栽杜鹃与短日照处理相结合，比单用药剂更为有效。在最后一次摘心后5周，叶面喷施CCC 1.58%～1.84%可促进成花。在杜鹃摘心后5周叶面喷施0.25%的B_9，或隔周喷施2次0.15%的B_9，有促进成花的作用。B_9可以促进木本花卉花芽分化，促进新梢停止生长，从而增加花芽分化数量。一年生草花藿香蓟、波斯菊、矮牵牛等用0.5%B_9喷洒，可使花期提前。CCC促进天竺葵成花，促进唐菖蒲产生侧花枝，还可使三角花缩短开化的节数并提前开花。

乙烯利、乙炔、β-羟乙基肼对凤梨科的植物有促进成花的作用。凤梨科植物的营养生长期长，需两年半至三年才能成花。对果子蔓属、水塔花属、光萼荷属、彩叶凤梨属、巢凤梨属、花叶兰属等植物，以0.1%～0.4%BOH溶液浇灌叶丛中心，在4～5周内可诱导成花，之后在长日条件下开花。浓度超过0.4%对有些种有毒害。用乙烯利500～1000mg/kg于夏季滴于凤梨的叶筒中，则可促进花芽分化提早开花。用1000mg/kg的乙烯和或萘乙酸在菠萝蜜株心灌注，可促使开花、结果。用1000mg/kg乙烯利喷白雪丹，可使它提前开花，对斑条花叶兰也有同样效果。

赤霉素（GA）对部分植物种类有促进成花作用。用赤霉素100mg/kg每周喷杜鹃花植株1次，约喷5次，直到花芽发育健全为止，可以有效地控制杜鹃花不同花期达5周，能保持花的质量，使花的直径增大，且不影响花的色泽。仙客来在开花前60～75天用25mg/kg赤霉素处理，即可达到按期开花的目的。天竺葵生根后，用500mg/kg乙烯利喷两次，第五周喷100mg/kg赤霉素，可使提前开花并增加花朵数。

细胞分裂素对多种植物有促进成花效应。激动素可促进金盏菊及牵牛成花；6—苄基嘌呤(BA)在7～8月期间叶面喷洒蟹爪兰，可以促进花芽分化，增加花的数目；BA和GA_3组合应用，对部分菊花可在短日诱导的后期代替光周期诱导成花。

2．打破休眠促进开花

赤霉素对许多花卉有打破休眠促进开花的作用。将500～1000mg/kg浓度的赤霉素点在牡丹、芍药的休眠芽上，几天后芽就萌动。蛇鞭菊在夏末秋初休眠期用$GA_3$100mg/L处理，经贮藏后分期种植，分批开花。桔梗在10～12月为深休眠期，在此之前于初休眠期用$GA_3$100mg/L处理可打破休眠，提高发芽率，促进花茎伸长，提早开花，10月种植可于1月开花。

一些人工合成的植物生长调节剂如萘乙酸（NAA）、2，4—二氯苯氧乙酸（2，4—D）、苄基腺嘌呤（BA）等都有打破花芽和贮藏器官休眠的作用。

3．代替低温促进开花

夏季休眠的球根花卉，花芽形成后需要低温使花茎完成伸长准备。GA是常用作部分代替低温的生长调节剂。对杜鹃花来说，赤霉素处理比贮存在低温下对开花更有利。用100～150mg/kg赤霉素浸泡郁金香鳞茎，可以代替冷处理，使之在温室中开花，并且加大花的直径。为促进开花和防止"盲花"，可将GA100mg/L与BA25mg/L混合施用。在第一片叶展叶期，将药液滴入第一叶与第二叶的间隙，每次用量0.5～1ml，隔日再滴一次，效果更为明显。

4．防止莲座化，促进开花

有许多花卉植物在短日照呈莲座状，只有在长日照下才能抽薹开花，而赤霉素有促使长日照花卉在短日照下开花的趋势，如紫罗兰、矮牵牛等，但不能取代长日照。赤霉素促进长日照花卉在非诱导条件下形成花芽。对大多数短日照花卉来说，赤霉素则起到抑制开花的作用。但对少数短日照花卉如菊花、凤仙花也能促进开花。用赤霉素多次点滴生长点，可使短日照菊花开花。

5．代替高温打破休眠和促进花芽分化

夏季休眠的球根花卉起球时已进入休眠状态，在休眠期中花芽分化。促成栽培中常应用高温处理打破休眠和促进花芽分化，而应用生长调节剂也有同样效应。香水仙用0.75mg/L以上浓度乙烯经3～6h气浴，可提高小鳞茎开花率；小苍兰球茎用烟熏法每日处理3～5h，连续2～3天有效。

6．促进生长

切花栽培中促使花茎达到一定商品高度标准时可应用生长调节剂促进植株生长，并提早开花。标准菊花切花生产中要求花茎达到足够高度，可于栽种后 1 ～ 3 天开始喷施 $GA_3$1 ～ 6mg/L，重复三次，隔周进行。栽培多花型的切花小菊，要求各花朵有较长的花梗，可在短日照诱导开始后 21 ～ 28 天，或顶花破花蕾期用 $GA_3$20 ～ 25mg/L 喷施顶部，使花梗伸长而不影响开花期。用 GA_4+GA_7 和 BA 混合液喷施可加长切花月季花枝长度。用 NAA 或 GA_4+GA_7 可增加百日草、紫罗兰、金鱼草等植株高度。GA 处理还可使仙客来和君子兰的花葶伸长，提早开花。

7．抑制花芽分化，延迟开花

吲哚乙酸、奈乙酸、2，4-D 等在花芽分化期前处理秋菊可使其延迟开花。植物生长抑制剂 B_9、矮壮素、多效唑等，用于延缓植物营养生长，使叶色浓绿，花梗挺直，增加花的数目，延迟开花，可广泛用于木本花卉如杜鹃、月季花、茶花等。用 1000mg/kg B_9 喷洒杜鹃花蕾部，可延迟杜鹃开花达 10 天。用 100 ～ 500mg/kg 的萘乙酸及 2,4-D 处理菊花，就可以延迟菊花的花期，若混用 500mg/kg 的赤霉素，效果则大为提高。

8．植物生长调节剂的应用特点

植物生长调节剂的应用特点有以下几点：①相同药剂对不同植物种类、品种的效应不同；②不同生长调节剂使用方法不同；③环境条件明显影响药剂施用效果；④生长调节剂的组合效应。

总之，在花期调控中，应根据不同植物的生长发育规律及各种相关因子，采取相应措施。在各种花期控制措施中，植物生长调节剂有起主导作用的，有起辅助作用的；有同时使用的。也有先后使用的，应提前进行试验，认真观察，并利用外界条件，科学判断，加以选择，确定最佳方案。

第三节 儿种花卉的花期调控技术

一、菊 花

菊花为短日照植物，只有在短日照条件下才会花芽分化，自然花期为秋末冬初。

短日照处理可使菊花提前开花。促成栽培宜选择早花、中花品种。根据预定开花日期向前推算 50 天开始遮光，12 天后花芽即开始分化，遮光延续至花蕾显色为止。一般由午后 17：00 开始遮光到次日早晨 7 时见光。植株上部一定要完全黑暗，基部则要求不严，因为对短日照的有效感应部位在顶端。

采用长日照处理来延迟菊花开花。可选择晚花品种，在 9 月下旬花芽开始分化前，用灯光增加光照时间，直至 10 月下旬，到 12 月至次年 2 月才开花。夜温如在 12℃以下，会影响花芽分化，所以需在温室内进行培养。

菊花在短日照且无低温的条件下，叶片呈莲座状生长，茎不伸长生长，处于休眠状态。0℃处理 30 天和 5℃以下处理 21 天，可打破休眠，也可用赤霉素（GA）处理，打破休眠。其花芽分化所需的温度因品种类型而异，温度不敏感的品种在 10 ～ 27℃条件下均可花芽分化，15℃为花芽分化的适温；高温类型的品种于低温条件下抑制花芽分化，花芽分化的适温在 15℃以上；低温类型的品种于高温下抑制花芽分化，15℃以下是花芽分化的适温。

二、月 季

月季是中国传统名花，世界四大切花之一，在世界花卉产业中具有极其重要的地位。我们平常送花用的玫瑰，并不是植物学意义上的玫瑰，而是现代月季。

月季从腋芽分化到花枝孕蕾开花，需要的时间称“到花日数”。温度高、光照充足、营养均衡，则到花日数缩短；气温偏低，部分遮光，P、K 含量较高，则到花日数较长。一般来说，多数品种的到花日数需 55 ～ 70 天左右。

根据预计花期，对月季植株进行修剪，依据当地情况，对温度进行调节，使夜温保持在 8 ～ 10℃，并根据月季植株和花蕾生长情况，进行昼夜温度调节。当花的采收高峰提前时，白天开窗降温，使温度维持在 20 ～ 22℃，夜温维持在 8 ～ 9℃，可延缓花的采收时间；当花的采收高峰推后时，白天温室中进行温度调节，使温度维持在 24 ～ 26℃，夜间温度维持在 12 ～ 13℃。进入采收期后注意夜间保温和加温，并调节温度减小昼夜温、湿度差。

高温干旱会促使月季进入休眠或莲座化，低温有利于恢复月季植株的生长活性。如欲元旦或春节开花，则在 10 月底应进入低温休眠，1 个月后移入大棚，并逐渐提温至 12 ～ 13℃，以促开花和延长花期。如欲“三·八”或“五·一”开花，则保持低温休眠，1 月底 2 月初移入 1 ～ 14℃大棚，现蕾后再露地栽植可陆续开花。如欲 11 ～ 12 月开花，则 7 ～ 8 月停止浇水，9 月入棚即可。

植物生长调节剂对月季花期也有影响。GA_3 可解除月季的休眠，增加开花枝条的数量，促成长花枝。当月季新生枝条上的花蕾如大豆大小时，可判断其收花时间，若供花的时间提前，可用 $B_9$10g 兑水 6kg 喷于叶面上，喷一次可推迟花期 2 ～ 3 天。若新生枝条上花蕾离供花时间推迟，可用 $GA_3$1g 兑水 15kg 喷于叶面，一般喷一次可使花期提前 2 天，喷两次可使花期提前 3 ～ 5 天。另外还可以利用乙烯利在月季的展叶期喷洒或浇灌，可以延长或促成月季开花。

三、郁金香

郁金香是荷兰国花，喜冬季温暖湿润、夏季凉爽干燥的环境，生长温度 5 ～ 22℃，生长适温 18 ～ 22℃，花芽分化适温 17 ～ 23℃。郁金香外型典雅，色彩纯正，花色繁多，深受世人喜爱，被誉为“花中皇后”，是世界上有名的切花及花坛、花境素材。

郁金香属于鳞茎植物，需要经过一定的低温阶段，并在花茎充分生长后才能正常开花。欲使郁金香在春节、情人节期间开花，须采用 5℃或 9℃处理种球进行促成栽培。一般同一品种的种球，圣诞开花的种球由于冷处理时间较早，即使种植期一样，花期仍比春节开花的种球要早。同一品种，同一批次低温处理的郁金香花期基本一致。郁金香种植后 15 天内，各个大棚尽可能保持低温（10℃左右），以利于生根。种植后 15 ～ 30 天内，花期最晚的品种需盖棚膜，夜间拉上围边；花期居中的品种可覆盖棚膜，不拉围边；花期早的品种，如未遇到中雨，大棚继续覆盖遮阳网即可。郁金香种植 30 天后，要注意查询 7 ～ 10 天的天气预报并观察了解各个品种的生长情况，采取相应的栽培措施调控花期。温度调控是最重要的花期调控手段，温度的高低决定植株生长的快慢，对同一品种郁金香，通过温度调节，花期可相差 7 ～ 15 天。不同品种的郁金香也可通过温度调节在同一时间开花。

四、牡 丹

牡丹花色丰富、花大而美、色香俱佳，有富贵之意，历来为人们所喜爱。但其花期短，因此我国很早就开始了对牡丹花期的调控。据史料记载，中国人在唐代就开始尝试对牡丹花期的人工控制。目前，我国已经能将牡丹的花期控制到天，人工使其在国庆或春节等重大节日开放。

春节催花，依各品种在距春节前 45 ～ 60 天左右上盆，移入温室逐渐加温，前期温度掌握在 14 ～ 16℃，中期 16 ～ 20℃，后期温度可低一些。盆栽牡丹要浇透水，并经常向叶面洒水，以保持土壤和空气湿度，灯光不足时要补充光照。如遇未绽开的花蕾可用赤霉素，只要保持适当的温度、湿度、光照、水分，就可定时开花。国庆节催花，由于时间较早需要打破休眠，可用 1000μg/g 赤霉素涂抹花芽或提前 60 天放在低温库中给予 0 ～ 5℃的低温处理 15 天。其他管理方法可参照春节催花部分。

五、杜 鹃

杜鹃为中国十大名花之一，喜半阴，怕强光，为长日照植物。其花色绚丽多彩，按花期可分为春鹃、夏鹃和春夏鹃。近年来特受民众欢迎的西洋杜鹃，花期在春夏之间，是一优良的杂交品种。

杜鹃的花芽分化，早花种在 6 ～ 7 月，晚花种在 7 ～ 8 月，花芽在分化完成后需经过一段低温锻炼，一般 20 ～ 40 天，即能很快开花。通过人工控温加上用不同花期的品种适当组合，就能使杜鹃花在一年之内多次开花。在秋季进行花芽分化，为使其在冬季开花，可将其移至温室培养，控温 20 ～ 25℃，并经常在枝叶上喷水，这样约一个半月可开出繁茂的花朵。为了让杜鹃花在春节前后开花，12 月初把经过低温锻炼的杜鹃花转移到室内培养，温度保持在 15 ～ 20℃，早花种经 30 ～ 40 天，晚花种经 50 ～ 60 天即可开花。为了让杜鹃花在自然花期后延迟开花，可在花蕾尚未绽开之前，将其放入 1 ～ 3℃的冷室中培养，每天只给 3 ～ 4h 弱光，并保持盆土略湿润。在开花前 15 ～ 20 天取出置于荫蔽、凉爽、防风处养护，并经常往植株上喷雾，施薄肥，经过 4 ～ 5 天恢复生机后，使之略见阳光，届时即能开花。

六、一品红

一品红原产墨西哥地区，喜好温暖气候及充足的光照，正常花期在 12 月中旬，花朵的发育对光周期及温度反应敏感。从花朵开始发育到发育完全，需短日照，直到苞片开始转色后才不受光周期的影响。不同品种对光周期的反应不同，依其花芽分化，所需长夜的时数在 7.5 ～ 9.5h 之间。从定植日到 5 月中旬左右，需人工光照长日处理，光强度约 100lx，从晚上 10：00 至凌晨 2：00，使其保持营养生长状态。夏季光照充足时必须遮阴，遮阴率约在25%～30%。

一品红于夏季进行遮光处理。单瓣一品红40余天可开花，重瓣一品红处理时间稍长。处理温度15℃以上，要求阳光充足、通风良好，否则生长发育不良，品质下降。如为使其在国庆开花，可于7月底每天给予8～9h的光照，一个月后形成花蕾，9月下旬逐渐开放。若要在新年开花，则不必遮光，以后移入温室栽培，则苞片自然变红。要延迟花期时，可通过灯光加长光照时间达到目的。

如需在1月以后产花，必须抑制花芽形成。具体措施：在落日后增加光照，把光照时间延长至16h；或在半夜进行2～4h的光照中断黑暗。采用光中断更为有效。无论采用哪种方法，为了有效地抑制开花，最好保持100lx以上的光照强度。

七、一串红

一串红原产巴西，花红色，夏秋开花，常作一年生栽培。采用短日照处理和摘心可控制一串红的开花期。短日照有利于一串红花芽分化，春季播种早，则日照短有利于生殖生长，而播种较晚的苗，为促使其提早开花，可早晚采取遮光处理。一般每天光照8h，57天后可开花。若每天光照16h，82天后才能开花。摘心一般进行2次，第二次应在8月下旬，每盆保留分枝16～20个左右，可在国庆期间开花。还可通过适时扦插达到预定花期。如预计元旦或春节使用的花，8～9月扦插，7～10天发根，两周后移栽，25天后上盆定植。

八、百 合

百合花型优美，花色艳丽，且寓有“百年好合”的吉祥之意，多作为喜庆用花。作为重要的切花用花，需全年供应，因此就需要对其进行花期调控。

用种球先在13℃下处理2周（14天），再在3℃下处理4～5周（28～35天），这样可在11～12月开花。如要求1～2月开花，可先在13℃下处理2周，8℃下处理4～5周（28～35天）。这时定植后夜间温度较低，应加温保持15℃左右即可。百合在促成栽培中，当花芽长到1～2cm时，如光照不足，容易发生消蕾现象。消蕾常发生在10月至翌年3月中旬，可通过人工照明补光，方法是每8～10m^{2}悬挂一盏40W高压钠灯，或普通防水白炽灯，补光时期由花芽0.5～1cm前开始加光，一直持续到采收为止。温度16℃条件下，大约维持6周光照，每天从夜间20：00至翌晨4：00，对防止消蕾、提早开花和提高切花品质效果甚佳。

为获得优质百合切花，适宜的光温条件也是非常重要的，尤其在花芽分化期和发育期。如麝香百合花芽分化适温为15～20℃，此时若小于10℃或大于30℃，则生长较慢，极易发生裂萼现象；亚洲百合在蕾后若出现低温会发生消蕾现象，光照不足也会消蕾。生长过程中，以白天温度21～23℃，夜间温度15～17℃最好。促成栽培的鳞茎必须通过7～10℃低温贮藏4～6周。生长初期控制低温（9～13℃）有利发根。但强光的月份，应用50%遮光网遮阴至开花，以免温度超过30℃而造成花茎过短，花朵品质下降。

第六章
园林花卉病虫害防治

园林花卉病虫害是一种常见的自然灾害。园林花卉种类繁多，分布范围广，病虫害的种类也特别多，一定程度上影响了花卉的正常生长，甚至导致花卉植株的死亡，从而失去市场的吸引力和竞争力，严重影响了花卉的观赏价值、生态价值、经济价值。所以，病虫害防治是园林花卉栽培中不可忽视的技术管理环节，是保障园林花卉商品化生产质量和产量并取得高经济效益的重要前提。因此，在花卉病虫害的防治中要做到及时发现、准确诊断、查出病因、对症治疗。

第一节　园林花卉病虫害基本知识

一、园林花卉病虫害的基本概念

（一）园林花卉病虫害

园林花卉病虫害包括病害和虫害两方面的内容。一株健康的花卉植物在其生长发育的过程中，受到各种因素的影响，如果这些因素的影响超过了植物本身的耐受限度，植物就会在生理结构、组织结构和外在形态上有所体现，出现各种异常变化，甚至使植株死亡，这种现象就是园林花卉病害。当受到各类昆虫的伤害时，就是虫害。

花卉病害的发生需要把握两个关键点：一是有病变的过程，即园林花卉受到各种因素的影响后，自身会出现一系列病理变化，在生理、组织、形态上依次出现异常变化，这是一个由内而外，持续变化，逐渐加深的过程。这就区别于损害，损害是由于植物瞬间遭受各种外力或者是机械作用而出现伤口，如风折、昆虫咬伤等。损害与病害是两个不同的概念，损害没有病变的过程。二是要造成花卉的观赏价值、经济价值和生态价值的损失。而由病毒引起的郁金香花叶病，生病后的直接表现是郁金香由原来的单色花瓣变成了五彩斑斓的彩色花瓣，反而增加了郁金香的观赏价值，所以这种情况就不能称之为是病害。

（二）园林花卉病害

1. 基本要素

（1）病原物。导致花卉生病的最直接的因素称之为病原。一些病害的发生可能由多个因素引起，但最直接引起病害的因素才称之为病原，其他的称为诱因。如一些植物的茎腐病，夏季地面高温灼伤植物组织，从而为真菌侵入提供伤口，这种情况下，高温为诱因，导致茎部腐烂的病原菌才是真正的病原物。常见的病原物有生物性病原和非生物性病原两种。生物性病原物主要包括菌物、细菌、病毒、菌原体等。非生物性病原主要是指自然环境因素，如气候、土壤、空气质量以及其他生物因素等。

(2) 感病植物。病害发生的主体就是感病植物。病害发生时，感病植物对病原物的入侵并不是完全处于被动状态，而是积极和病原物进行斗争。当病原物的侵袭力大于感病植物的抗病力时，病害就会发生。

(3) 环境条件。环境条件对病害的发生起着至关重要的作用，环境条件对感病植物和病原物以及感病植物和病原物体系都有影响。如果环境条件利于植物的生长而不利于病原物的生长、繁殖，病害就会终止或者减轻；如果环境条件利于病原物的生长而不利于感病植物的生长时，病害就会发生或者加重。

2. 病害的种类

按照病原的性质可将病害分为侵染性病害和非侵染性病害。由生物性病原引起的病害称为侵染性病害，也称传染性病害，这类病害常见的病原物有菌物、细菌、病毒、菌原体、寄生性种子植物、螨类、藻类等。由非生物性病原引起的病害称为非侵染性病害，也称非传染性病害，其病原主要包括不适于花卉植物正常生长的水分、温度、光照、土壤、营养、气候环境和不适宜的栽培环境等，也称为生理性病害。

3. 病害的症状

(1) 症状。花卉受到各种病原物侵染后，在植物的生理、组织、形态等方面所表现出的不正常变化。症状包括病状和病症两部分内容，病状是指花卉感病后在外表形态的不正常变化，所有的植物病害都有病状；病症是指病原物在感病植物的外在形态特征。

一般情况下，病状先于病症出现，有时候病状和病症同时出现，当病原物为病毒、菌原体或非生物性因素等引起时则无病症。

(2) 病状类型。发生病害后，花卉本身会表现出一些不正常的变化，常见的病状类型有褪色、坏死、萎焉、畸形等。病原物在寄主植物上也会出现各种结构，即为病症，只有侵染性病害才有病症，病症的主要类型有真菌的各种繁殖器官和营养体，如各种粉状物、霉状物、锈状物、菌膜等以及细菌性病害的特有产物菌脓。

4. 各类病害的侵染特点

非侵染性病害通常成片、成区域地发生，病害程度比较均匀一致，不会传染蔓延，地域性比较强；侵染性病害的发生通常是由点到面，表现出明显的发病中心，向四周呈辐射状传染、蔓延。

由真菌引起的侵染性病害，被害部位或早或晚会出现真菌的营养体和繁殖体，其所引起的叶斑病病斑周围轮廓清楚；细菌引起的病害，叶斑病病斑周围轮廓模糊，呈现水晕状，且在天气潮湿的时候会有菌脓溢出；病毒病害为系统性病害，寄主植物光有病状没有病症。

（三）园林花卉虫害

花卉的虫害种类繁多，常见的有食叶类害虫、刺吸式害虫、蛀干性害虫和地下害虫。

食叶类害虫口器为咀嚼式，取食花卉叶片和嫩芽，常造成叶片大面积的缺刻，影响植物的正常生长，同时也会降低园林花卉的美化功能和观赏价值。这类害虫主要是鳞翅目的黄刺蛾、尺蛾、枯叶蛾等和膜翅目的叶蜂等。

刺吸式昆虫口器如针管状，可以刺入花卉的叶片组织和嫩芽，吸食花卉组织汁液，使叶片表现为不均匀的失绿、叶片干枯脱落，这类害虫代表有蚜虫类、介壳虫类、粉虱类、叶螨类等。这类害虫中有的可分泌蜜露，有的可分泌蜡质，污染花卉叶片、枝条的同时还易导致煤污病，使叶片和枝条上看上去如同覆盖了一层厚厚的煤灰。

蛀干性害虫是一类对园林花卉危害极大的害虫，其个体适应性较强，生活隐蔽，难以及时发现和防治。它们以幼虫蛀干、蛀茎、蛀新梢以及花、果和种子，破坏植物输导组织引起植物死亡，而且在木质部内形成纵横交错的虫道，降低了木材的经济价值。此类害虫主要有鞘翅目的天牛类、象甲类、小蠹虫类，鳞翅目的木蠹蛾类、透翅蛾类、蝙蝠蛾类等，膜翅目的树蜂科等和翅目的白蚁等。

根部害虫又称地下害虫，这类害虫生活在土壤的浅层和表层，为害花卉根部或近土表主茎，常造成植株萎蔫或死亡，常见的有蝼蛄、地老虎、蛴螬、蟋蟀等。

在园林花卉已经作为一种高档精神消费品的今天，人们对其观赏质量的要求也越来越高，所以生产上危及园林花卉产品质量的病虫害防治工作也越来越受到大家的重视。在园林花卉的生产过程中，由病虫害所引起的损失无法估计，对我国园林花卉的出口创汇也产生了巨大的影响。因此在园林花卉生产过程中，必须及时做好病虫害的预防工作，使园林花卉健康生长，从而提高花卉的产品观赏品质和产量，保证园林花卉产业有较高的经济效益，将生产所造成的经济损失降到最低。

二、园林花卉病虫害防治的原则

病虫害的防治理论在一百多年来，经历了从单一防治、综合防治、综合治理、植保系统工程几个阶段。目前园林花卉病虫害的防治思想为：依据有害的种群动态及其相应的环境，利用所有适当的技术，以尽可能互相协调的方式，把有害生物种群控制在经济损害水平之下。这是防治病害最理想又持久的一种方法，其基本原则应是“预防为主，综合治理”，建立和完善综合治理的技术体系和园林花卉保护系统工程，切实将园林花卉的病虫害控制在经济可以忍受的水平之下。

防治病虫害首先要把握好病害发生的关键时间，要通过各种预防性技术措施，把病虫害抢先消除在集中危害发生期以前。例如，在秋冬或者是早春时节结合农业措施进行除草清园，尽可能地减少病虫害的侵染源；播种前对种子、土壤进行消毒等；针对不同的病害类型选择适当的化学药剂进行喷施，起到隔离病原物和杀灭病原物的目的。在病害的防治过程中要秉承节能减排和低耗高效的原则，尽量做到无公害。

三、园林花卉病虫害防治基本技术

花卉病害的发生发展规律是选择和制定相应防治措施的理论依据，防治病害要考虑病原物、寄主、环境条件三方面的因素，还要结合考虑病原物的致病性和寄主的抗病性的作用机理。目前，在园林花卉病虫害防治方面主要有植物检疫、农业措施、生物防治、物理防治和化学防治五种技术途径。

（一）植物检疫

植物检疫又称法规防治，是由国家制定法令，设立专门机构，以立法手段防止植物及其产品在流通过程中传播有害生物的措施，具有强制性和预防性。其目的是为避免某种危险性病虫害通过人为活动从病区向无病区进行传播。当在某一区域发现危险性病虫害时，必须立刻对此区域进行封闭，然后彻底消灭，控制疫区继续扩大。

随着花卉业在全球的迅速崛起，花卉产品已经成为商品交易中的大宗产品，消费量持续增加，国内外不同地区间的花卉商业贸易和品种活动更加频繁，使得园林花卉生产中种苗、种子、种球、插条等园林花卉繁殖材料的交换和调运成为必然。这些频繁的贸易活动加大了病虫害传播的可能性，通常情况下新的病虫害侵入往往会引起花卉生产灾难，从而造成严重的经济损失。农业部（1995 年）、林业部（1996 年）颁布了全国植物检疫对象名单，与园林花卉相关的检疫对象有番茄溃疡病、香石竹枯萎病、菊花叶枯线虫病等。

（二）栽培措施

栽培措施是指在花卉的栽培过程中，利用各种栽培管理措施营造适合其生长的条件，促进花卉植物健壮生长，增强花卉的抗病、抗虫能力，从而达到控制病虫害效果的技术方法。常见的措施主要有以下几种：

1. 按照“适地适树”的原则，选择优良适宜的圃地

任何植物只有在适宜的生态条件下才能很好地生长，适宜的条件包括气候、土壤、空气质量和周围生物的影响等。圃地的选择要以满足培育品种生物学和生态学特性的要求，能很好地促进园林花卉的生长发育，并在一定程度上能提高其抗病力。许多花卉的叶片斑点病、茎腐烂病等在风大的地方发病严重，这种情况下圃地就不能选在风口，或者要在风口区设置风障保护；另外一些花卉容易患猝倒病、茎腐病、根腐病，这些都和苗圃的位置不当有关系，如土壤黏重、排水不良，管理粗放等。因此选择苗圃时一定要注意土壤质地及排水灌溉条件，此外还要考虑土壤中病原物的积累问题，必要时要对土壤进行消毒。

2. 选育抗病虫优良品种

选择和培育高抗性乡土品种，是经济有效、效果稳定、不污染环境的有效途径，不会造成人畜中毒。目前世界上已培育出的抗锈病菊花、香石竹、金鱼草等新品种，也育出了抗紫菀萎蔫病的翠菊品种，以及抗菊花叶线虫的菊花品种。此外选择健康无病虫感染的种子、球根、插条、接穗、苗木等繁殖材料进行育苗，也是减少病虫害发生的重要手段。

3. 加强圃地科学管理，合理施肥

花圃地的卫生管理是一项非常重要的工作。通过常规的园艺操作，如及时清除病死枝条、落叶、落果等病虫害残留的物体，可减少侵染的病原生物，改善园林植物生态环境。秋末冬初可以集中焚烧各种枯落物，既能杀菌又能适当增加圃地有机肥料的摄入。在设施栽培条件下，对温室、大棚要经常通风换气，降低温度和湿度，保持良好的花卉生态环境，促使园林花卉健壮生长，有利于减少灰霉病等病害发生。

圃地种植要实行轮作换茬制度。在同一苗圃地上进行连作，容易使病原物连年累计，数量巨大，导致花卉发病率高。轮作换茬则能有效地避免重茬病，因为轮作可使土壤中原有的病原物找不到合适的寄主提供营养而死亡。此外要加强肥水管理，尤其是有机肥使用，可提高花卉植体营养水平，使其生长健壮和发育充实，从而增强植株抗病抗虫的能力，同时还能避免发生缺素症。

（三）生物防治

生物防治是指利用生物天敌或其代谢产物进行控制植物病虫害发生发展的防治方法。这种方法的优点是自然资源丰富，开发容易，防治成本相对较低，且无污染、无毒害，符合生态学原理。缺点是见效慢且效果不稳定，不能用于防治一些重大的病虫害类型。花卉生产上应用的生物防治技术主要有以下几种：

1. 以菌治菌

以菌治菌是利用微生物间的拮抗作用或某些微生物的代谢产物，达到抑制有害微生物生长发育甚至致死的技术方法。常见的例子如：用绿黏帚霉（*Gliocladium. viridetumefacien*）和木霉菌（*Trichoderma* spp.）作为多种土传植物病害病原菌的拮抗菌；用野杆菌放射菌株 84（*Agrobacterium radiobacter strain* 84）防治细菌性冠瘿病（*A. tumefaciens*）；用枯草杆菌（*Bacillus subtilis*）可防治香石竹茎腐病（*Fusarium graminearum*，f. *avenaceum*），还对立枯丝核菌（*Rhizoctonia solani*）、齐整小菌核菌（*Sclerotinia rolfsii*）、腐霉属（*Pythium*）等病菌引起的病害具有防治作用；用少孢节丛孢（*Artrotrys oligospora*）防治线虫很有效，其药效可达一年半。

另外还可以通过接种病原物的弱毒系或者无毒系菌株到寄主花卉上，诱导发生交叉保护从而达到防治病原物侵染的目的。

2. 以菌治虫

利用昆虫的病原微生物杀死害虫，具体方法是将害虫的病原微生物以人工方法进行培养，制成粉剂后喷洒于害虫，而使其得病致死。常见的菌杀虫剂有菌物、细菌、病毒。目前人们常用细菌制剂中的苏云金杆菌来消灭鳞翅目昆虫的幼虫，用青虫菌、杀螟杆菌等防治桃蛀螟、柳毒蛾等害虫；用真菌制剂中的蚜霉菌防治蚜虫、白僵菌防治夜蛾、绿僵菌防治天牛等；用病毒粗提液防治蜀柏毒蛾、松毛虫、泡桐大袋蛾等。

3. 以虫治虫

主要是利用昆虫的捕食性或寄生性来防治植物害虫的一种技术方法。它利用了生物物种间的相互关系，以一种或一类生物抑制另一种或另一类生物。其最大优点是不污染环境，有利于

保护生物多样性，符合可持续发展原理。生活中常见的捕食性益虫有瓢虫、螳螂、蜻蜓、蚂蚁、草蛉、蜘蛛、食蚜蝇、猎蝽等，这些昆虫有的被广泛应用在对病虫的防治上，如利用瓢虫防治蚜虫，草铃防治温室白粉虱等。寄生性昆虫有寄生蝇、胡蜂、寄生蜂等，常见的应用是将丽蚜小蜂寄生在粉虱卵上，从而杀死粉虱。此外，人们也常利用一些鸟类来消灭害虫。

（四）物理防治

物理防治是指利用温度、光谱、颜色、声音、气味、电流、机械阻隔等物理因素对病虫害进行诱杀、驱赶或杀灭的方法。这种技术通常情况下比较耗时且效率较低，可作为一种辅助性的防治手段。

1. 根据害虫特性进行诱杀

许多蛾类如天蛾、刺蛾、夜蛾、毒蛾、卷叶蛾等夜出害虫具有趋光性，对这类害虫可以利用灯光进行诱杀，具体方法就是在其成虫发生期设置黑光灯和高压电网灭虫灯等进行诱杀，效果很好；对一些在食性上有趋化性的蝼蛄、大蟋蟀、地老虎、金龟子等害虫，可于成虫期在其所嗜好的食物中掺入毒剂做成毒饵进行诱杀；对黄色具有正趋性的蚜虫、粉虱等害虫，可通过设置黄色粘虫板、粘虫带等方法进行诱杀；还可根据害虫喜欢栖居的环境实施模拟诱杀，例如在花圃中通过堆积新鲜杂草，诱集蛴螬、地老虎等地下害虫，然后集中烧毁。

2. 根据病原物及病害特点进行防治

绝大多数病原物对温度都有比较严格的要求，温度过高或者过低都会导致其失活或者死亡，可以通过变温处理进行防治。如用火烧法进行土壤消毒，消灭土壤习居菌，减少土传病害的发生；蒸汽热处理现代温室可大幅度降低由镰孢菌引起的香石竹枯萎病和菊花枯萎病；对种子、苗木、接穗材料等进行 40 ～ 50℃温水浸泡 10min，可以有效杀死残留在上面的病原物，减少枝干和根部病害的发生；此外，还可以利用机械阻隔和射线辐射等方法对病害进行防治。

（五）化学防治

化学防治是指利用农药防治园林花卉病虫害的方法。化学防治在花卉病虫害的防治中占有非常重要的地位，其操作方法简单，见效快，效果稳定，不受地区和季节限制，适合防治大规模、突发性的病虫害。缺点是容易污染环境，破坏生态平衡。因此，使用化学药剂要慎重，尤其要避免长期使用单一农药，避免病原菌产生抗药性。

使用化学药剂时要注意把握几个关键环节，首先要根据花卉受害类型确认病虫害的种类，对症下药。喷药时要注意选择好喷药的时间和药剂的用量，喷药作业时要细致周全，尤其是保护性药剂应该使药液均匀覆盖在被保护植物的全部表面。喷药应避开中午高温期和阴雨天，高温喷药会导致药害，降雨则会淋掉药液。为了避免病原和害虫产生抗药性，不应长期对同一种病虫使用同种药剂，而应轮换用药。此外化学防治时要尽量减少污染，要严格遵照每种药剂性能与方法的说明去使用，以节能减排和低耗高效作为为园林花卉病虫害防治的指导思想，把农业生产和农业经济推向可持续发展的新水平。

在具体的病虫害防治过程中，应根据实际情况，进行综合防治，将各项措施结合起来，多管齐下，将病虫害损失降到最低。例如，在秋冬季节进行清园处理，早春时节进行保护，夏季喷药防治，夜间诱杀，病叶摘除等。

第二节 园林花卉的主要虫害及其防治

一、蚜虫类

蚜虫是世界性的重要害虫，全世界已发现蚜虫 4700 余种，为害园林植物的蚜虫已定名的有 40 多种，属于同翅目刺吸式口器的植食性昆虫。广泛分布在北半球温带地区和亚热带地区，种类繁多，寄主广，体形较小，繁殖能力极强，一年可繁衍 10 ～ 30 代，是繁殖力最强的昆虫。每年 3 ～ 10 月间为繁殖期，危害极大。蚜虫常群集在花卉的嫩梢、叶片、顶芽、花蕾等位置，吸食植物汁液，受害的花卉常呈现卷叶、畸形、落叶、落花等症状。园林植物上常见的有桃蚜、棉蚜、月季长管蚜、柳蚜、蔷薇蚜、菊小长管蚜等。

（一）桃　蚜

桃蚜（*Myzus persicae* Sulzer）又叫油汉、桃赤蚜、烟蚜等，为蚜科瘤蚜属昆虫（图 6-1）。在暖和的地区可以终年产生幼虫，是园林花卉生产中常见的一种蚜虫，主要为害香石竹、百日草、郁金香、海棠类、菊花、金鱼草、梅、鸢尾、樱桃等。幼叶受害后向反面横卷，呈不规则卷缩，最后干枯脱落，其分泌物可以诱发煤污病，严重影响植物的观赏价值。

（1）形态特征：桃蚜成虫分有翅和无翅两种。有翅蚜体长 2mm 左右，体色有深绿、黄绿、灰黄、暗红或红褐。头胸部黑色。额瘤显著，胸、触角、足的端部和腹管均为黑色，腹部暗绿色，背面有黑色斑纹，腹管呈细长型圆柱形。无翅蚜绿色或红褐色，触角鞭状，足基部淡绿色，后变黑色，若虫近似无翅胎生雌蚜，体较小，淡绿或淡红色。腹管长筒形，尾片黑褐色，尾片两侧各有 3 根长毛。

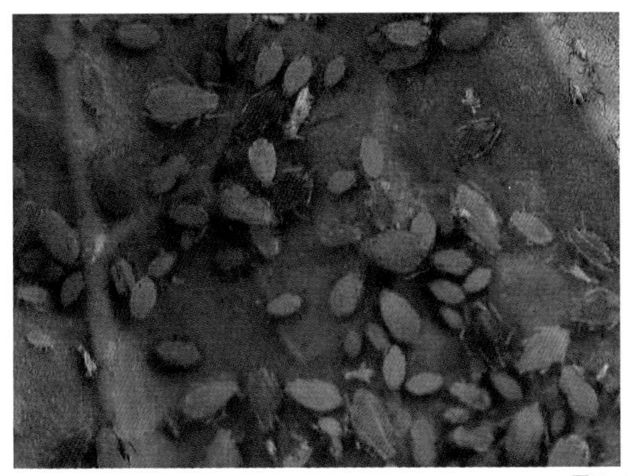

图 6-1　桃　蚜

（2）为害特点：桃蚜的繁殖能力特别强，在山西一年可以发生10余代，以卵在植物枝梢、芽缝及小枝杈上越冬。第二年春季当温度达到6℃以上时开始活动并进行孵化，6、7月为害最为严重，蚜虫群集在叶片背面、嫩梢吸取汁液为害。被害叶片向背面卷曲、皱缩。10月中旬以后产卵越冬。一般冬季温暖，春暖早且雨水均匀的年份发生严重，高温高湿不利于发生。其天敌有瓢虫、寄生蜂、食蚜蝇、草蛉、小花蝽、蚜霉菌等。

（二）棉　蚜

棉蚜（*Aphis gossypii* Glover）属蚜科蚜属，又名瓜蚜（图6-2）。对园林花卉的危害仅次于桃蚜，主要为害紫荆、扶桑、木槿、牡丹、菊花、兰花、大丽花、四季秋海棠、金鱼草、百合、水仙等。以成虫和若虫群集在寄主组织的幼嫩部位，如嫩稍、花蕾、花朵和叶背等，吸取汁液，使叶片皱缩，影响开花，同时诱发煤污病。

（1）形态特征：雌蚜有翅或无翅，体极微小，体长约1.5～1.8mm，初淡黄色，后为黑色。足与触角黄白色。雄蚜均无翅，比雌蚜短三分之一，颜色相似。卵椭圆形，初产时黄色，孵化时变黑色。若虫初期为灰白色，后变黄色。老熟时胸背生翅芽的为有翅母蚜，无翅芽的即是无翅母蚜。

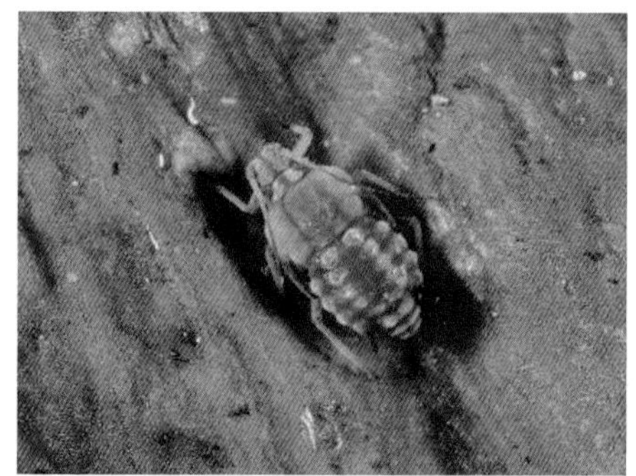

图6-2　棉　蚜

（2）为害特点：棉蚜一年可发生20多代，以卵在花卉以及杂草根部或者枝条上越冬。翌年3～4月卵孵化为干母，在越冬寄主上进行孤雌胎生。繁殖几代后，4～5月间产生有翅蚜，迁飞到夏季寄主如菊花、茉莉等花卉上为害，并继续孤雌生殖，以致于7、8月份为害更严重，直到10月，经交配产卵越冬。棉蚜为害幼嫩的枝叶及花蕾，使叶片失绿卷缩，质地变硬变脆，严重时全株枯萎。棉蚜的天敌有各种瓢虫（如七星瓢虫、十三星瓢虫等）、大草蛉、食蚜蝇、蚜茧蜂等。

（三）月季长管蚜

月季长管蚜（*Macrosiphum rosivorum* Zhang）属蚜科长管蚜属。主要为害月季、蔷薇、玫瑰等的花蕾和嫩稍，植株受害后，枝稍生长缓慢，花蕾和幼叶不易伸展，花形变小，常诱发煤污病和病毒病（图6-3）。

（1）形态特征：无翅孤雌蚜长卵形，长约3mm，淡绿色、黄绿色或者橘红色，触角淡色，第三节有感觉圈6～12个；体表光滑，各节间处灰黑色。中额微隆，额瘤隆起外倾，呈浅“W”

字形；腹管长圆筒形，前端网眼状，其余有瓦纹，长为尾片的2.5倍，尾片长圆锥形。有翅孤雌蚜草绿色，腹管及尾片形状同无翅型。但其腹部各节有中、侧缘斑，第八节有一大横带斑；触角第三节有感觉圈40～45个；腹管长是尾片的2倍。

图6-3 月季长管蚜

(2) 为害特点：月季长管蚜1年发生10代左右，地区不同代数有异。以成蚜和若蚜在月季、蔷薇的叶芽和叶背等处越冬。一般情况下在3月开始为害，4月中旬虫口密度剧增，5～6月间达危害盛期。7～8月为高温多雨期，对其繁殖不利，虫口密度减少，9～10月温度适宜、干旱少雨，虫口密度又增加，到10月进入越冬期；翌春开始活动并产生有翅蚜。气温在20℃左右，气候干燥时，有利于长管蚜的繁殖，所以每年的春季和秋季是其发生危害的盛期。

（四）菊小长管蚜

菊小长管蚜（*Macrosiphoniella sanborni* Gillette）又名菊姬长管蚜，属同翅目蚜科，分布于东北、华北、华南、西南等地。寄生于多种菊科植物，常群集在寄主的叶、茎、嫩梢、花蕾等处吸汁为害。导致寄主茎、叶的伸长和发育受到影响，开花不正常，降低观赏价值，同时诱发煤污病和病毒病。

蚜虫的防治方法：

(1) 圃地管理。秋冬季清除、焚烧枯枝落叶，或对圃地灌水以消灭越冬虫源。

(2) 天敌保护。保护七星瓢虫、食蚜蝇及草蛉等天敌。

(3) 药剂防治。蚜虫为害期可喷洒40%乐果或氧化乐果1200倍液，或50%马拉硫磷乳剂或灭蚜松乳剂1000～1500倍液，或喷2.5%鱼藤精1000～1500倍液。冬季在寄主上喷洒5°Bé的石硫合剂，消灭越冬卵。

(4) 物理防治。利用蚜虫对黄色的趋性进行色板诱杀，在园林花卉生产地可放置黄色粘胶板，诱粘有翅蚜虫。

二、螨 类

叶螨又名红蜘蛛，属于蛛形纲蜱螨目叶螨科，是一种极微小的动物（图6-4）。体长小于1mm，圆形或卵圆形，体深红色或锈红色。刺吸式口器，通常群聚在叶背吸取汁液。螨类是园林花卉生产中常见的害虫，为害多种花卉的叶部，使叶片失绿，呈现斑点、斑块，或叶片卷曲、皱缩、畸形，严重时整个叶子枯焦。为害花卉的叶螨种类较多，主要有朱砂叶螨、山楂叶螨、柏小爪螨、苹果叶螨及苜蓿叶螨等。但以朱砂叶螨的危害最大。

朱砂叶螨（*Tetranychus cinnabarinus* Boisduval），又名红叶螨，主要为害香石竹、菊花、茉莉、月季、桂花、扶桑、鸡冠花等多种花卉。

(1) 形态特征：成虫体色变化大，但多为橘红色或锈红色，也有褐绿色或浓绿色，体的两侧各具有深色大斑。雌成虫梨圆形，体红至紫红色，在身体两侧各具一倒“山”字形黑斑。雄成虫体色常为绿色或橙黄色，较雌螨略小，体后部尖削，呈楔形，棕褐色，卵圆球形，幼虫体圆形，初为黄色，取食后变褐绿色，具 3 对足。若虫比幼虫多一对后足。

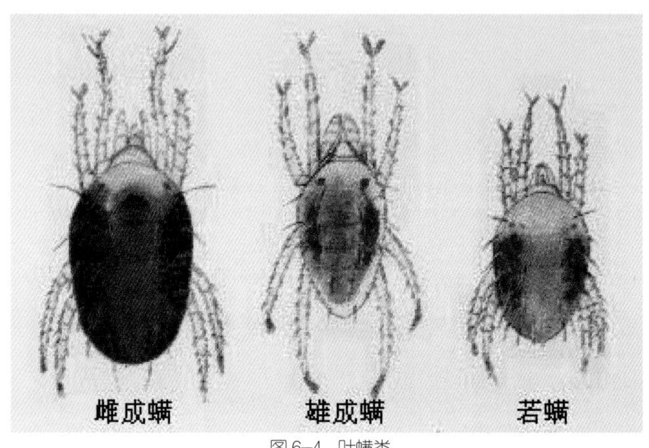

图 6–4 叶螨类

(2) 为害特点：朱砂叶螨一年发生 10 余代。幼螨和前期若螨不甚活动，后期若螨则活泼贪食，有向上爬的习性。先为害下部叶片，而后向上蔓延。次年 3 月开始取食产卵和为害，高温低湿的 6 ～ 7 月份为害重，尤其干旱年份易于大发生。10 月中、下旬以雌成虫群集在枯叶内、杂草根际、土块隙缝或树皮缝内越冬。该螨靠爬行或借风雨和随寄主携带进行传播。幼螨及成螨都喜在叶背主脉周围为害，受害叶片正面最初可见失绿的小白点，逐渐变红，严重时全叶呈褐色似火烧，叶上有丝网，被害叶片脱落。

(3) 防治方法：

①圃地管理。冬季清除花圃地杂草及落叶，结合深耕整地、圃地灌水以消灭越冬虫源。

②药剂防治。冬季喷 3 ～ 5° Bé 石硫合剂，以杀灭在枝干上越冬的成螨、若螨和卵；危害期可喷 40% 三氯杀螨醇乳油 1000 ～ 1500 倍液，或 50% 三氯杀螨砜可湿性粉剂 1500 ～ 2000 倍液，或 40% 乐果乳油 1500 倍，或 15% 的哒螨灵乳油 1500 倍液。每隔 7 天喷 1 次，连续喷 2 ～ 3 次，效果较好。

③生物防治。叶螨的天敌种类很多，包括寄生性的病原微生物和捕食性的天敌。病原微生物如虫生藻类和芽枝霉等，这些可以感染叶螨，一定程度上抑制叶螨的种群数量。捕食性昆虫如瓢虫、啮粉蛉、小花蝽、六点蓟马等。

三、蛴 螬

蛴螬是金龟甲的幼虫，又名核桃虫（图 6-5）。金龟甲以幼虫危害为主，主要活动在土壤内，能为害多种花卉的幼苗及根茎，造成缺苗断垄；成虫则啃食各种植物的叶片，形成缺刻，是重要的地下害虫。

（1）形态特征：蛴螬体型肥大，因其成虫的种类不同，体长也不同，一般在 5 ～ 30mm，乳白色或乳黄色，头部发达，多为黄褐色或赤褐色，身体柔软，皮肤皱折多毛，腹部末节圆形，虫体向腹部弯曲，常呈“C”字形。蛴螬具胸足 3 对，一般后足较长。腹部 10 节，第 10 节称为臀节，臀节上生有刺毛，其数目的多少和排列方式是区别各种成虫的重要分类依据。

图 6–5 蛴 螬

（2）为害特点：蛴螬一般一年发生 1 代，以幼虫或成虫在土壤中越冬。4 ～ 7 月成虫出土进行危害，蛴螬昼伏夜出，白天隐伏在土壤表层或者是灌木丛、草皮中，晚上飞出取食，咬食近地面的苗木茎部和根部，对苗木造成毁灭性的伤害。当夏季温度升高、土壤干燥时，它又下到土壤深层不食不动。秋季时再回到表土层活动，10 月后，陆续下潜到深土层中越冬。蛴螬为害多种花卉幼苗的茎根部，受害处呈现较整齐的切口，使幼苗和植株萎焉而死。

（3）防治方法：

①清理圃地。冬季或者早春深翻花卉圃地土壤并进行灌水，可杀死一定量的越冬虫体。

②成虫防治。成虫发生盛期，用杀虫灯或者用对硫磷或辛硫磷胶囊剂拌谷子做成毒饵进行诱杀。

③生物防治。利用天敌如各种益鸟、刺猬、青蛙、寄生蜂、寄生蝇等进行防治，控制种群数量；也可利用各种微生物如乳状菌防治日本丽金龟虫甲幼虫（蛴螬），金龟虫甲绿僵菌防治阔胸犀金龟虫甲。

④化学防治。用 50% 辛硫磷乳油、2% 甲基异柳磷粉和细土做成毒土，顺垄条施，随即浅锄，或将该毒土撒于种沟或地面，随即耕翻或混入厩肥中施用；或用 3% 甲基异柳磷颗粒剂、3% 呋喃丹颗粒剂、5% 辛硫磷颗粒剂或 5% 地亚农颗粒剂处理土壤。

四、白粉虱

白粉虱（*Trialeurodes vaiorarioum* Westwood）又名小白蛾（图 6-6），属于同翅目粉虱科。广泛分布在我国各地，是园林花卉生产中常见的害虫，其繁殖力强、发育快，寄主范围广，成虫和若虫群集于叶背吸取花卉植物汁液，导致叶片褪色、萎焉，甚至全株枯死，降低园林花卉品质和产量。同时还分泌大量蜜露，诱发煤污病的发生。寄主有菊花、天竺葵、栀子花、凤仙花、大丽花、长春藤、五色梅、桂花等多种花卉。

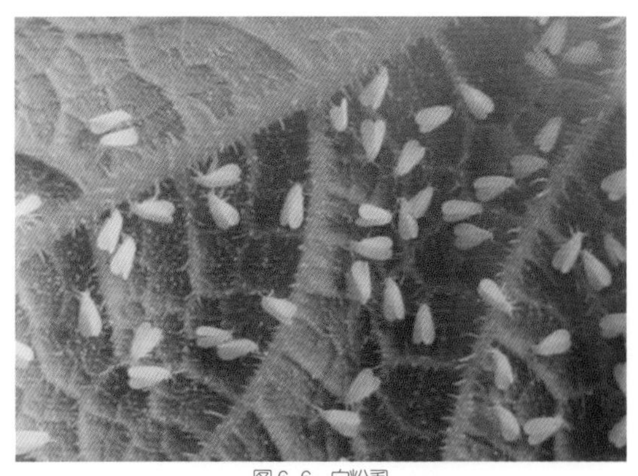

图6-6 白粉虱

(1) 形态特征：白粉虱成虫体长1mm左右，淡黄白色，膜质翅面覆盖白色蜡粉。外观为一种白色的小蛾子。若虫呈黄绿色，扁椭圆形，中央凸起，蛹背有10～11对刚毛状蜡刺。蛹卵圆形，扁平，初为乳黄色，近羽化时为黑色。

(2) 为害特点：白粉虱口器为刺吸式，成虫和幼虫群集在花卉叶片背面刺吸汁液，使叶片出现褪绿斑，严重时导致叶片干枯。成虫及幼虫能分泌大量蜜露，可诱发煤污病的发生，使叶片看上去好似覆有煤灰，严重降低花卉的观赏价值。白粉虱一年可发生10代左右，在温室可以终年繁殖，世代重叠严重。成虫多集中在植株上部叶片的背面产卵；幼虫和蛹多集中在植株中下部的叶片背面。

(3) 防治方法：

①物理预防。成虫对黄色有较强的趋性，可用黄色板诱捕成虫并涂以粘虫胶杀死成虫；保持良好的通风状态；合理修剪、疏枝，去掉虫叶及清除花卉附近的杂草，可降低虫口密度，减少虫源。

②化学防治。喷洒50%三硫磷乳剂2000倍，或20%杀灭菊酯2500倍液；也可用10%涕灭威颗粒剂施于土中，植物内吸后起到杀虫作用；或喷施600～800倍液蓟虱净、蓟甲虱1+1、啶虫脒、0.30%（苦参碱）、噻虫嗪、烯啶虫胺、菊马乳油、氯氰锌乳油、灭扫利、功夫菊酯或天王星等。

③天敌防治。在温室内可引入蚜小蜂。

第三节 园林花卉的主要病害及其防治

一、白粉病

白粉病是真菌中的子囊菌门白粉菌属、叉丝单囊壳属、球针壳属、钩丝壳属、单丝壳属及无性型菌物门粉孢属等真菌引起的，除针叶树外，在各类园林花卉植物中均有白粉病的发生，是一种分布极广泛的病害。白粉病也因其在被害部位产生白色的粉尘而得名。在我国北方地区的多雨季节以及长江流域及其以南的广大地区，白粉病的发病率很高。大棚园林花卉栽培的发病更加严重，可引起花卉生理生化发生病变，导致呼吸和蒸腾作用加剧，组织和形态也发生病变，轻则植株生长不良丧失经济价值和观赏价值，重则全株死亡。

(1) 症状：白粉病多发生在花卉植株的叶片、叶柄、嫩芽、嫩梢、花蕾和花梗等部位，病害发生后，其上覆盖白色粉尘，造成各器官组织体变色，严重者可导致畸形，出现落叶、落花，甚至整株死亡。后期白色粉状霉层变为淡灰色，受害病叶或枝条上有黑色小粒点产生，即病菌的有性世代的闭囊壳。常见的花卉白粉病有黄栌白粉病（图 6-7）、月季白粉病（图 6-8）、蔷薇白粉病、菊花白粉病等。

图 6-7 黄栌白粉病

图 6-8 月季白粉病

（2）病原：园林花卉白粉病的病原菌主要有二孢白粉菌、单囊白粉菌、南方小钩丝壳菌等 7 种。

（3）发病规律：病原菌以菌丝体或闭囊壳在植物病残体组织、枝干、病芽上越冬，这些越冬的病原物成为第二年初侵染的来源。越冬期间，菌丝和分生孢子寄生在花卉的芽、枝、叶上，第二年早春当温度逐步回升至 18℃左右时，病原菌萌发，产生无性型分生孢子，分生孢子随气流进行传播，侵染各类花卉的叶片和新梢。这种侵染在整个生长季节中可以重复发生，以 4 ～ 6 月、9 ～ 10 月发病较重。高温干燥，施氮肥偏多，过度密植，阳光不足或通风不良，均会使病害迅速扩展蔓延。由于白粉菌对湿度要求并不是很高，所以当湿度特别大时，反而不利于病害的流行。

（4）防治方法：

①减少侵染来源。秋冬季清除花圃内的病落叶，集中进行烧毁；休眠期喷施 3 ～ 5° Bé 石硫合剂，杀灭在寄主上进行越冬的病原菌，减少初侵染来源。

②选育抗病品种，并适时进行轮作。

③加强栽培管理，改善环境条件。科学合理地设置栽植密度，并加强肥水管理，增施磷、钾肥，氮肥要适量，避免因氮肥施过多而使植物徒长。若在温室栽培，要注意控制室内湿度，做到通风透光。

④药剂防治。发病期可喷施 25% 的粉锈宁可湿性粉剂 1500 ～ 2000 倍液；或者用 70% 甲基托布津可湿性粉剂 1000 倍液，50% 苯来特可湿性粉剂 1500 ～ 2000 倍液；碳酸氢钠 250 倍液；此外还可以在冬季夜晚时将硫磺粉涂抹在取暖设备上让其挥发防治白粉病。

二、叶斑病

叶斑病是植物各类叶斑病的统称，叶斑病为局部性病害，常见的叶斑病有黑斑病、圆斑病、斑枯病、角斑病等。这类斑点病一般都由真菌中的子囊菌门和无性型菌物门中的一些真菌以及细菌、病毒等引起。植物被侵染后，常在叶片上形成各种形状和各种颜色的斑点，在病害的后期常在斑点上出现各种点粒或霉层，这是真菌的营养体或者繁殖体。这些斑点会导致植物生长衰弱，影响花卉的产量，降低花卉的观赏价值。

（一）大叶黄杨叶斑病

（1）症状：此种病害在大叶黄杨栽培区均有发生，病害常发生在幼嫩的新叶上，初始在叶片上产生黄色斑点，后扩展成形状不规则的大斑，病斑边缘稍微隆起且边缘外有黄色晕圈，斑中略下陷，褐色边缘较宽。中心黄褐色或灰褐色，上面密布黑色小点，即为病原菌的子座，小点在显微镜下呈现黑色绒毛状（图 6-9）。

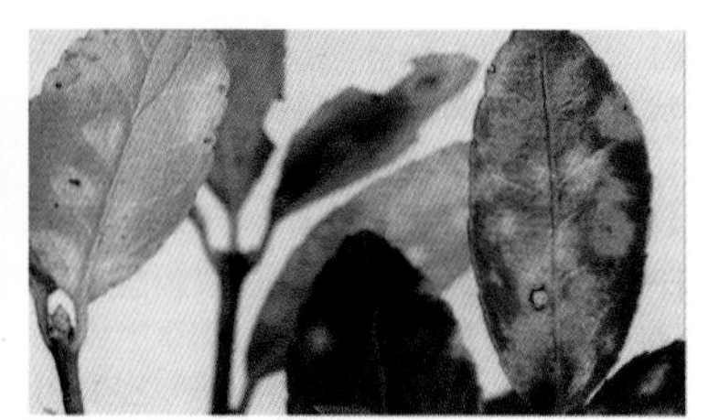

图 6-9 大叶黄杨叶斑病外观

（2）病原：大叶黄杨叶斑病的病原为无性型菌物门暗色孢科尾孢属（*Cercospora destructive Ravo*），分生孢子线形，多胞，具有 2 ～ 5 个分割。

（3）发病规律：病原菌以菌丝体或者子座在受害组织残体内越冬，翌年夏天开始发病，病害后期在斑点上产生绒毛状黑色小点，10 月下旬侵染基本结束，病原物进入越冬状态。

（4）防治方法：

①发病盛期喷施 50% 多菌灵 500 倍液或 75% 的百菌清 500 倍液、50% 退菌特可湿性粉剂 800 ～ 1000 倍液进行预防，每 10 天喷一次，连喷 3 次，可降低发病率。

②冬季将病落叶清除并集中烧毁，减少病害的初侵染来源。

（二）月季黑斑病

（1）症状：月季黑斑病是世界性病害，主要为害月季叶片，也能为害叶柄、花梗及嫩枝。初始先在叶片上出现圆形或者近圆形褪绿斑，后颜色逐渐加深至黑色，后期病斑上可见黑色突起小点为病原菌的分生孢子盘（图 6-10）。叶柄及嫩枝上的病斑呈长条状。黑斑病的发生可引起月季提早落叶，病害严重时，叶片全部掉，削弱植物长势，影响月季生长及枝条扦插成活率，降低经济和观赏价值。除侵染月季、玫瑰外，此病还为害蔷薇、金樱子、刺梨、黄刺玫等。

图 6-10 月季黑斑病

(2) 病原：月季黑斑病的病原为蔷薇放线孢菌［*Actinonema rosae* (Lib) Fr.］，分生孢子盘着生于寄主角质层下，形状为圆形或者长圆形，分生孢子梗极短，无色。分生孢子卵圆形或长椭圆形，无色，双细胞，两细胞大小不等，分隔处稍缢缩。分生孢子大小为 18 ～ 25μm ×5 ～ 6μm。该菌的有性世代为蔷薇双壳菌（*Diplocarpon rosae* wolf.），在我国尚未发现。

(3) 发病规律：该病原菌以菌丝在病植株或者植株残体上越冬。翌年春天分生孢子主要借雨水和喷灌水传播，昆虫也可传播。该病害在华北地区一般是每年的 5 月开始发病，7、8 月雨季发病最为严重，10 月趋于减轻，11 月上旬病害停止发展。我国南方地区此病害初始发病多在 4 月，6、7 月梅雨季病害危害达顶峰，到 8 月逐渐减弱，9、10 月又有所发展，11 月病害停止发展。高温潮湿多雨的环境有利于病害的发生和流行。

此病为真菌性病害，发病的最适温度为 26℃，多雨季节蔓延快，危害严重。长势不好的植株易感病。

(4) 防治方法：

①清除病原。发病期及时打扫落在地上的病落叶，减少再侵染几率；秋冬季彻底清除落在地上的病叶，减少来年的初侵染来源。

②引入抗病品种。月季品种间的抗病性差异极显著。北京栽培的“伊斯贝尔”品种抗病性较强，而“黄和平”及“南海”等品种感病较严重。最好将感病品种与抗病品种间隔种植，起到隔离作用，以减少病害传播及蔓延。

③加强栽培管理措施。栽培时注意株（盆）距，不宜过密，每日浇水时间不宜太晚，不宜上方浇水，采取根部浇灌，以免水滴溅打使病菌的孢子得以传播到邻近的叶片上。温室要注意通风降湿，减少发病条件。合理的养护管理会增强植株抗病性。

④药剂防治。发病期间喷洒 70% 的甲基托布津 1000 倍液或 75% 百菌清 1000 倍液、50% 多菌灵 800 ～ 1000 倍液、0.5% 波尔多液及 50% 代森铵。

（三）一串红叶斑病

(1) 症状：该病发生于各栽培地区的花圃，病害主要为害叶片，发病初期在叶片上出现浅褐色点状斑，后向四周扩展，病部圆形或不规则形，斑点直径一般小

图 6-11 一串红叶斑病

于5mm，散生在叶片上，后期病斑上散生小黑点，有的可以聚集成轮纹状。病斑周围的病健界轮廓清晰（图6-11）。

（2）病原：引起一串红叶斑病的病原是真菌中无性型菌物门球壳孢科点霉属（*Phyllosticta* sp.），分生孢子器褐色，球形，分散或集生，埋生或半埋生，有时表生，多数由薄壁细胞构成，具孔口；分生孢子梗极短，分生孢子无色，单胞，偶尔双胞，薄壁；椭圆形、圆柱状、纺锤形、梨形或球形，常含油球。

（3）发病规律：病菌以分生孢子器在病残组织体越冬，翌年春天随气流传播进行初侵染和再侵染，分生孢子在有水滴的情况下释放孢子，一般从植株的伤口入侵。雨水多、湿度大的环境有利于病害的发生和蔓延。

（4）防治方法：

①减少侵染源。及时摘除病叶、病枝等行深埋，入冬前认真清园，集中把病残体烧毁。

②化学防治。发芽前在地面喷施3～5°Bé石硫合剂，以铲除土表病原，也可以喷施1%等量式波尔多液进行防治；发病初期喷施75%百菌清可湿性粉剂500～600倍液或50%多菌灵可湿性粉剂500倍液、50%甲基托布津可湿性粉剂500倍液。以上药剂每次每亩喷液50L，隔10天左右喷1次，连续防治2～3次。

（四）菊花褐斑病（菊花斑枯病、黑斑病）

（1）症状：该病主要为害菊花的叶片（图6-12）。发病时先从植株的下部叶片开始，逐渐向上部扩展，初期在叶片上出现略红色的小圆点，后逐渐扩大，直径为5～10mm。病斑散生，圆形、椭圆形或不规则形，严重时多个病斑可互相连结成大斑块，叶枯下垂、枯萎脱落或倒挂于茎上。后期病斑中心转浅灰色，其上散生隐约可现的小黑点，即为病菌的分生孢子器。该病害可削弱植株的生长，降低园林花卉产量和观赏性。后期，病斑中央组织变为灰白色，其上散生黑色小点，为病原菌的分生孢子器。病斑与健康组织界线明显。发病严重时病斑相互连接成片，使整个叶片枯黄脱落，或变黑干枯挂于茎杆上不脱落。

图6-12 菊花褐斑病

（2）病原：菊花褐斑病的病原是菊壳针孢菌（*Septoria chrysanthemell* Sacc.），属无性型菌物门腔孢菌纲球壳孢目壳针孢属。分生孢子器球形或近球形，直径78～123μm，褐色至黑色；分生孢子细长呈针形，无色透明，有隔膜4～9个。孢子大小为34～72μm×1.2～2.5μm。

（3）发病规律：病菌以菌丝体和分生孢子器在植株的病残体或土壤中越冬。第二春季气温适宜时，产生分生孢子借雨水及灌溉水进行传播，发生病害。病原菌一般通过植物的自然孔口——气孔侵染植株，潜育期为20天左右，4～11月均为发病期，以秋季为害最为严重。

(4) 防治方法:

①栽培措施。菊花忌重茬，要实施轮作；盆栽要每年换土；要进行科学的肥水管理，提高植株的抗病能力；注意通风透光，降低湿度，避免密植。

②药剂防治。发病期可喷洒 100 ～ 150 倍液的波尔多液，或 65% 代森锌可湿性粉剂 500 倍液，或 70% 甲基托布津可湿性粉剂 1000 倍液，或 50% 的代森铵 600 ～ 800 倍液。7 ～ 10 天喷药 1 次，连续喷洒几次效果较好。喷药前先摘除病叶，可以提高防治效果。

三、锈　病

锈病是真菌性病害，由担子菌门的锈菌引起。锈菌既能为害阔叶树种也能为害针叶树种，对植物的叶片、嫩梢和果实都可以造成危害，但主要为害叶片。引起叶部病害的锈菌多数具有转主寄生性。植株叶片发病后，早期在叶背或叶面产生黄褐色或淡黄色或褪绿的小斑点，后期病斑中央突起呈暗褐色，即夏孢子堆，周围有黄色晕圈，表皮破裂后散发出红褐色粉末状夏孢子，严重时整张叶片布满锈褐色病斑。当在嫩梢和果实发病时，病部常肥肿或畸形。锈菌是专性寄生菌，依靠寄主的活体组织获取营养，一般只引起局部侵染。多数情况下，锈病的病症先于病状出现，锈黄色的粉状物是此类病害的典型症状。

（一）玫瑰锈病

玫瑰锈病在我国的玫瑰种植区普便发生，植株受害后会出现叶片早落，生长不良，直接影响鲜花的数量和质量，危害极大。

图 6–13　玫瑰锈病

(1) 症状：该病主要为害叶片。春天病芽展开后叶两面布满鲜黄色的锈粉，叶面出现浅黄色不规则病斑。病菌为害的叶正面着生橘黄色粉堆，秋季叶背着生橘红色至黑褐色粉堆（图 6-13）。嫩梢及果受害，病斑凸起明显，其上着生橘黄色粉堆。

(2) 病原：玫瑰多胞锈菌（*Phragmidium Rosae-rugosae* Kasai）和短尖多胞锈菌 [*Phragmidium mucronatum* (Pers.) Schlecht] 锈孢子近圆形，黄色，表面有瘤状突起。夏孢子近圆形或椭圆形，黄色，表面有刺；冬孢子圆柱形，棕褐色，孢子顶端有圆锥形突起。

(3) 发病规律：病原菌的菌丝体在寄主的芽内进行越冬。次年冬孢子萌发产生担孢子，侵入植株产生性孢子器和锈孢子器。玫瑰发芽时，菌丝体在芽基部产生淡黄色锈孢子，后病芽基部肿大、弯曲呈畸形，芽鳞内含大量的橘黄色孢子粉，病芽不能正常生长，20 天后病芽陆续枯死。病芽是叶片的主要侵染源。4 月下旬叶片开始发病，病叶初期正面出现淡黄色不规则的病斑，叶背面产生橘黄色的夏孢子堆，严重时斑点布满叶面，叶背全部被孢子堆所覆盖，造成早期落叶。病菌随风雨传播，发病适温为 24 ～ 26℃。秋季玫瑰芽亦感病，病芽多呈圆头状，少数能长出叶片。叶片受害后正面有褪绿斑点，叶背面有锈黄色的粉状物，即夏孢子堆和夏孢子；秋末，叶背面的病斑上出现黑色的粉状物，就是冬孢子堆。

（4）防治方法：

①对发病的叶片及时摘除，秋末对花圃地的病残体进行彻底清除，焚烧或者深埋。

②加强管理，栽植密度适宜，以利通风透光。

③适量增施磷、钾、镁肥。

④酸性土壤施入石灰等物以利玫瑰生长，提高抗性。

⑤春季喷 0.5 ～ 0.8° Bé 石硫合剂或 50% 多菌灵可湿性粉剂 800 倍液，10 ～ 15 天一次；也可先喷一次百菌清或退菌特，然后每隔半月喷一次 100 倍倍量式波尔多液，或者 70% 的甲基托布津可湿性粉剂 1000 倍液。

四、炭疽病

炭疽病在园林植物上常见，主要由无性型菌物门中的炭疽菌属引起。炭疽病一般多发生在叶片上，幼嫩的枝梢、果实也偶有发生，常引起落叶和落果。炭疽病的主要症状特点之一就是产生轮纹斑，其上生小黑点，为病原菌的分生孢子器，在高湿的条件下多数会产生淡红色或橘红色的胶粘状分生孢子堆，这也是诊断炭疽病的标志。当此病发生在叶片上时，多从叶缘和叶尖开始发病，后逐渐扩展，起初产生水渍状绿色的圆形斑点，后逐渐扩大为不规则的褐色斑点，后病斑上产生黑色小点。病斑边缘稍微隆起，病健分界明显。

（一）君子兰炭疽病

分布于我国的大部分城市，感病植株的叶片上产生坏死斑，影响君子兰的正常生长，破坏其观赏价值。

（1）症状：最初叶片上产生淡褐色水渍状小斑，随着病害的发展，病斑逐渐扩大呈圆形或椭圆形。病部具有轮纹，后期病斑上生许多黑色小粒点，在潮湿条件下涌出粉红色黏稠物，即为病原菌的分生孢子（图 6-14）。

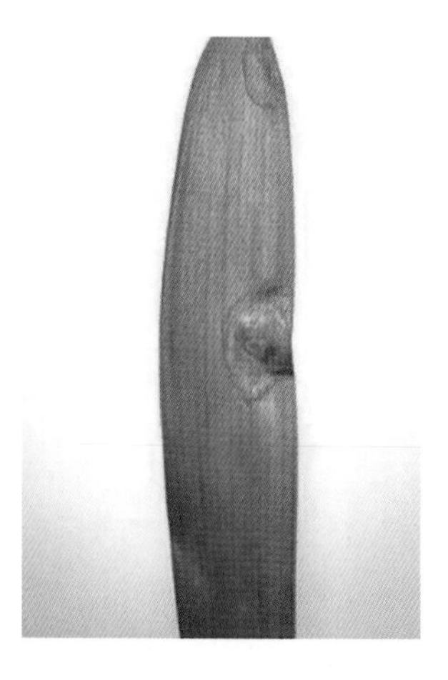
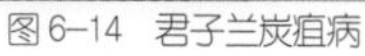
图 6–14 君子兰炭疽病

(2) 病原：*colletotrichum* sp. 属于无性型菌物黑盘孢科刺盘孢属。

(3) 发病规律：病原菌以菌体丝在病叶上越冬。次年春天，形成分生孢子侵染寄主，病菌可通过各种伤口入侵。多先在叶尖、叶缘发病，后逐渐扩展，危害重时造成叶枯死。温度高、多雨潮湿的气候发病重。盆花放置过密或浇水过多，通风不良，湿度大，均易发病。

(4) 防治方法：

①科学管理。合理轮作；合理施氮肥，适当增施磷肥、钾肥，增强植株抵抗力；剪除病叶或病斑部分，并及时烧毁或深埋，以减少侵染源；室内花盆不要放置过密，要保持良好的通风条件；应从盆沿注入浇水；改善环境，注意排水，保持通风透光。

②药剂防治。发病前喷施保护性药剂。如 80% 的代森锰锌 700 ～ 800 倍液，或 1% 半量式波尔多液，75% 的百菌清可湿性粉剂 500 倍液进行防治；发病期可喷洒 50% 多菌灵 800 倍液，或 75% 甲基托布 1000 倍液或者可喷洒 1 次 70% 炭疽福美 500 倍液，每隔 7 ～ 10 天喷一下，连续喷 3 ～ 4 次。

五、茎腐病

花卉苗木的茎腐病是一类危害性极大的真菌性病害，能为害多种花卉。一年生银杏苗最易感病，死苗率达 80% 以上。此外，还为害兰花、百合、蒲包花、仙人掌等植物。病原菌侵染不同的花卉植物后，所表现的症状不尽相同，但大多为害植物靠近地面的茎基部。病部呈水渍状褐色斑，后沿茎干纵向扩展。

（一）兰花茎腐病

(1) 症状：兰花茎腐病，又称兰花枯萎病，是兰花各种病害中危害极为严重的病害，通常先为害成熟的兰花叶鞘与叶片靠近基部的组织，由内到外，严重时引起假鳞茎深度腐烂，继而引起叶片的萎蔫（图 6-15）。病害处及断面有时可看到呈暗褐红色。此病感染后开始症状不明显，夏季高温表现为急性，气温低时病程又会很长，达几个月甚至更长，会使兰花的茎腐烂、萎缩直至死亡。

(2) 病原：病害是由无性型菌物门的尖孢镰刀菌（*Fusarium oxysporum*）侵染所致。

(3) 发病规律：兰花茎腐病的发生与高温、高湿、不通风、盆土水分过多有直接的关系，其发病期与兰花的快速生长期时间上基本一致，这同兰花生长所需的最佳温度和兰花茎腐病爆发的最佳温度相近有关。病菌在 12 ～ 40℃左右均能发育，以 25℃左右最为适宜。

(4) 防治方法：

①科学管理。在大田种植时要选择地下水位较低，排水良好的地作苗圃。育苗前可将枯枝、枯叶、干草均匀撒在苗床上，点火焚烧，可杀死土壤中的病原菌；也可每亩苗圃地施入石灰

图 6-15　兰花茎腐病

粉 25kg 或硫酸亚铁粉 15 ～ 20kg，以抑制病原菌。容器育苗时，必须用无病原菌的土壤，上盆前兰花、兰盆和植料要消毒。兰花种植时稍微浅一些，要保证植物良好的通风环境，尽量多用有机肥，少用或不用无机肥和化学肥料等；高温季节搭荫棚，可降低苗床温度，减少发病率。

②药剂防治。发病初期可选用 70% 的甲基托布津可湿性粉剂 600 倍液，45% 特克多悬浮剂 1000 倍液，70% 代森锰锌可湿性粉剂 500 倍液，80% 喷克可湿性粉剂 700 倍液，70% 茎腐灵乳油重点喷洒兰花植株的基部。每 7 ～ 10 天喷施一次，视病情防治两三次。

③植物发病后要及时更换新盆、新土，并用敌克松 800 倍液消毒，喷药和浇水的时间基本一致，浇一次水喷一次药，连续重复三次为一个疗程，一般可治愈。

六、幼苗猝倒病

图 6–16　幼苗猝倒病

幼苗猝倒病是园林花卉常见的病害之一，具有发生普遍、危害大的特点，可以侵染一二年生的草本花卉，也可以侵染球根花卉和木本植物。发病后幼苗的死亡率很高。如鸢尾、一串红、秋海棠、瓜叶菊、彩叶草等花卉的苗期都可发病。

(1) 症状：病害主要发生在幼苗期，幼苗出土后，在茎基部出现水渍状病斑，后渐变为淡褐色、褐色，当病斑绕茎基部一周后，幼苗猝倒，此时幼叶依然保持绿色（图 6-16）。

(2) 病原：引起幼苗猝倒病的原因，可分为非侵染性和侵染性两类。非侵染性病原包括以下因素：圃地积水，覆土厚，土表板结，土壤干旱，地表温度过高，根颈灼伤等。侵染性病原主要是：真菌中的腐霉菌（*Pythium* spp.）、丝核菌（*Rhizoctonia* spp.）和镰刀菌（*Fusarium* spp.）。

(3) 发病规律：猝倒病为土传病害，镰孢菌、丝核菌、镰刀菌都有较强的腐生性，它们分别以厚垣孢子、菌核和卵孢子越冬，当遇到合适的寄主和潮湿的环境，便进行侵染。三种病菌可以直接侵入寄主或者通过伤口侵染，它们可以单独侵染也可以同时侵染。以下情况利于猝倒病的发生：长期连作感病植物，土壤中积累了较多的病原菌；种子质量差，发芽势弱，发芽率低；幼苗出土后遇连阴雨，光照不足，幼苗质量差，抗病力低；在栽培上播种迟，覆土厚，施用生肥等。

(4) 防治方法：

①栽培措施。选用排水良好的沙质壤土作园林花卉生产地；精选种子，适时播种；推广高床育苗及营养钵育苗，日常浇水要见干见湿，避免积水；加强苗期管理，培育壮苗；适时轮作。

②土壤消毒。对于土传病害可以采用化学方法对土壤进行消毒：在碱性土壤中，播种前每公顷施硫酸亚铁粉 225 ～ 300 kg，既能防病，又能增加土壤中铁元素和改变土壤的 pH 值，使苗木生长健壮。在酸性土壤中，播种前每公顷施生石灰 300 ～ 375kg，可抑制土壤中的病菌并促进植物残体腐烂。此外，还可以用福尔马林进行消毒，其使用方法是：每平方米用 40% 福尔马林

50ml，加水 6 ～ 12L，在播种前 10 天洒在土壤上，并用草袋覆盖，播前 3 ～ 4 天揭去覆盖物，然后栽苗。

③材料消毒。种子、插条等繁殖材料用 0.5% 高锰酸钾溶液进行消毒。播种用土采用药土。如用多菌灵 10% 可湿性粉剂配成药土用于播种，药与土的比例为 1： 200。

④化学防治。幼苗出土后，可喷洒多菌灵 50% 可湿性粉剂 500 ～ 1000 倍液或喷 1： 1： 120 倍波尔多液，每隔 10 ～ 15 天喷洒 1 次，预防猝倒病的发生。发病初期用 50% 代森铵 300 ～ 400 倍液浇灌根际，每平方米用药液 2 ～ 4kg。

七、病毒病类

病毒病在园林花卉生产中大量存在，在自然界中，常有一种花卉受几种甚至十几种病毒侵染的情况，病毒病为系统性、全株性病害。病毒所引起的病害中，花叶和畸形的种类比较多，而且危害严重。病毒能为害多种园林花卉，例如郁金香、水仙、兰花、香石竹、百合、大丽花、牡丹、芍药、菊花、唐菖蒲等。病毒病影响园林花卉的正常生长发育，降低了花卉的观赏价值、生态价值和经济价值。

（一）花卉常见的病毒病

1、美人蕉花叶病

（1）症状：该病主要侵染美人蕉的叶片和花器，发病初始首先在植株的叶片上出现花叶或黄绿相间的斑点，呈花叶状，或有黄绿色和深绿色相间的条纹（图 6-17），条纹会随着病情的发展逐渐变成褐色坏死，同时花瓣变小且形成杂色，植株发病较重时叶片变成畸型、内卷，斑块坏死。

图 6–17 美人蕉花叶病

（2）病原：美人蕉花叶病由黄瓜花叶病毒（*Cucumber mosaic* virus）引起，病毒粒体为 20 面体，直径为 25nm 左右，钝化温度为 70℃，稀释限点为 10^{-4}；体外存活期为 3 ～ 6 天。

（3）发病规律：美人蕉花叶病毒在有病的块茎内越冬，可以通过汁液传播，也可以通过各种蚜虫和园艺操作工具进行传播。

2、唐菖蒲花叶病

（1）症状：该病主要侵染叶片和花器。发病初期，叶片上出现褪绿斑，由于受叶脉阻隔，斑点呈多角形，病叶黄化、扭曲变小，花梗和苞叶变短。有病植株矮小，花穗短，花少而小，严重时抽不出花穗（图 6-18）。某些品种花瓣碎色，花朵畸形，导致园林花卉质量差。

（2）病原：唐菖蒲花叶病的病毒在我国主要有两种，即菜豆黄花叶病毒（*Bean yellow mosaic* virus）和黄瓜花叶病毒（*Cucumber mosaic* virus）。前者属马铃薯 Y 病毒（*Potato virus* Y）组，病毒粒体为线条状，长 750nm；内含体风轮状、束状；钝化温度为 55 ～ 60℃，稀释终点为

10^{-4}，体外存活期为 2 ～ 3 天；后者属黄瓜花叶病毒（*Cucumber mosaic* virus）组，病毒粒体球形，直径 28 ～ 30nm；钝化温度 70℃；稀释终点为 10^{-4}，体外存活期为 3 ～ 6 天。

（3）发病规律：唐菖蒲花叶病毒可以由蚜虫传播，也能由汁液传毒。两种病毒均在感病球茎及病植株体内越冬，成为翌年的初侵染源。两种病毒病均以带毒球茎作远距离传播。

图 6–18 唐菖蒲花叶病

（二）病毒病的防治

病毒主要是通过刺吸式口器的昆虫和其他机械损伤等途径进行传播的。病毒的侵染需要一个轻微的伤口，这个伤口要导致细胞壁破损，但其他细胞器都功能正常。病毒病一旦发病，很难防治，因此防治病毒病更需注意以预防为主，综合防治。

（1）植物检疫。严格执行植物检疫法规，禁止携带危险病毒病的花卉种苗、球根和植株输出或输入无病区或轻病区，以便将病害限制在原病区进行防治和处理，防止疫区扩大和蔓延。

（2）选择耐病和抗病优良品种，是防治病毒病的根本途径。

（3）减少毒源。发现病株应及时拔除并深埋；严格挑选无毒繁殖材料，如块根、块茎、鳞茎、种子、幼苗、插条、接穗、砧木等；采取茎尖分生组织培养脱毒苗的方法，获得无毒植株进行栽培；使用的工具可用 3% ～ 5% 磷酸钠浸泡，以除去工具所带病毒；减少病毒的侵染来源。

（4）防治媒介昆虫。适期喷洒 40% 氧化乐果乳剂 1000 ～ 1500 倍液或马拉硫磷 1000 倍液，消灭蚜虫、粉虱等传毒昆虫。

（5）热处理脱毒。对感病植株采取温热处理，消灭感病植株上的病毒。如一般种子可用 50 ～ 55℃温汤浸 10 ～ 15min；休眠的鳞茎和块茎可以浸泡在热水中处理；生长的植株可通过热空气处理，最适宜的温度为 35 ～ 40℃。

（6）加强栽培管理。注意通风透光，合理施肥与浇水，促进花卉生长健壮，可以减轻病毒为害。

（7）铲除杂草。有些杂草，如马齿苋、繁缕等杂草是病毒病的中间寄主，铲除杂草可以起到减轻病害的作用。

（8）药剂防治。喷洒对病毒病有效的药剂，如病毒 A、病毒特、病毒灵、83 增抗剂、抗毒剂 1 号等。

第七章 园林花卉的应用设计

第一节　园林花卉的功能、地位与作用

一、园林花卉在城市绿地建设中的功能

（一）对环境的美化功能

园林花卉种类繁多，色彩艳丽而丰富，布置方便，更换容易，应用灵活。比如园林中大量应用各种球根花卉和一二年生花卉，布置花坛、装点广场、道路、建筑、草坪，成为园林景观中不可或缺的内容。在园林绿化中，乔灌木是绿化的基本骨架，而各类绿地中大量的下层植被、裸露地面的覆盖、重点地段的美化、室内外小型空间的点缀等都必须依赖于丰富多彩的花卉。因此，在园林设计中，花卉对环境的装饰作用具有画龙点睛的效果（图 7-1）。

图 7-1　花卉对环境的装饰效果

（二）对环境的改善和防护功能

园林植物是唯一可以对环境具有综合生态意义的造园要素。同所有的园林植物一样，花卉能吸收二氧化碳，增加空气中的氧气，从而净化大气；通过蒸腾作用增加空气湿度，降低空气温度；可以吸收某些有害气体或自身释放一些杀菌素而净化空气；可以滞尘，从而减少地面扬尘；可以覆盖地面，保持土壤，涵养水源，减轻水土流失；可以减少太阳光的反射，减弱城市眩光，从而提高环境质量。

（三）对人类生活的丰富和促进功能

园林花卉不仅以其天然的姿色、风韵及芳香给人以美的享受，还包含着丰富的文化内涵，

对人性情的陶冶、品格的升华具有重要作用。中国的花文化更是具有悠久的历史和丰富的内涵。

（四）一定的经济效益

花卉作为商品本身就具有重要的经济价值，花卉业是农业产业的重要内容，而且花卉业的发展还带动诸如基质、肥料、农药、容器、塑料、包装、运输等许多相关产业的发展。许多花卉除观赏效果以外，还具有药用、香料、食用等多方面的实用价值，这些也常常是园林绿化结合生产从而取得多方面综合效益。

二、园林花卉在城市绿地建设中的地位

花卉是园林绿化建设中不可或缺的重要材料之一，园林花卉种类、品种繁多；突出特点在于色彩艳丽，丰富多彩。与木本植物相比，草本植物形体小，质感柔软、精细，一生中形体变化小，主要观赏价值在于观花或观叶；生命周期短，对环境因子比较敏感，要求栽培管理相对精细。其在城市园林绿地建设中的地位和作用如下：

（一）园林花卉是人工植物群落的构成成分之一

园林花卉是环境中具有生命的色彩，也是自然色彩的主要来源，使季相更丰富，在园林中常为视觉焦点，用于重点绿化地段，起画龙点睛的作用。园林花卉与园林树木相同，可以散发花香，释放挥发性杀菌物，滞尘，清新空气，可以与园林树木以一定比例配合，形成生态效益好的人工植物群落。

（二）形成独特的园林景观

园林花卉美丽的色彩和细腻的质感，使其形成细致景观。常常作前景或近景，形成美丽的色彩景观。低矮的园林花卉可以丰富树木的下层空间，出现在俯视视觉中，又不紧贴地面，具有较高的亲人性（图 7-2）。

图 7–2 园林花卉景观

园林花卉生命周期短，受地域限制小，便于更换。花期控制相对容易，可根据需要调控开花时间，很快形成漂亮的植物景观。以花坛、花境、花带、花群花丛、种植钵等多种应用方式，独立展示丰富的园林景观及其季相变化（图 7-2）。

第二节 园林花卉应用设计的基本原理

花卉应用设计是人为地运用植物材料创造美的过程，因此花卉景观必须符合人们的审美观点。但花卉作为活材料，应用时还应考虑其个体的生物特性、环境的影响及其群落特征等方面的因素。因此，花卉应用设计必须遵循科学性原理及在形式美、色彩美、意境美创造过程中所应遵循的艺术性原理。

一、科学性原理

园林花卉应用设计直接对象和创作元素是具有鲜活生命力的植物。而植物材料除了具有美学要素，同时还具有生物学的特征。如果花卉不能正常、健康地生长和发育，也就很难表现出其特有的观赏性和美学价值，再好的设计方案也是徒劳的。因此花卉应用设计中，在充分了解植物生物学特性的基础上，满足植物对环境的要求，遵循科学性原理是应该首先应予以考虑的。

（一）遵循花卉的生物学特性

首先，对于花卉的系统发育和个体寿命而言，花卉有不同类型。如草本的一二年生花卉，还有各种木本花卉，它们因类型不同而习性各异。不同类型的花卉因形态不同而形成不同的观赏特征；因生命周期和年生长发育周期不同而表现出不同生命阶段及一年中不同季节的观赏特点；因种类不同而叶、花、果期各异，才使得园林中不仅花开次第，同时也能创造出各具特色的四季景观。因此只有准确掌握各类花卉的生长发育规律，才能在园林花卉配置时，使不同种类的花卉各展风采，充分发挥各自的优势，创造出优美的植物景观。

（二）尊重花卉生长发育的生态学规律

花卉在生长发育过程中，除了受自身遗传因子的影响外，还与环境条件有着密切的关系。花卉与环境的关系表现在个体水平、种群水平、群落水平以及整个生态系统等不同的层面上。一种花卉的个体在其生长发育过程的每个环节都有对特定环境的需要。缺乏适宜的环境条件，无论是个体还是群体都无法获得良好的生长，更谈不上花卉设计所要求的景观、生态、社会以及经济等诸方面的效益。不同花卉对环境有不同的要求，它们在长期的系统发育中，对环境条件的变化也产生各种不同的反应和多种多样的适应性，即形成了花卉的生态习性。因此，首先要充分了解生态环境的特点，如各个生态因子的状况及其变化规律，包括环境的温度、光照、水分、土壤、大气等，掌握环境各因子对花卉生长发育不同阶段的影响；在此基础上，根据具体的生态环境选择适合的花卉种类。即花卉应用设计中的适地适花、适花适地原则。

二、艺术性原理

（一）花卉应用设计中的形式美原则

形式美是艺术美的基础，是所有艺术门类共同遵循的规律，园林艺术也不例外。形式美是通过点、线条、图形、体形、光影、色彩和朦胧虚幻等形态表现出来的。园林花卉丰富多彩的观赏特征本身就包含着丰富的形式美要素，在遵循科学性原理的前提下，按照形式美的规律在平面和空间进行合理的配置，形成点、线、面、体等各种形式不同的花卉景观，正是花卉应用设计的基本内容。因此在园林花卉设计中，各要素之间及同一要素个体之间的布局和设置同样遵循形式美的原则。

1. 对立统一原则

统一是指由性质相同或类似的要素并置在一起，造成一种一致的或具有一致趋势的感觉。对立是指由性质相异的要素并置在一起所造成的显著对比的感觉。对立与统一是和谐的统一体。优秀的园林必定是造园的各种要素（地形、植物、山水、建筑等）组合成有机统一的整体结构，形成一个理想的环境空间，体现出一定的社会内容，反映出造园艺术家当时所处的社会审美意识和观念，达到内容与形式的和谐统一。这一和谐统一的审美特征表现在外在形式上包含 3 个层次：构成园林形式的材料要素自身的和谐统一；要素与要素之间关系的和谐统一；要素所组合成的整体空间布局的统一。

具体到园林花卉的应用设计，首先是要将花卉或园林植物这一造园要素置于整体园林环境中，根据其内容而采取适宜的表达形式。在植物配置的总体形式与内容以及花卉与其他造园要素等和谐统一的前提下，具体到某一局部的花卉设计可以通过变化甚至对比来追求景观的生动和感染力，如色彩的变化、株型和姿态的变化、体量的变化、质感的变化等。但是这些变化不应冲淡园林形式的整体风格，在统一中求变化，且要在变化中求统一，做到整体统一，局部变化，局部变化服从整体，实现和谐的对立统一。

2. 比例尺度的协调性原则

比例是人们在实践活动中，通过对自然事物的总结抽象出来的能满足视觉要求的具有协调性的物与物的大小关系，因而具有美的观赏效果。著名的毕达哥拉斯学派提出的黄金分割率被人们视为最美的比例。和谐完美的比例也存在于自然界的各个方面。构成协调性的美的比例其本质不是具体数据，而是人类在实践活动中产生的感情意识、感觉经验所形成的一种对照关系。

园林中美的比例应是组成园林协调性美的内涵之一。园林存在于一定的空间，园林中各造园要素也以创造出不同的空间为目的，这个空间的大小要适合人类的感觉尺度，各造园要素之间以及各要素的部分和整体之间都应具备比例的协调性。中国古代画论中“丈山尺树，寸马分人”是绘画的美的比例，园林也与此同理。如颐和园的万寿山、昆明湖及以佛香阁为主体的建筑群之间的比例及与园林整体空间的比例是非常协调的；同样在仅有数亩的苏州网师园中，也通过建筑布局及其与水之间关系的处理创造出协调的比例而没有拥塞的感觉，达到“地只数亩，而有迂回不尽之致；居虽近堰，而有云水相忘之乐”的艺术效果。在园林花卉的配置上，植物与其他造园要素之间以及植物不同种类之间也充满了比例关系。大型的园林空间必须用高大或足量的植物来达到与环境及其他景观元素的比例协调，而小型的园林空间，就必须选择体量较小的植物以及适宜的用量与之匹配。

3. 均衡与稳定原则

均衡是指事物的各部分在左右、前后、上下等两方面的布局上其形状、质量、距离、价值等诸要素的总和处于对应相等状态。均衡分对称均衡和不对称均衡。对称均衡表现为具有如中轴线或中心点形成的一个中心和对应物形成特定空间的一定区域。它体现出生物体自身结构的一种符合规律性的存在形式，具有稳重、庄严的感觉。

园林中，对称均衡是指建筑、地貌、植物等群体的两方面在布局上同轴对应相等。规则式园林在整体布局上均采用均衡对称的原则。如欧洲的规则式园林不仅表现在建筑、喷泉、雕塑等对称均衡，而且树木的种植位置和造型、花坛的布局及图案等也均以对称均衡的形式布置。中国的寺庙园林和纪念性园林也常常采用对称均衡的布局，尤其是道路两边植物的对称式配置，既给人以整齐划一、井然有序的秩序美，也创造出安定、庄严、肃穆的环境气氛，然而有时会觉得单调、呆板，缺乏动感。自然风景丰富多彩，绚丽多姿，很难看到对称均衡，然而却处处充满了视觉的均衡。这种两边不对称却又处于平衡状态者称为不对称均衡。不对称均衡是自然界普遍的、基本的存在形式。东方园林，尤其是中国传统园林艺术即遵循“虽由人作，宛自天开”的原则而进行不对称均衡的布局。园林中因地制宜，峰回路转，步移景异，高下各宜，虚实相生，绝无严格之对称，又处处充满均衡稳定，且生动活泼，妙趣横生，达到极高的艺术境界。在花卉配置上，宜树则树，宜草则草。“大树小树，一偃一仰”，各自呼应，不可相犯，“三株、五株、九株、十株，令其反正阴阳，各自面目，参差高下，生动有致……松柏、古槐、古桧……如三五株，其势如英雄起舞，俯仰蹲立，蹁跹排宕”，此为局部范围内树木个体之间的不对称均衡的配置。也有植物与其他要素的不对称配置，如奥旷之山古松偃仰，白粉壁前修篁弄影，峭壁奇峰藤萝掩映，溪边桥畔翠柳摇曳，阶前畦旁草卉点缀，“因其质之高下，随其花之时候，配其色之深浅，多方巧搭……”（《花镜》），皆成妙境，天然混成。

4. 韵律与节奏原则

韵律节奏是各物体在时间和空间中按一定的方式组合排列，形成一定的间隔并有规律地重复。因此韵律节奏具有流动性，是一种运动中的秩序。韵律按其形式可分为连续韵律、渐变韵律、起伏韵律、交错韵律等。其中，连续韵律是一种物质有规律地重复出现的现象；渐变韵律则不仅重复出现，而且渐次变化；起伏韵律指在空间高度上有规律地起伏变化；而交错韵律则指两种物质依次有规律地交替出现。节奏则有快速、慢速及明快、沉稳之分。

园林中的韵律和节奏是由园林要素自身的形状、色彩、质感等以及植物、建筑、山石、水等要素的连续、重复运用，并在连续、重复中按照一定的规律安排适当的间隔、停顿所表现出来的。在一个和谐完美的园林中处处存在着韵律节奏。道路两旁，同一树种等距离栽植的行道树，其树干的重复出现产生的垂直方向的韵律节奏和树冠勾勒出的轮廓线连续起伏的变化产生的水平方向上的韵律节奏，可视为连续韵律节奏，表现为整齐一律的韵律和单一的节奏，是园林花卉配置中较为简单的形式，景观效果不够丰富。以不同种类等距离种植，或不同种类不等距离但有一定规律的重复组合。如树形和高矮不同的组合会产生起伏韵律和交错韵律的景观效果。花坛或花带中不同色相或色调的渐变组合和重复出现会产生渐变韵律。这些配置形式产生的丰富而含蓄的韵律节奏，正是包含于植物景观的形式美的内容，必然会使人产生愉悦的审美感觉。需要注意的是，在园林植物配置中，韵律节奏不能有过多的变化。变化过多必然杂乱，这又遵从于统一的协调性和变化性之间的辩证关系。

（二）花卉应用设计中的色彩美原则

园林艺术是一种综合的艺术形式，充满了形象、色彩、声响、气味等美学特征，而视觉感受的形象是最为重要的审美特征。众所周知眼睛最敏感的是色彩，园林中最基本的色调是绿色，但园林环境中丰富的色彩变化一直是人类不懈的追求。也正因如此，才有花卉新品种的层出不穷。因此，在园林花卉应用设计中，色彩设计至关重要。

1. 统一配色原则

园林花卉应用设计中统一配色原则包括单色配置、近似色配置和色调配置三个方面。

单色配置是使用一种色相的不同明暗、浓淡深浅的变化来配色。如红色系中的深红、大红及粉红主次分明地组织在一个作品中，最易起到和谐、统一的效果，有时按照一定方向和次序来组合同一色相的明暗变化，也会形成优美的韵律和层次变化。

近似色配置是在色相环中，距离越近的色相颜色越相近。近似色配置即运用相邻的几种颜色来配置，如红、橙、黄相配，或黄、黄绿、绿相配。这种配色方法颜色之间既有过渡，又有联系，既柔和统一，又有着适度的变化，不显呆板。同样要注意的是近似色配色也要有主色调和配色之分，各种颜色不能平均分配。

色调配置即色相虽有差异，但以统一的亮度来调和，也能组成柔美和谐的情调。如浅粉、乳白、淡黄的组合，虽然色相不同，但在白与亮灰的色调上相统一，就不会显得变化太大。

总之，统一配色就是要求在整体色彩设计时，追求统一、协调的效果，而不是变化突兀，对比强烈。这种配色可创造多种艺术效果，或华丽，或浪漫，或宁静，或温馨等。

2. 对比配色原则

对比配色包括色相对比和色调对比两方面。

在色相环上，距离越远的颜色对比越强烈，相差180°的颜色互为补色，对比最为强烈。如红—绿，黄—紫，橙—蓝等互为对比色。花卉配置时，为了突出某一主体，在其周围适当配以对比色，会起到显著的效果。

色调对比主要指色彩亮度上的明暗对比，相互衬托。对比配色重在表现变化、生动、活泼、丰富的效果。强烈的对比能表现各个色彩的特征，鲜艳夺目，给人以强烈、鲜明的印象，但也会产生刺激、冲突的效果。因此对比配色中，各种颜色不能等量出现，而应主次分明，在变化中求得统一颇为关键。

3. 层次配色原则

色相或色调按照一定的次序和方向进行变化，叫层次配色。这种配色效果整体统一，并且有一种节律和方向性。色相层次配色可以按色相环变化的顺序，也可以根据创作要求来组织；色调层次配色主要是按照明度和彩度的变化来配色。层次配色时色彩的变化既可以沿花坛、花境等长轴方向渐次变化，也可以由中心向外围变化，根据具体配置方式而定。

4. 多色配置原则

多种色相的颜色配置在一起。这是一种较难处理的配色方法，把握不好往往会导致色彩杂乱无章，处理得当往往显得灿烂而华丽。花卉配置时应注意各种色彩的面积不能等量分布，要有主次以求得丰富中的统一。另外，也要注意在色调上力求统一。

花卉的色彩设计不仅指花卉不同种类之间颜色的搭配，而且包括了背景、环境、时间以及其他造园要素在内的整体的色彩设计。如在一个狭小、封闭的空间，花卉的配置应以明度较高的浅色为基调，否则空间会显得沉闷，而且在光照晦暗的环境，深色花卉有隐没感。背景的色彩也是花卉色彩设计必须考虑的，通常要求与背景有一定的对比度，以突出花卉主体。当花卉作为衬托时，对比度要适当。

（三）花卉应用设计中的意境美原则

王国维在《人间词话》中说“境非独谓景物也。喜怒哀乐亦人心中之一境界，故能写真景物、真感情者，谓之有境界。否则谓之无境界”。可见意境是在外形美的基础上的一种崇高情感，是情与景的结晶体，即只有情景交融，才能产生意境。

中国园林在美学上的最大特点是重视意境的创造，园林意境是通过园林的形象所反映的情意使游赏者触景生情产生情景交融的一种艺术境界。 在园林意境的创造中，作为造园最重要的材料要素之一，花卉的选择和配置起着十分重要的作用。园林意境的时空变化，很多都源自于花卉的物候或生命节律的变化。陶渊明用“采菊东篱下，悠然见南山”体现恬淡的意境；被誉为“诗中有画，画中有诗”的王维的《辋川别业》，充满了诗情画意，如其中的竹里馆是大片竹林环绕着的一座幽静的建筑物, 王维诗“独坐幽篁里, 弹琴复长啸; 深林人不知, 明月来相照”；“篱东花掩映，窗北竹婵娟”（李颀《题少府监李丞山池》）“春风桃李花开日，秋雨梧桐落叶时”等淋漓尽致地描写了园林花卉在其生命进程和物候更迭中的美学特征如何应用到园林中，来创造一种充满生机的、特异的艺术感染力。再如牡丹的“千片赤英霞烂烂，百枝绛点灯煌煌。照地初开锦绣段，当风不结兰麝囊……宿露轻盈泛紫艳，朝阳照耀生红光。红紫二色间深浅，向背万态随低昂”，梅花的“疏影横斜水清浅，暗香浮动月黄昏”，竹子的“日出有清荫，月照有清影，风来有清声，雨来有清韵，露凝有清光，雪停有清趣”，怀风音而送声的松树之“稍耸震寒声”与“凝音助瑶瑟”，以及“留得残荷听雨声”“雨打芭蕉淅沥沥”等，又是何等淋漓尽致地表达了园林花卉的色、形、姿、香、韵及声的美学特征所产生的意境。

除了对园林花卉的自然生物学特征方面的美学因素的深刻感悟和创造性地应用，中国园林艺术实践中还赋予花卉以深刻的文化内涵，形成中国特有的丰富的花文化而享誉于世，其中花卉的拟人化是突出特点，如中国花文化中“梅兰竹菊四君子”“岁寒三友松竹梅”“出污泥而不染”“一声梧叶一声秋，一点芭蕉一点愁”等诸如此类的描述花卉的精神属性的文化内涵。在对花卉生物学特征的了解和人为赋予的精神属性的深刻认识的基础上，最终通过花卉之间以及花卉与其他造园要素的适当配置才可能创造出富有意境的园林空间。

当然，不是所有的园林和园林中所有的花卉配置都必须讲究意境。但是传统文化的精髓是永远不会过时的，在当今时代为了改善人类日益恶化的生存环境，在崇尚植物造景和绿化的环境生态效益的时代潮流中，如何古为今用，创造出具有时代特征的设计理念是值得我们探讨的。

第三节　花坛的应用设计

花坛是园林花卉应用设计的一种重要形式，其类型丰富多样，适用于各种绿化场合，因而深受人们的喜爱。

一、花坛概述

（一）花坛的概念

花坛是指按照设计意图在一定具有几何形轮廓的种植床内，种植各种不同色彩、质地的观赏植物，以表现群体美的一种园林花卉应用形式。随着城市园林建设的发展，花坛已经成为一种重要的景观应用形式出现在各类园林绿地中，样式也由平面的、低矮的构图发展到斜面、大体积以及立体的等多种类型。同时在花卉材料的选用上也更加丰富，不只限于丛生的草花，还利用单株草花集中栽植以展现其群体美，另外还可以应用较高的木本花卉来观花赏叶。而且，花坛应用也不仅限于室外园林绿地，在许多宽敞的室内等其他环境中，同样可开辟种植小景，进行花坛形式的布置。简单来讲，花坛可以理解为能够广泛运用在不同环境中，在具有一定的轮廓区域内摆放或栽植观赏期一致的植物，以体现其色彩美或图案美的一种园林应用形式（图 7-3）。

图7–3 花 坛

（二）花坛的功能与作用

花坛在园林绿地中与其他园林植物相比，所占比重很小，但却在园林绿地中起着画龙点睛的作用，以其强烈的视觉冲击力和感染力展现出独特的魅力。

1. 美化和装饰作用

色彩绚丽协调、造型独特美观的花坛能对其周边环境起到美化和装饰作用，给人以美的享受，特别是在节日期间能够增加节日气氛，烘托环境。

2. 宣传和标志作用

在花坛设计时，可以利用不同色彩的观赏植物组成各种图案或字体，或结合其他物品陪衬主体，起到标志和宣传的效果。

3. 分隔空间和组织交通作用

在道路交叉口、干道两侧、开阔的广场设置花坛，可以起到分隔空间，组织交通的作用。

4. 提供游憩场所的作用

花坛设计时可以结合座椅及其他园林小品，组成景观群，为人们提供休息娱乐场所。

（三）花坛的分类

花坛的种类多种多样，为了更好地对花坛进行理解和应用，在园林中常采用以下几种分类方式：

1. 依据空间位置分类

（1）平面花坛。花坛与地面基本一致，或有微小的坡度，便于排水和管理，可以从不同的角度观赏。

（2）斜坡花坛。花坛与地面呈一定的角度，一般根据地势位于坡地上，大多为单面观赏型。

（3）高台花坛。多为分隔空间或受地形所限而设置的高于地面的花坛。

（4）下沉花坛。花坛设置低于地面，可以从高处欣赏花坛的俯瞰效果。

（5）立体花坛。花坛向立体空间伸展，为三维景观，大多可四面欣赏。

2. 依据花卉材料分类

（1）一二年生草本花卉花坛。花坛主体花材为一二年生草花，具有颜色绚丽、花型整齐、花期集中的优点。但观赏期相对比较短，需要及时更换以保持繁花似锦的效果，因维护费用较高，一般适用于重点地区，如节假日重点地段的摆花。

（2）宿根花卉花坛。主要以宿根花卉为主的花坛，优势是一次栽植，可观赏数年，管理较简单。由于其栽植位置固定，一般用于非主要区域。

（3）球根花卉花坛。该类花坛花色丰富鲜艳，株型整齐，具有良好的景观效果。但大多数球根花卉花期较短，花后休眠，需要配置其他植物以保持景观效果，投资较大，适应于重点区域。

（4）混合花坛。由多种草本和木本观赏植物组成的花坛。主要优势是色彩丰富，景观壮丽，观赏期较长。对设计，施工和后期管理要求较高。

（5）模纹花坛。是由低矮的观叶植物或花叶兼美的植物组成，表现出精美的图案或文字。

（6）毛毡花坛。由观叶植物组成精美的装饰图案，修剪整齐，表面平整，形成美丽、别致的景观。

3. 依据花坛功能分类

（1）主景花坛。有明确的主题，可独立成景，常作为景观中心存在。这类花坛多用在广场、主题建筑物前、道路交叉口，多为大型立体花坛。

(2) 衬景花坛。多为背景，起衬托和点缀作用的花坛。大多用在雕塑、宣传牌、建筑物前起烘托作用。

(3) 造型花坛。以植物材料为主，根据主题塑造出各种形态的造型，常为人物或动物造型，也包括花堆、花台及文字花坛。

(4) 主题花坛。利用花卉材料形态各异、色彩丰富的特点，塑造出体现某主题思想的园林景观。

(5) 标记花坛。利用花卉组成各种徽章、图案或字体陪衬主体，起到宣传、标记或纪念作用。

(6) 基础花坛。为掩饰建筑物、园林小品及植物基部，在其周围布置花堆或花带，使之与地面衔接处更加协调自然。

4. 依据花坛之间的关系分类

(1) 独立花坛。单体花坛独立设置。一般作为广场、建筑物前庭、道路交叉口等特定环境的中心。

(2) 连续花坛。同一环境中设置多个小花坛。大多形状相同，也可轮廓发生变化，但遵循一定的变化规律，常设置在道路两侧或广场周围，产生连续的景观效果。

(3) 花坛群。由相同或不同形式的多个单体花坛组成，在构图或景观上具有统一性，多设置在面积较大的区域。

二、花坛设计

花坛设计时要考虑花坛的色彩、表现形式、主题思想以及与周边环境的相互协调等因素。

(一) 花坛的主题构思及布局形式

一般来说，对于作为主景的花坛需要重点设计，设计构思时需有明确的主题，并选择合适的能够反映该主题的布局形式。花坛的主题多与花坛所处的特定环境及周边其他造景元素有关，而花坛布局形式除要与所反映的主题有关，还受周边环境的影响，如花坛的轮廓要与周边道路或广场相呼应或形成对比关系。总之，花坛所体现的设计内涵应与环境的功能、风格等相适宜。

(二) 花坛设计中的色彩处理

在花坛设计中，色彩处理上包括各种色彩的比例、深浅色彩的运用、对比色或中间色的运用、冷暖色的利用、花坛色彩与环境色彩的配合等。常见的配色方法有以下几种：

1. 对比色应用

这种配色比较活泼而明快。深色调对比比较强烈，给人兴奋感；浅色调对比配合效果柔和而鲜明。如紫色矮牵牛与黄色三色堇搭配。

2. 暖色调应用

类似色的暖色调花卉搭配，色彩不鲜明时可加白色做调剂，这种配色鲜艳、热烈而庄重，在大型花坛中应用较多。

3. 同色调应用

这种配色不常用，适于小面积花坛、过渡带及花坛组，起装饰作用，不作主景。

整个花坛的花卉色彩布置应有宾主之分，配色时先定一主色调，以 1 ～ 3 种主要花卉色彩为主体，其他花卉作为衬托或勾勒轮廓，主色在体量及面积上要大些。花坛色彩忌变化太多而显杂乱。同一色系的花卉搭配，强调整体上色彩协调，易带给人柔和愉快的感觉。如大面积的紫色薰衣草，给人以诗画般静谧的感觉。对比色搭配，一般以一种色彩作为饰边或纹样，将另一种色彩填充，能达到明快对比的效果。

另外，花色选用也要考虑季节的变化，一般春季要突出百花齐放、万物争春的胜景，花坛多选用橙、黄、粉、蓝等色彩；夏季要体现清爽、平和的氛围，多选用白、蓝、紫、淡黄、浅粉等清爽的色彩；秋季要突出成熟、丰硕的主题，多用橙红、橘黄、金黄、鲜红、深紫等浓烈的色彩。同时，布置花坛还要注意周边环境，使花坛本身色彩与周围景物色彩相协调。

（三）花坛的层次与背景处理

花坛一般采用内高外低的形式，使花坛形成自然斜面，单体花坛主体高度不宜超过人的视平线，便于观赏者能看到花坛内清晰的纹样。即花坛中心部分配置较高植物，如美人蕉、苏铁等；主体部分可配置中等高度的植物，如一串红；花坛边缘可配置鸭跖草、麦冬等低矮植物饰边，使花坛景观富有层次感。另外，花坛设计时也要考虑花坛所在地的背景。

（四）花坛边缘及细部处理

合理处理好花坛的边缘能使花坛整体效果更加完美，一般采用抬高花坛种植床、铺设边缘石和植物饰边的方法。为排水方便及避免人为损坏，花坛种植床通常高出地面 7 ～ 10cm。为保证边缘美观和减少水土流失，种植床周围常以 10 ～ 15cm 的边缘石保护，边缘石宽度要与花坛体量相匹配，一般不超过 20cm，质地和色彩要与周围环境铺装相调和。

除边缘石外，临时性花坛或在园林绿地中的花坛常以低矮的边缘植物饰边，使花坛与周围环境过渡更为自然。边缘植物通常致密低矮、色彩单一。常用绿色、彩色观叶植物或致密小花型植物单色配置。

花坛图案追求主次分明、明快美观，尽量不要在花坛中布置复杂的图案或分布过多面积大小相仿的色彩。模纹花坛应突出美观精致的感觉，但外轮廓应该简单明快。一般为保证图案纹路清晰，由五色草类组成的花坛纹样不窄于 5cm，花卉组成的纹样不窄于 10cm，常绿灌木组成的纹样不窄于 20cm。

（五）花期的合理利用

在花坛设计时，利用花卉的不同花期，使整个花坛的观花时间相对延长，并达到减少花坛更换次数和省工、省料的目的。

（六）花坛设计图

考虑好花坛的结构纹样和植物选配以后，要将设计构思绘制成图。花坛的设计图通常包括环境位置图、平面图、立面图和效果图等（图 7-4、图 7-5）。

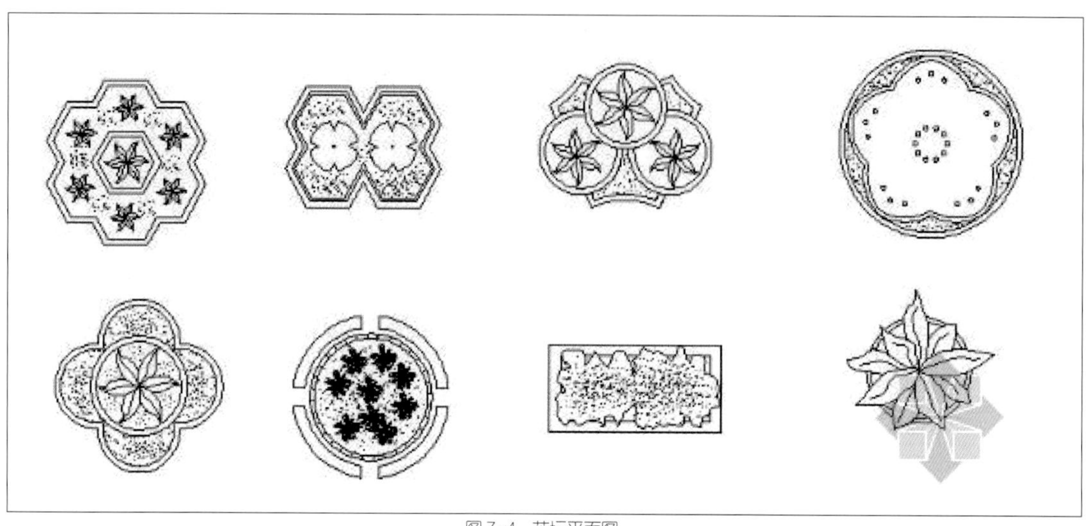

图 7–4　花坛平面图

三、花坛花卉的选择

能够应用于花坛的园林花卉种类繁多，可以是一二年生草本为主体，也可以是多年生宿根或球根花卉为主体。如果没有特殊要求，最好考虑选择适应本地区气候特点的花坛材料为主材料。

图 7–5　花坛效果图

（一）花坛植物选择的原则

1. 符合花坛的功能和类型

花坛植物选择时，首先要考虑符合花坛的类型和功能。如模纹花坛所选用植物高度和形状对纹样的表现有密切关系，低矮细密的植物才能形成精美的图案，所以模纹花坛一定要选择生长缓慢、株型整齐矮小、分支紧密、叶子细小、萌蘖性强、耐移植、耐修剪、易栽培、缓苗快的植物。如果是观花植物，要选择花小而繁、观赏价值高的种类，合理搭配植株的高度与形状。

2. 依据植物自身的特点进行选择和配置

花坛是花期相同的多种花卉或不同颜色的同种花卉种植在具有几何形轮廓的植床内并组成一定图案的一种花卉布置方法，运用花卉的群体效果来形成图案纹样或盛花时的绚丽景色，它以突出鲜艳的色彩或精美华丽图案来体现其装饰效果。如在盛花花坛的植物选择上，一二年生花卉为花坛的主要材料，其种类繁多，色彩丰富，成本较低。

不同种花卉群体配合时，除考虑花色外，也要考虑花的质感相协调才能获得良好效果，还要根据花坛植物的体态进行选择和配置。为了使花坛产生层次感的视觉效果，应把高低不同的植物进行配置种植。

总之，花坛植物材料的选择要尽量满足色彩鲜艳、株型整齐、花朵致密、观赏期长、抗逆性强等特点。

（二）常用的花坛植物（表 7–1 至表 7–5）

表 7–1 适宜作花坛主体部位的常用植物材料

植物名称	株高（cm）	观赏期及花色	习性
万寿菊 (*Tagetes erecta*)	30 ~ 60	7 ~ 10 月；花明黄、橙黄色	喜阳、耐半阴
百日草（*Zinnia elegans*）	20 ~ 40	7 ~ 10 月；花红、黄、粉等色	喜阳
鸡冠花（*Celosia cristata*）	30 ~ 50	8 ~ 10 月；花色丰富，红、黄、粉等色	喜阳
金鱼草（*Antirrhinum majus*）	30 ~ 60	5 ~ 10 月；花红、粉、橙、紫、复色	喜阳、耐半阴
鼠尾草（*Salvia farinacea*）	30 ~ 50	6 ~ 9 月；花蓝、白色	喜阳
金盏菊（*Calendula officinalis*）	30 ~ 50	4 ~ 6 月；花明黄、橙黄色	喜阳
翠菊（*Callistephus chinensis*）	20 ~ 60	7 ~ 9 月；花白、粉、紫、蓝、红等各色	喜阳
荷兰菊（*Aster novi-belgii*）	40 ~ 50	8 ~ 10 月；花淡蓝色、深紫色	喜阳
一串红 (*Salvia splendens*)	30 ~ 70	8 ~ 10 月；花红色	喜阳
大丽花 (*Dahlia pinnata*)	40 ~ 60	6 ~ 10 月；花红、粉、紫、黄、复色等	喜阳
彩叶草 (*Coleus blumei*)	30 ~ 50	5 ~ 10 月；叶色有红、黄、紫、复色等	喜阳、耐半阴
凤仙花 (*Impatiens balsamina*)	20 ~ 40	6 ~ 10 月；花白、粉、紫、橙等色	喜半阴、耐阳
龙翅海棠 (*Begonia hybrida*)	20 ~ 40	4 ~ 6 月；花红色	喜阳、耐半荫
一品红 (*Euphorbia pulcherrima*)	30 ~ 40	4 ~ 6 月；顶端叶红色	喜阳
瓜叶菊 (*Senecio cruentus*)	20 ~ 30	4 ~ 5 月；花紫、粉、蓝色	避风向阳
孔雀草 (*Tagetes patula*)	15 ~ 20	5 ~ 10 月；花黄、橙色	喜阳

植物名称	株高（cm）	观赏期及花色	习性
高雪轮 *(Silene armeria)*	50 ~ 60	5 ~ 6 月；花红、白、紫色	喜阳
天竺葵 *(Pelargonium hortorum)*	20 ~ 30	5 ~ 10 月；花红、粉、白、紫、复色	喜阳、怕涝
福禄考 *(Phlox drummondii)*	30 ~ 50	5 ~ 8 月；花红、粉、白、紫、复色	喜阳、不耐湿热
美女樱 *(Verbena hybrida)*	15 ~ 20	5 ~ 10 月；花红、粉、橙、紫、复色	喜阳、怕涝
千日红 *(Gomphrena globosa)*	20 ~ 30	8 ~ 10 月；花红、紫、白色	喜阳、耐干旱
虞美人 *(Papaver rhoeas)*	30 ~ 40	4 ~ 5 月；花红、粉、复色	喜阳
红叶藜菜 *(Beta vulgaris)*	25 ~ 30	3 ~ 10 月；叶紫红色	喜阳
银叶菊 *(Dusty miller)*	20 ~ 30	3 ~ 7 月；叶银白色	喜阳
霍香蓟 *(Ageratum conyzoides)*	15 ~ 25	4 ~ 10 月；花蓝、白色	喜阳
美兰菊 *(Melampodium paludosum)*	15 ~ 30	4 ~ 10 月；花黄色	喜阳
旱小菊 *(Dendranthema grandiflorum)*	20 ~ 30	9 ~ 11 月；花黄、红、粉、白、紫色	喜阳
雁来红 *(Amaranthus tricolor)*	40 ~ 50	7 ~ 10 月；花叶红、黄、复色	喜阳
矮牵牛 *(Petunia hybrida)*	15 ~ 20	5 ~ 10 月；红、粉、蓝、紫、白、复色	喜阳
旱金莲 *(Tropaeolum majus)*	20 ~ 30	6 ~ 8 月；花黄、橙色	喜阳
景天 *(Sedum spectabile)*	15 ~ 30	7 ~ 9 月；花粉、红、白、黄色	喜阳、耐干旱

表 7–2 适用于花坛中心部分的常用植物材料

植物名称	株高（cm）	观赏期及花色	习性
叶子花（*Bougainvillea spectabilis)*	100 ~ 160	5 ~ 8 月；花红、玫红、紫色	花色鲜艳，株形丰满
苏铁 *(Cycas revoluta)*	150 ~ 250	4 ~ 10 月；叶深绿色	观叶、干姿粗糙
棕榈 *(Trachycarpus fortunei)*	200 ~ 300	4 ~ 10 月；叶绿色	扇形叶，观叶、姿为主

植物名称	株高（cm）	观赏期及花色	习性
蒲葵 *(Livistona chinensis)*	200 ～ 300	3 ～ 9 月；花小，黄色	株形端庄，叶片大而光亮
橡皮树 *(Ficus elastica)*	150 ～ 250	4 ～ 10 月；叶深绿色	株姿优美，叶片光亮革质
美人蕉 *(Canna indica)*	120 ～ 160	6 ～ 10 月；花红、粉、黄色	花、叶色彩丰富，株姿优美
蕉藕 *(Canna edulis)*	150 ～ 200	8 ～ 10 月；花红色	株形高大，叶片优美
长叶刺葵 *(Phoenix carnariensis)*	250 ～ 350	4 ～ 10 月；叶绿色	观株干、叶形
凤尾丝兰 *(Yucca smalliana)*	100 ～ 200	4 ～ 10 月；花白色	观优美花序，放射状株型
杜鹃 *(Rhododendron simsii)*	150 ～ 250	5 ～ 6 月；花红、粉、黄、复色	观花色，株形丰满
龙舌兰 *(Agave americana)*	120 ～ 200	5 ～ 9 月；叶绿色或带黄纹	株形优雅，叶革质
花叶榕 *(Ficus benjamina)*	120 ～ 280	5 ～ 9 月；叶片带黄绿斑色	株形优美，叶片细腻
大叶黄杨 *(Euonymus japonica)*	100 ～ 200	全年；叶片绿色	株形丰满
夹竹桃 *(Nerium indicum)*	150 ～ 300	6 ～ 10 月；花红、粉、白、黄色	观花、树姿
南洋杉 *(Araucaria cunninghamii)*	150 ～ 280	4 ～ 10 月；叶绿色	观树姿、叶形精致
千屈菜 *(Lythrum salicaria)*	80 ～ 120	7 ～ 8 月；花玫红、紫、白色	观花序及花色
蜀葵 *(Althaea rosea)*	80 ～ 200	7 ～ 9 月；花红、粉、白、黄色	观花序，株形丰满

注：观赏期为北方室外花坛适用时间段。

表 7–3 适用于花坛镶边的常用植物材料

植物名称	株高（cm）	观赏期及花色	习性
雏菊 *(Bellis perennis)*	15 ～ 20	3 ～ 5 月；花红、粉、白色	喜阳
三色堇 *(Viola tricolor)*	10 ～ 15	3 ～ 5 月；花红、蓝、白、黄、紫、复色	喜阳
半支莲 *(Pertulaca garndiflora)*	10 ～ 15	6 ～ 9 月；花红、黄色	喜阳、耐旱
天门冬 *(Asparagus ochinchinensis)*	20 ～ 30	6 ～ 10 月；叶嫩绿色	喜阳、耐半荫

植物名称	株高（cm）	观赏期及花色	习性
鸭跖草 *(Commelina communis)*	10 ~ 15	6 ~ 10 月；叶绿色、紫红色	耐阳、耐半阴
垂盆草 *(Sedum sarmentosum)*	5 ~ 10	7 ~ 10 月；叶嫩绿色	耐阳、耐半阴
六倍利 *(Lobelia erinus)*	10 ~ 15	4 ~ 6 月；花蓝紫色	喜阳
金叶甘薯 *(Ipomoea batatas* cv.)	10 ~ 15	5 ~ 10 月；叶金黄色	喜阳
香雪球 *(Lobularia maritima)*	5 ~ 10	4 ~ 6 月；花蓝、粉、白色	喜阳
四季海棠 *(Begonia semperflorens)*	10 ~ 15	5 ~ 10 月；花红、粉、白色	喜阳

表 7–4 适用于模纹花坛或毛毡花坛的常用植物材料

植物名称	株高（cm）	观赏期及花色	栽培类型
小叶红草（*Alternanthera amoena)*	5	5 ~ 10 月；叶暗紫红	宿根
五色草 *(Alternanthera ettzickiana)*	5	5 ~ 10 月；叶紫、绿	宿根
尖叶红叶苋 *(Iresine lindenii)*	5	5 ~ 10 月；叶紫红色	宿根
小叶黄杨 *(Buxus microphylla)*	20 ~ 50	全年；叶绿色	木本
雀舌黄杨 *(Buxus bodinieri)*	30 ~ 50	全年；叶绿色	木本
红叶小檗 *(Berberis* var. *atropurpurea)*	40 ~ 60	全年；叶紫红色	木本
佛甲草 *(Sedum lineare* var. *alba-margina)*	5	5 ~ 10 月；叶白绿色	宿根
六棱景天 *(Sedum sexangulare)*	5 ~ 10	5 ~ 10 月；叶绿色	宿根
松塔景天 *(Sedum nicaeense)*	5 ~ 10	5 ~ 10 月；叶蓝绿色	宿根

表 7–5 适用于球根花坛的常用植物材料

植物名称	株高（cm）	观赏期及花色	习性
郁金香（*Tulipa gesneriana)*	30 ~ 50	4 ~ 6 月；花红、黄、白、粉、复色	喜阳
风信子 *(Hyacinthus orientalis)*	20 ~ 25	4 ~ 5 月；花紫、红、白色	喜阳
大花葱 *(Allium giganteum)*	40 ~ 60	5 ~ 6 月；花紫红色	喜阳
葡萄风信子 *(Muscari botryoides)*	10 ~ 15	3 ~ 5 月；花紫、白色	喜阳、耐半阴

植物名称	株高（cm）	观赏期及花色	习性
喇叭水仙 (*Narssisus pseudonarcissus*)	15 ～ 30	3 ～ 5 月；花黄、白、复色	喜阳
葱莲 (*Zephyranthes candida*)	10 ～ 20	7 ～ 10 月；花白色	耐半阴
韭莲 (*Zephyranthes grandiflora*)	10 ～ 20	6 ～ 9 月；花粉色	耐半阴
花贝母 (*Fritillaria imperialis*)	40 ～ 60	4 ～ 6 月；花橙、黄色	喜阳
石蒜 (*Lycoris radiata*)	40 ～ 60	7 ～ 9 月；花黄、红色	耐阴

第四节　花境的应用设计

花境是源自于欧洲的一种花卉种植形式，宿根花卉的布置方式主要以围在草地或建筑周围成狭窄的花缘式种植，植株按一定的株行距栽植。直到 19 世纪后期，在英国著名园艺学家 William Robinson（1838 ～ 1935）的倡导下，自然式的花园受到推崇。这一时期，英国的画家和园艺家 Gertrude Jeckyll（1843 ～ 1932），模拟自然界中林地边缘地带多种野生花卉交错生长的状态，运用艺术设计手法，开始将宿根花卉按照色彩、高度及花期搭配在一起成群种植，开创了景观优美的被称为花境的一种全新的花卉种植形式。

Jeckyll 倡导用不同大小、不同形状的不规则式花丛并列或前后错落种植，颜色应该互相渗透从而形成花境效果。在 Gertude Jeckyll 的时代，花境至少宽 2.4m，以保证有足够多的植物种类从早春至晚秋花开不断。即使花境较短，也必须保证 2m 的宽度使不同种类的花、叶的颜色和姿态彼此掩映交错。Jeckyll 打破了植物从后到前依次变低的规则式种植，在花境中创造出高低错落、更为自然的效果。这种种植形式因其优美的景观而在欧洲受到普遍欢迎。

如今随着历史的发展，花境的形式和内容发生了许多变化，用于花境的植物种类也越来越多，但花境基本的设计思想和形式仍被传承下来。

一、花　境

（一）花境的概念

花境是模拟自然界林地边缘地带多种野生花卉交错生长的状态，经过艺术设计，将以多年生花卉为主的植物在平面上斑块混交、立面上高低错落的方式种植于带状的园林地段而形成的花卉景观。花境是园林中从规则式构图到自然式构图的一种过渡的半自然式的带状种植形式，以表现植物个体所特有的自然美以及它们之间自然组合的群落美为主要目的。

（二）花境的特点

花境种植床呈带状，种植床两边边缘线是连续不断的平行直线或是有几何轨迹可循的曲线，是沿长轴方向演进的动态连续构图，这正是其与自然花丛和带状花坛的不同之处。花境种植床的边缘可以有边缘石也可以没有，但通常要求有低矮的镶边植物。单面观赏的花境需有背景，其背景可以是围墙、绿篱、树墙或栅栏等，背景植物通常呈规则式种植。花境内部的植物配置是自然式的斑块混交，立面上高低错落有致。其基本构成单位是花丛，每丛内同种花卉集中栽植，不同种的花丛呈斑块混交。花境内部植物配置有季相变化，每季均至少有 3 ～ 4 种花为主基调开放，形成鲜明的季相景观。花境以多年生花卉为主，一次栽植，多年观赏，养护管理较为简单。

（三）花境的分类

1. 根据设计形式分

（1）单面观赏花境。为传统应用设计形式，多临近道路设置，并常以建筑、矮墙、树丛、绿篱等为背景，前面为低矮的边缘植物，整体上前低后高，仅供一面观赏。

（2）双面观赏花境。多设置在道路、广场和草地中央，植物种植总体上以中间高两侧低为原则，可供两面观赏。

（3）对应式花境。在园路轴线的两侧、广场、草坪或建筑周围，呈左右二列式相对应的两个花境。在设计上作为一组景观统一考虑，多用拟对称手法，力求富有韵律变化之美。

2. 根据所用植物材料分

（1）灌木花境。花境内所用的植物材料以灌木为主。所选用材料以观花、观叶或观果且体量较小的灌木为主，包括各种小型的常绿针叶树，如矮紫杉、青杆、白杆、砂地柏等。

（2）草花花境。花境内所用的植物材料全部为草花，包括一二年生草花花境、宿根花卉花境、球根花卉花境以及观赏草花境等，其中最为常见的是宿根花卉花境。在气候寒冷的地区，为了延长花境的观赏期，也常在以多年生花卉为主的花境中补充一些时令性的一二年生花卉。植物材料选择花美色艳、绿期较长或叶具有特殊观赏价值的种类。

（3）专类花卉花境。在进行专类花卉展览时，常利用同类植物内不同品种布置成花境，以表现该类植物丰富的株型、花色、叶色等观赏特征，如球根类花卉花境、鸢尾类花卉花境等，又称为专类花卉花境。

（4）混合花境。以小型灌木及各类多年生花卉为主配置而成的花境。

3. 根据花境的颜色分

（1）单色系花境。整个花境由单一色系花卉组成，通常种植同一色系但饱和度、明暗度不同的花卉。常见有白色花境、蓝紫色花境、黄色花境、红色花境等。

（2）双色系花境。整个花境以两种色系的花卉为主构成，通常采用呈对比色系的两种颜色的花卉构成。如蓝色和黄色、橙色和紫色等，也可采用蓝色和白色、绿色和白色以及红色和黄色等对比明显的色系甚至相近的两个色系组成，表现各具特色的色彩效果。

（3）多色系花境。多色系花境是指由多种颜色的花卉组成的花境，是最常见的花境类型。

除上述分类方法外，花境还可以根据观赏时间分为单季花境和四季花境。单季花境尤其多见于各种园林花卉展览。如前所述，虽然传统的花境均以多年生植物为主，要求四季（寒冷地区三季）有景，但随着社会的发展，园林中也逐渐出现了以花境形式来展示季节性的花卉景观。如以郁金香、水仙等为主组成的花境，展示色彩斑斓的春季景观，春季过后则需更换花卉。此外，根据花境布置的环境也可以有阳地花境、阴地花境、旱地花境、滨水花境等之分。

二、花境设计

（一）花境的位置

花境可应用于公园、风景区、街心绿地、家庭花园及林荫路旁。它是一种带状布置方式，适合沿周边设置，或充分利用园林绿地中路边、水边等带状地段。由于它是一种半自然式的种植方式，因而极适合布置于园林中建筑、道路、绿篱等人工构筑物与自然环境之间，起到过渡作用。概括起来，花境可应用于如下场合：

1. 建筑物基础栽植

实际上是花境形式的基础种植。在高度4～5层以下、色彩明快的建筑物前，花境可作为基础种植，软化建筑生硬的线条，缓和建筑立面与地面形成的强烈对比的直角，使建筑与周围的自然风景和园林风景取得协调(图7-6)。这类花境为单面观赏花境，以建筑立面作为花境背景，花境的色彩应该与墙面色彩取得有对比的统一。另外挡土墙前也可设置类似花境，还可以在墙基种植攀缘植物或上部栽植蔓性植物形成绿色屏障，作为花境的背景。

图7-6 建筑物基础栽培

2. 道路旁栽植

即在道路的一侧、两侧或中央设置花境。根据园林中整体景观布局，通过设置花境可形成封闭式、半封闭式或开放式道路景观。①在园路的一侧设置花境，供游人漫步欣赏花境及花境另一边的景观。②若在道路尽头有雕塑、喷泉等园林小品，可在道路两边设置一组单面观的对应式花境，花境有背景或行道树。这两列花境必须成一个构图整体，道路的中轴线作为两列花境的轴线，两者的动势集中于中轴线，成为不可分割的对应演进的连续构图。③也可以在道路的中央设置一列两面观赏的花境。花境的中轴线与道路的中轴线重合，道路两侧可以是简单的行道树或草地。除灌木花境外，花境高度一般不高于人的视线。也可以将道路中央双面观花境作为主景，两侧道路的一边再各设置一个单面观花境作为配景，但这两个单面观花境应视为对应演进式花境，构图上要整体考虑。

3. 与植篱、游廊、栅栏等相结合

以各种绿色植篱为背景设置花境是欧洲园林中最常见的形式。绿色背景使花境色彩充分表现，同时花境又能活化单调的绿篱。除此之外，沿游廊花架、栅栏篱笆也是花境的适宜场所。

4. 草坪上栽植

即在宽阔的草坪上、树丛间设置花境。在这种绿地空间适宜设置双面观赏的花境，可丰富景观并组织游览路线。通常在花境两侧辟出游步道，以便观赏。

5. 庭园中设置

即在家庭花园或其他类型的小花园中设置花境，通常在花园周边设置花境。

（二）种植床设计

1. 花境种植床形状和形式

花境的种植床多呈带状，两边是平行或近于平行的直线或曲线。单面观花境种植床的后边缘线多采用直线，前边缘线可为直线或自由曲线。两面观赏花境的边缘基本平行，可以是直线，也可以是流畅的自由曲线。

依环境土壤条件及装饰要求可将种植床设计成平床或高床，应有 2% ～ 4% 的排水坡度。在土壤排水良好地段或种植于草坪边缘的花境宜用平床，床面后部稍高，前缘与道路或草坪相平。在排水差的土质上，或者阶地挡土墙前的花境，为了与背景协调，可用 30 ～ 40cm 高的高床，边缘用不规则的石块镶边，使花境具有粗犷风格；若石不雅，则可使用蔓性植物加以覆盖。

2. 花境朝向

对应式花境要求长轴沿南北方向展开，以使左右两个花境光照均匀，植物生长良好从而实现设计构想。其他花境可自由选择方向，并根据花境的具体光照条件选择适宜的植物种类。

3. 花境大小

花境的大小取决于环境空间的大小。通常花境的长轴长度不限，但为管理方便及体现植物布置的节奏、韵律感，可以把过长的种植床分为几段，每段长度不超过 20m 为宜。段与段之间可留 1 ～ 3m 的间歇地段，设置坐椅或其他园林小品。

4. 花境宽度

花境宽度应从花境自身装饰效果及观赏者视觉要求出发，花境应有适当的宽度。过窄不易体现花卉群落的景观，过宽则不仅管理困难，也会因品种多而显景观凌乱或色块大而显景观单调，难以达到最优的花境效果。通常，混合式花境、双面观赏花境较宿根花境及单面观花境宽。各类花境的适宜宽度大致是：单面观混合式花卉花境 4 ～ 5m；单面观宿根花卉花境 2 ～ 3m；双面观宿根花卉花境 4 ～ 6m。在家庭小花园中花境可设置 1 ～ 1.5m，一般不超过院宽的 1/4。较宽的单面观花境的种植床与背景之间可留出 70 ～ 80cm 的小路，以便于管理，又有通风作用，并能防止背景植物根系的侵扰。

（三）背景与边缘设计

1. 花境的背景设计

背景通常是单面观花境景观的有机组成部分。花境的背景依设置场所不同而异。较理想的背景是绿色的树墙或较高的绿篱，因为绿色最能衬托花境优美的外貌和丰富的色彩效果。园林中装饰性的围墙也是理想的花境背景。用建筑物的墙基及各种栅栏做背景则以绿色或白色为宜。如果背景的颜色或质地不理想，可在背景前选种高大的绿色观叶植物或攀缘植物，形成绿色屏障，再设置花境。背景是花境的组成部分，可与花境有一定距离，也可不留距离，根据管理的需要在设计时综合考虑。

2. 花境的边缘处理

花境边缘不仅用于限定花境的种植范围，也可对花境内的植物起到避免践踏等保护作用，并便于花境外围的草坪修剪和园路清扫工作。高床边缘可用自然的石块、砖头、碎瓦、木条等垒砌而成。平床多用低矮植物镶边，以 15 ～ 20cm 高为宜。两面观赏的花境两边均需栽植镶边植物，而单面观赏的花境通常在靠近道路的一侧种植镶边花卉。镶边花卉可以是多年生草本花卉，也可以是常绿矮灌木，但镶边植物必须四季常绿或生长期均能保持美观，最好为花叶兼美的植物，如马蔺、酢浆草、葱兰、沿阶草等。若花境前面为园路，边缘也可用草坪带镶边，宽度至少 50cm 以上。若要求花境边缘分明、整齐，还可以在花境边界处 40 ～ 50cm 深的范围内以金属或塑料板隔离，防止边缘植物侵蔓路面或草坪。

（四）色彩及季相设计

1. 色彩设计

色彩是花境景观最主要的表达内容。花境色彩主要由植物的花色来体现，同时植物叶色，尤其是观叶植物叶色的运用也很重要。

花境设计中可以巧妙地利用色彩设计来创造不同的景观效果。如冷色花境给人清凉放松的感觉，把冷色占优势的植物群放在花境后部，在视觉上有加大花境深度、增加宽度之感；在狭小的环境中用冷色调组成花境，有空间扩大感。利用花色可产生冷、暖的心理感觉，花境的夏季景观应使用冷色调的蓝紫色系花，以给人带来凉意；而早春或秋天用暖色调的红、橙色系花卉组成花境，可给人暖意。在安静休息区设置花境宜多用冷色调花；如果为增加色彩的热烈气氛，则可多使用暖色调的花。

花境色彩设计中主要有 4 种基本配色方法：单色系设计、类似色设计、补色设计、多色设计。设计中根据花境大小选择色彩数量，避免在较小的花境上使用过多的色彩而产生杂乱感。

色彩设计不是独立的，必须与周围的环境色彩相协调，与季节相吻合。在某个特定的时期，开花植物（花色）应散布在整个花境中，而不是集中于一处。也需避免局部配色很好，但整个花境观赏效果差。

2. 季相设计

花境的季相变化是其基本特征。理想的花境应四季有景可观，寒冷地区可做到三季有景。花境的季相是通过不同季节的开花植物种类及其花色来体现的，这一点在设计之初选择花卉种类时即需考虑。花境设计之初，首先应确定各季节的景观效果，如主色调、株型、质感等，然后选择能表达设计意图的花卉种类，同时考虑季节之间的衔接及配景植物，以保证花境中开花植物连续不断，并具有鲜明的季相景观。

（五）花境的平立面设计

1. 平面设计

构成花境的最基本单位是自然式花丛。平面设计时，即以花丛为单位，进行自然斑块状的混植，每斑块为一个单种的花丛。通常一个设计单元（如 20m）以 5 ～ 10 种以上的种类自然式混交组成。每个花丛的大小，即组成花丛的特定种类的株数的多少取决于花境中该花丛在平面上面积的大小和该种类单株的冠幅等。花境中各花丛大小并非均匀，这与设计欲表达的效果有关，如为主景花材还是配景花材，是主色还是配色等；另外，一般竖向线条的花丛应较水平线条的花丛面积小，才能形成错落对比，花后叶丛景观较差的植物面积宜小些。为使开花植物分布均匀，又不因种类过多造成杂乱，可把主花材植物分为数丛种在花境不同位置，再将配景花卉自然布置。在花后叶丛景观差的植株前方配置其他花卉给予遮掩。

对于过长的花境，可设计一个演进单元进行同式重复演进或 2 ～ 3 个演进单元交替重复演进。但必须注意整个花境要有主调，做到多样统一。

2. 立面设计

花境要有较好的立面观赏效果，应充分体现花卉群落的优美外貌。立面设计应充分利用植物的株型、株高、花序及质地等观赏特性，使植株高低错落、花色层次分明，创造出丰富美观的立面景观。

（1）植株高度。用于花境的花卉依种类不同，高度变化极大。大型灌木类及混合花境体量可以较大，但宿根花卉花境一般均不超过人的视线。总体上是单面观的花境前低后高，双面观花境中央高、两边低，但整个花境中前后应有适当的高低穿插和掩映，才可形成自然丰富的景观效果。

（2）株型与花序。株型与花序是植物个体姿态的重要特征，也是与景观效果相关的重要因子。花卉的枝叶与花（花序）构成植株的整体外形，据此可把植物分成水平形、直线形及独特形三大类。水平形植株浑圆，开花较密集，多为单花顶生或各类头状和伞形花序，并形成水平方向的色块，如八宝、蓍草、金光菊等；直线形植株耸直，多为顶生总状花序或穗状花序，形成明显的竖线条，如火炬花、一枝黄花、大花飞燕草、蛇鞭菊等；独特形兼有水平及竖向效果，如大花葱、石蒜、百合等。花境在立面设计上最好有这 3 类植物的搭配，才可达到较好的立面景观效果。

（3）植株的质感。花卉的枝叶花果均有粗糙和细腻之不同的质感，不仅给人以不同的心理感觉，而且具有不同的视觉效果，如粗质地的植物相对细腻的植物视觉上有趋近感。花境是一种近赏的植物景观，因而可以在设计中充分展示植物丰富的质地特征。

（六）花境设计图

花境设计图可用钢笔墨线图，也可用水彩、水粉或彩色铅笔等多种工具绘制。

1. 总平面图

标出花境周围环境，如建筑物、道路、草坪、大型植物及花境所在位置。依环境大小可选用 1： 100 ～ 1： 500 的比例绘制

2. 花境平面图

即种植施工图。需绘出花境边缘线、背景和内部种植区域的植物种植图。平面图以花丛为单位，用流畅曲线表示出其范围，在每个花丛范围内编号或直接注明植物及构成花丛的特定花卉的株数。根据花境大小可选用 1： 20 ～ 1： 50 的比例绘制。另需附表罗列和统计整个花境的植物材料，包括植物名称、规格、花期、花色、种植密度及用量等。特殊的要求可在备注中补充说明（图 7-7）。

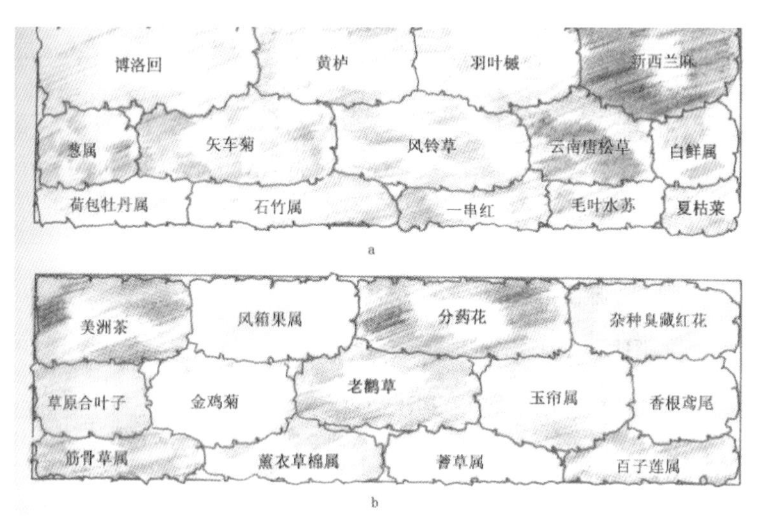

图 7–7 花境色彩设计实例

a. 近似色设计形成色彩协调的花境；b. 对比色设计形成色彩鲜艳明快的花境。

3. 花境立面效果图

可绘制主要季景观，也可分别绘出各季景观。选用 1∶100 ～ 1∶200 比例皆可。

此外，还应提供花境设计说明书，简述作者设计意图及管理要求等，并对图中难以表达的内容作出说明。

三、花境植物选择

花境中应用的植物材料非常广泛，一般包括一二年生花卉、球根和宿根花卉、花灌木及观赏草。花境植物配置首先应重视植物材料的选择。成功的花境应该是随着时间的推移、气候的变化，以及植物生长的快慢而呈现出丰富的形态与层次变化。因此，要因地制宜地选择植物材料，且采取及时修补措施，以营造出生机勃勃的动态花境景观。

（一）花境植物的选择与配置

1. 从植物的生长适应性考虑

花境因所用植物材料不同而有多种类型，但通常花境宜选择适应性强，耐寒、耐旱，以在当地自然条件下生长强健且栽培管理简单的多年生花卉为主。根据花境的具体位置，还应考虑花卉对光照、土壤及水分等的适应性。例如，花境中可能会因为背景或上层乔木造成局部半阴的环境，这些位置宜选用耐阴植物。在花境的植物材料选择时一般遵循以下几个原则：

（1）选择乡土植物。乡土植物适应性强、抗性强、生长健壮，有利于整体景观的塑造。同时，由于设计师对当地植物材料的生长习性、造型特点了解较为全面，应用起来游刃有余。

（2）选择花期较长或多年生植物。可以减少换花的次数，确保植物更新的同时也降低成本。

（3）选择试种成功的植物种类。

2. 从造景的角度考虑

观赏性是花境花卉的重要特征。通常要求植于花境的花卉开花期长或花叶兼美，种类的组合上则应考虑立面与平面构图相结合，株高、株型、花序形态等变化丰富，有水平线条与竖直线条的交错，从而形成高低错落有致的景观。种类构成还需色彩丰富，质地有异，花期具有连续性和季相变化，从而使得整个花境的花卉在生长期次第开放，形成优美的群落景观。

（二）常用的花境植物

花境造景形式丰富多样，目前适于花境栽植的花卉品种也很多（表 7-6、表 7-7）。按花期选择可参考：

春季常用种类有：金盏菊、飞燕草、桂竹香、紫罗兰、耧斗菜、荷包牡丹、风信子、花毛茛、郁金香、蔓锦葵、石竹类、马蔺、鸢尾类等。

夏季常用种类有：蜀葵、射干、美人蕉、大丽花、天人菊、唐菖蒲、向日葵、萱草类、矢车菊、玉簪、鸢尾、百合、卷丹、宿根福禄考、桔梗、晚香玉、葱兰、韭兰、金鸡菊、芍药等。

秋季常用种类有：各类菊花、雁来红、乌头、百日草、鸡冠、凤仙、万寿菊、醉蝶花、麦杆菊、硫华菊、翠菊、紫茉莉等。

另外，常用的还有地被类：菲黄竹、菲白竹、老鹳草、小紫竹、常春藤；观赏草类：观赏草做花境是近些年来的时髦植物造景内容，常见的有：狼尾草、血草、蓝羊茅、金心苔草、花叶芦竹等。

表 7–6 常用的花境植物

植物名称	科属	花期	株高（cm）	花色
霍香蓟（*Ageratum conyzoides*）	菊科藿香蓟属	夏秋（6 ~ 10 月）	10 ~ 30	蓝、淡紫、雪青、粉红、白色
蜀葵（*Althaea rosea*）	锦葵科蜀葵属	春夏（6 ~ 9 月）	200	紫红、红、粉、黄、白等色
金鱼草（*Antirrhinum majus*）	玄参科金鱼草属	春（5 ~ 6 月）	40 ~ 90	红、粉红、黄、橙红、橙黄、白及间色
雏菊（*Bellis perennis*）	菊科雏菊属	春（3 ~ 5 月）	10 ~ 20	红、粉
红叶甜菜 (*Beta vulgaris* var. *cicla*)	藜科甜菜属	冬春	30 ~ 40	红色
羽衣甘蓝 (*Brassica oleracea* var. *acephala*)	十字花科芸薹属	春（3 ~ 5 月）	20	红、绿、红、粉
翠菊 (*Callistephus chinensis*)	菊科翠菊属	春（4 ~ 5 月）	20 ~ 50	猩红、玫红、蓝、白色
醉蝶花 (*Celeome spinosa*)	白花菜科醉蝶花属	夏（6 ~ 8 月）	70 ~ 100	紫红、白色
矢车菊 (*Centaurea cyanus*)	菊科矢车菊属	春（4 ~ 5 月）	45 ~ 100	紫色、蓝色、淡红色、白色
花叶茼蒿 (*Chrysanthemum coronarium* ‘Varietaga’)	菊科茼蒿属	春（4 ~ 5 月）	50 ~ 100	黄色
波斯菊 (*Cosmos bipinnatus*)	菊科秋英属	春夏（6 ~ 10 月）	40 ~ 80	淡红或红紫色、盘心黄色

植物名称	科属	花期	株高（cm）	花色
须苞石竹 (*Dianthus barbatus*)	石竹科石竹属	春夏	15 ~ 25	红、白、紫、深红
毛地黄 (*Digitalis purpurea*)	玄参科毛地黄属	春夏（5 ~ 7 月）	100	紫、淡紫、白、粉红色
三色松叶菊 (*Dorotheanthus gramzneus*)	番杏科三色松叶菊属	春（3 ~ 5 月）	<20	白、粉红、红黄
天人菊 (*Gaillardia pulchella*)	菊科天人菊属	夏（6 ~ 8 月）	50 ~ 70	黄、红色、或黄色具红色外环
向日葵 (*Helianthus annuus*)	菊科向日葵属	夏（6 ~ 8 月）	高达 1m	舌状花黄色，管状花棕色或紫色
小麦秆菊 (*Helichrysum bracteatum*)	菊科蜡菊属	春夏（5 ~ 8 月）	40 ~ 60	粉、白色
香雪球 (*Lobularia maritima*)	十字花科香雪球属	春（3 ~ 6 月）	10 ~ 30	白、雪青、酒红等色（白略带堇色）
紫罗兰 (*Matthiola incana*)	十字花科紫罗兰属	春（4 ~ 6 月）	20 ~ 40	红紫色、白色、桃红色
南非万寿菊 (*Osteospermum fruticosum*)	菊科万寿菊属	春（4 ~ 5 月）	40 ~ 60	白、粉、红、紫红、蓝、紫色
虞美人 (*Papaver rhoeas*)	罂粟科罂粟属	春（4 ~ 5 月）	高达 1m	红、紫、白色
矮牵牛 (*Petunia hybrida*)	茄科碧冬茄属	春夏（6 ~ 10 月）	15 ~ 20	白、粉、红、紫或复色
多花报春 (*Primula polyantha*)	报春花科报春花属	冬春夏	20 ~ 30	红、粉、蓝、橙、白、混色
一串红 (*Salvia splendens*)	唇形科鼠尾草属	春夏秋（6 ~ 10 月）	15 ~ 30	红色
万寿菊 (*Tagetes erecta*)	菊科万寿菊属	春夏秋（2 ~ 5 月，6 ~ 9 月）	15 ~ 35	黄
金莲花 (*Tropaeolum majus*)	金莲花科金莲花属	春夏（4 ~ 9 月）	10 ~ 30	黄、橙、粉红、橙红、白、紫红
美女樱 (*Verbena hybrida*)	马鞭草科马鞭草属	春夏秋（4 ~ 10）	20 ~ 40	红、紫、蓝等色
细叶美女樱 (*Verbena tenera*)	马鞭草科马鞭草属	春（3 ~ 5 月）	10 ~ 30	红、紫、蓝等色
长春花 (*Vinca rosea*)	夹竹桃科夹竹桃属	春夏秋	15 ~ 25	红、紫、白
三色堇 (*Viola tricolor*)	堇菜科堇菜属	春（3 ~ 5 月）	10 ~ 25	多色

表 7-7 花境常用的球根宿根花卉种类

植物名称	科属	花期	株高（cm）	花色
石菖蒲（*Acorus tatarinowii*）	天南星科石菖蒲属	春夏（5 ~ 7 月）	20 ~ 50	观叶
射干（*Balamcanda* ）	鸢尾科射干属	春夏（6 ~ 8 月）	30 ~ 90	橙
四季海棠（*Begonia cucullata*）	秋海棠科秋海棠属	3 ~ 12 月	15 ~ 30	红、粉
风铃草（*Campanula medium*）	桔梗科风铃草属	春夏（5 ~ 9 月）	40 ~ 80	紫红、粉红、蓝紫
美人蕉（*Canna indica*）	美人蕉科美人蕉属	春夏秋（6 ~ 11 月）	80 ~ 150	黄、红
紫叶美人蕉（*Canna warscewiezii*）	美人蕉科美人蕉属	夏秋	150 ~ 200	黄
黄花美人蕉（*Cannaceae indica* var. *flava*）	美人蕉科美人蕉属	夏秋	50 ~ 100	黄
大花金鸡菊（*Coreopsis grandiflora*）	菊科金菊花属	春夏秋（6 ~ 10 月）	30 ~ 70	金黄
大花飞燕草（*Delphinium grandiflorum*）	毛茛科翠雀花属	春（4 ~ 5 月）	70 ~ 120	紫、黄、白

第五节 花丛的应用设计

一、花丛的概念及特点

花丛是指根据花卉植株高矮及冠幅大小之不同，将数目不等的植株组合成丛配置阶旁、墙下、路旁、林下、草地、岩隙、水畔的自然式花卉种植形式。花丛重在表现植物开花时华丽的色彩或彩叶植物美丽的叶色（图 7-8）。

图 7-8 花 丛

花丛既是自然式花卉配置最基本的单位，也是花卉应用最广泛的形式。花丛可大可小，小者为丛，集丛成群，大小组合，聚散相宜，位置灵活，极富自然之趣。因此，最宜布置于自然式园林环境，也可点缀于建筑周围或广场一角，对过于生硬的线条和规整的人工环境起到软化和调和的作用。

二、花丛对植物材料的选择

花丛的植物材料以适应性强，栽培管理简单，既可观花，也可观叶或花叶兼备，且能露地越冬的宿根和球根花卉为主，如芍药、玉簪、萱草、鸢尾、百合、玉带草等。栽培管理简单的一二年生花卉或野生花卉也可以用作花丛等。

三、花丛的设计原则

花丛无论平面轮廓还是立面构图都是自然式的，边缘不用镶边植物，与周围草地、树木等没有明显界线，常呈现一种错综自然的状态。园林中，根据环境尺度和周围景观，既可以单种植物构成大小不等、聚散有致的花丛，也可以两种或两种以上花卉组合成丛。但花丛内的花卉种类不能太多，要有主有次；各种花卉混合种植，不同种类要高矮有别，疏密有致，富有层次，达到既有变化又有统一。

花丛设计应避免两点：一是花丛大小相等，等距排列，显得单调；二是种类太多，配置无序，显得杂乱无章。

第六节 园林花卉的立体景观设计

一、园林花卉立体景观概述

随着城市用地的日趋紧张，可用于绿化的面积越来越少。因此，必须充分利用某些植物的特性及适当的设施，营造立体的绿化，从而增加环境绿量，改善与美化人们居住、工作及生活环境。

（一）园林花卉立体景观的含义

园林花卉立体景观是相对于常规平面花卉景观而言的一种三维花卉景观。花卉立体景观的设计主要是通过适当的载体（如各种形式的容器和组合架）及植物材料，结合环境色彩美学与立体造型艺术，通过合理的植物配置，将园林植物的装饰功能从平面延伸到空间，达到较好的立面或三维立体的绿化装饰效果，是一门集园林、工程、环境艺术、设计等学科为一体的绿化装饰手法。

园林花卉立体景观除了人们常见的攀缘类植物的垂直绿化外，人们也正在盆栽容器的基础上开发出不同材质的花钵、卡盆、钵床等装饰载体单元，来展示更多植物材料的观赏特点和美化效果，并以此扩大花卉应用范围及园林绿化面积，也称为花卉立体装饰（图 7-9）。

图 7-9　园林花卉的立体景观

（二）花卉立体景观常见的类型

根据景观特点及所用植物材料的不同，将花卉立体景观归纳为以下两类：

1. 垂直绿化

用各种攀缘植物对现代建筑的立面或局部环境进行竖向绿化装饰，或专设篱、棚、架、栏等布置攀缘植物的绿化方式。垂直绿化是增加城市绿量的一个重要手段（图 7-10）。

图 7-10　垂直绿化

2. 花卉立体装饰

（1）立体花坛。花坛是一种比较古老的花卉装饰形式，起源于古罗马时期，16 世纪开始大量出现于欧洲园林中。早期的花坛多为有固定种植床的平面式花坛，以带有几何形的平面栽植床作为绿化基础。随着时代的变迁，花坛发展迅速，拓展出一面观的斜面花坛、四面观的立体花坛以及各种花坛的组合等，成为现代立体装饰的重要手段之一（图 7-11）。

图 7–11　立体花卉

（2）悬挂花箱、花槽。花箱及花槽同样也有着比较长久的应用历史。有木质、陶质、塑料、玻璃纤维、金属等多种材质，多为长方体壁挂式，安装在阳台、窗台、建筑物的墙面，也可装点于护栏、隔离栏等处。

（3）花篮。花篮是应用范围最广的一种花卉立体装饰形式，广泛应用于门厅、墙壁、街头、广场以及其他空间狭小的地方，多以花卉鲜艳的色彩或观叶植物奇特的悬垂效果成为点缀环境的主要手法之一。花篮又分为吊篮、壁篮、立篮等多种形式，以吊篮出现较早，最初流行于北欧。花篮的形状多为半球形、球形，是从各个角度展现花材立体美的一种方式。多用金属、塑料或木材等做成网篮或以玻璃钢、陶土做成花盆式吊篮。

（4）花钵（或称移动花坛）。传统盆栽花卉的改良，融入了花坛、花台等的设计思想，使花卉与容器融为一体，越来越具有艺术性与空间雕塑感，是近年来在各类城市中普遍使用的一种花卉装饰手法。花钵构成材料多样，可分为固定式和移动式两大类。除单层花钵以外，还有复层形式。可通过精心组合与搭配而运用于不同风格的环境中。

（5）组合立体装饰体。这种形式包括花球、花柱、花树、花塔等造型组合体。从严格意义上来说，这些组合形式属于立体花坛，但它们是最近发展起来的一种集材料工艺与环境艺术为一体的新型装饰手法。组合装饰多以钵床、卡盆等为基本组合单位，进行外观造型效果设计与栽植组合，并结合先进的灌溉系统，装饰手法灵活方便，具有新颖别致的观赏效果，是最能体现设计者创造力与想象力的一种花卉设计的形式（图 7-12）。

图 7-12 花卉立体组合装饰

（三）花卉立体景观常用地被植物

自然界植物的生长习性及枝条的伸展方式多种多样，大多数植物能自行直立向上延伸，但另有一些植物，自身不能完全直立，需攀附他物上升，或匍匐卧地蔓延，或垂吊向下生长。这些不能直立生长的植物有藤本、攀缘、匍匐、蔓生、平卧等类型。结合其生长习性、绿化观赏特征及在园林中的用途，可以将其分为三大类群：攀缘植物类、匍匐植物类、垂吊植物类。另外花卉的立体装饰还用到一些直立性的花卉种类。

1. 攀援植物

攀缘植物也称为藤蔓植物。这一群植物的共同特点是茎细长、不能直立，但均具有借自身作用或特殊结构攀附他物向上伸展的攀缘习性。根据攀缘植物的形态及攀附习性又可分为以下几类：

（1）缠绕类。缠绕类茎细长，主枝或新枝幼时能沿一定粗度的支持物左旋或右旋缠绕而上，如紫藤、铁线莲、牵牛等。缠绕类植物的攀缘能力都很强，此类植物适合篱式、棚式等垂直绿化应用。

（2）卷须类。卷须类植物茎、叶或其他器官变态成卷须，卷络于支柱物或格栅而上升。其中大多数种类具有茎卷须，如葫芦科、葡萄科葡萄属和蛇葡萄属等的种类。有的为叶卷须，如炮仗花和香豌豆。有的部分小叶变为卷须。尽管卷须的类别、形式多样，但这类植物的攀缘能力都较强，适合篱、棚、架等立体绿化。

（3）蔓生类。此类植物为蔓生悬垂植物，无特殊的攀缘器官，仅靠细柔而蔓生的枝条攀缘，有的种类枝条具有棘刺，在攀缘中起一定作用，个别种类的枝条先端偶尔缠绕。主要有蔷薇属、悬钩子属、叶子花属等种类。相对而言，此类植物的攀缘能力最弱。一般适宜格式、拱门式的设计应用。

（4）吸附类。吸附类植物依靠吸附作用而攀缘。这类植物具有气生根或吸盘，均可分泌黏胶样物质将植物体粘附于他物之上，如爬山虎、络石、凌霄等。

（5）依附类。依附类植物茎长而较细软，但既不能缠绕，也无其他攀缘结构，初直立，但能借本身的分枝或叶柄依靠他物而上升很高，如南蛇藤。

2. 匍匐植物

匍匐植物不具有攀缘植物的缠绕能力或攀缘器官。茎细长柔弱，缺乏向上攀附能力，通常只匍匐平卧地面或向下垂吊，如蔓长春花、旱金莲等。这类植物是悬吊应用的优良选材。

3. 垂吊植物

该类植物既不攀缘，也不匍匐生长，植株或因附生而向下悬垂，或因枝条生出后而向下倒伸或俯垂，有的则因叶片柔软而下垂。常见的垂吊植物如垂吊天竺葵、垂吊矮牵牛等。这类植物主要用于岩壁绿化或悬垂装饰等。

以上 3 类植物是垂直绿化或立体绿化的基础材料，对山坡、堡坎、墙面、屋顶、篱垣、棚架、柱状体、林下绿化及室内装饰等方面具有不可替代的作用。但根据这几类植物习性的不同，它们在园林中的主要用途也有所差异。其中攀缘植物主要用于建筑或立交桥等构筑物墙面、篱垣棚架等的垂直绿化；匍匐植物和垂吊植物的蔓生性能比较好，枝条长且常柔软下垂，一般可栽植在容器边缘，能很快地覆盖容器的侧面，形成极好的绿化装饰效果。在实际应用中，此类植物最适合于配置在吊篮、立篮、花槽、大型花钵等立体花卉装饰的边缘，既能有效地遮挡容器，更能充分地展示植物材料的美化效果。

4. 直立式植物

这类花卉植株向上直立生长，高度从 20 ～ 60cm 不等，其中株型低矮、花朵密集、花期较长的种类可以用于以卡盆为组合单元的立体装饰造型，突出群体的美化效果；株型较高的种类，可以用于大型花钵、花槽、吊篮、旋转立篮、壁挂篮，成为栽植组合的中心材料和色彩焦点。常用的直立性花卉有四季秋海棠、长寿花、凤仙、鸡冠花等。

二、垂直绿化

（一）垂直绿化的概念

垂直绿化是相对于平地绿化而言的，属于立体绿化的范畴。主要利用攀缘性、蔓性及藤本植物对各类建筑及构筑物的立面、篱、垣、棚架、柱、树干或其他设施进行绿化装饰，形成垂直面的绿化、美化。

（二）垂直绿化的类型及植物材料选择

根据垂直绿化中建筑及支撑物的类型，可将垂直绿化分为以下几类：

1. 墙面的垂直绿化

泛指建筑或其他人工构筑物的墙面（如各类围墙、建筑外墙、高架桥墩或柱、桥涵侧面、假山石、裸岩、墙垣等）进行绿化的种植形式。墙面绿化需考虑墙面的高度、朝向、质地等，选择适宜的植物种类和种植形式。通常有以下几种形式：

(1) 直接攀附式。利用吸附性攀缘植物直接攀附墙面形成垂直绿化，是最为常见且经济、实用的垂直绿化方法。不同植物吸附能力不同，墙面质地不同，植物吸附性也不同，应用时需了解墙面特点与植物吸附性的关系。墙面越粗糙越有利于植物攀附。在清水墙、水泥砂浆、水刷石、水泥打毛、马赛克、条石、块石、假山石等表面，多数吸附攀缘植物均能攀附。但具有黏性吸盘的爬山虎及具有气生根的薜荔、常春藤等吸附能力更强，有的甚至能吸附于玻璃幕墙表面。

(2) 墙面安装条状或格状支架供植物攀附。有的建筑墙体表面较为光滑或其他原因不便于直接攀附植物，可在墙面安装各种直立的、横向的或格栅状的支架供植物攀附，使许多卷攀型、钩刺型、缠绕型植物都可借支架绿化墙面。支架的安装要考虑有利于植物的缠绕、卷攀、钩刺攀附及便于人工缚扎牵引和以后的养护管理。另外，墙面有时也借助于钩钉、U 形钉、胶带等人工辅助的方式牵引无吸附能力的植物的茎蔓直接附壁，但不宜大面积使用。

(3) 悬垂式。在低矮的墙垣顶部或墙面设种植槽，选择蔓性强的攀缘、匍匐及垂吊型植物，使其枝叶从上部披垂或悬垂而下，也可以在墙的一侧种植攀缘植物而使其越墙悬垂于墙的另一侧从而使墙体两面及墙顶均得到绿化。

(4) 嵌合式。园林中一些装饰性墙面，如墙垣或挡土墙等可以在构筑墙体时在墙面预设种植穴，填充栽培基质，栽植一些悬垂或蔓生的植物，称为嵌合式垂直绿化。这种方式应选择耐旱性较强的植物种类，或者需有相应灌溉设施等。

(5) 直立式。将一些枝条易于造型的观赏乔灌木紧靠墙面栽植，通过固定、修剪、整形等方法，使之沿墙面生长的一种绿化形式，又称为植物的墙面贴植。

2. 篱、垣、栅栏的垂直绿化

篱、垣与栅栏都具有围墙或屏障功能，但结构上又是具有开放性与通透性的构筑物。篱、垣及栅栏的类型多样，如镂空结构的有传统的竹篱笆、木栅栏或砖砌的镂空矮墙，也有现代的钢筋、钢管、铸铁等质地的铁栅栏和铁丝网搭制成的铁篱，也有塑性钢筋混凝土制作的水泥栅栏及其仿木、仿竹形式的栅栏。使植物攀缘、披垂或凭靠篱垣栅栏形成绿墙、花墙、绿篱、绿栏等，既是篱、垣、栅栏的垂直绿化，也是简单易行的一种绿化和美化方式。应用于篱、垣和栅栏的植物种类主要为攀缘类及垂吊类中的一些垂吊型种类，常见的如藤本月季、爬山虎、牵牛、茑萝、铁线莲类等。

3. 棚架的垂直绿化

棚架是园林中最常见、结构造型最丰富的构筑物之一。有的棚架本身就是园林中的景点，经过各种花卉装点，常常形成别具特色的景观效果。棚架不仅具有观赏作用，并兼具遮阴、游览及休息的功能，园林中通常称为花架。花架根据造型可分为以下几类:

(1) 廊式花架。以两排支柱支撑梁架，梁上横向架设椽条，承重植物，或以拱形支撑结构形成廊式花架。沿廊边可设条凳，廊外设栽植池，植物沿廊柱攀缘至廊顶，达到庇荫和观赏的效果。

(2) 单排柱式花架。在一排支柱上面设横梁，横梁上装等距离的单臂或双臂片状椽条，形成单面或双面悬挑的花架。架下设坐凳及栽植池，植物由柱基攀缘上升至柱顶。

（3）独柱式花架。用单柱支撑，顶上辐射状悬置椽条，形成如伞、如亭、或圆、或方等形状的花架。

（4）绿亭。可视为花架的一种特殊形式。通常在亭阁形状的支架四周种植生长旺盛、枝叶茂密的攀缘类植物，形成绿亭。另外，还有多角亭式及各种不规则式花架。

设计中要根据具体的环境及对花架的功能要求选择适当的造型和材料，使花架和植物材料有机融为一体，既起到隔景、遮阴、供游人休憩游赏的目的，自身又成为园林中景观。建造花架的材料要根据攀缘植物材料的不同而异，用于草质藤本植物的要选用造型轻巧的构件，如钢管或铝合金材料；用于木质藤本及挂果稠密的植物则要选用强度大而坚实的材料，以钢筋混凝土构件为主。对于卷攀型、吸附性植物，棚架要多设些间隔适当、便于吸附、卷缠的格栅；对于缠绕型、棘刺型则应考虑适宜的缠绕、支撑结构并在初期对植物加以人工辅助和牵引。

配置于花架的植物通常选择生长旺盛、枝叶茂密、开花观果的攀缘和藤本植物，如木香、紫藤、藤本月季、凌霄、金银花、山荞麦、葡萄、木通、使君子、叶子花、常春油麻藤、炮仗花、络石、猕猴桃、葫芦、牵牛花等。配置时应从景观要求出发，并结合花架情况选择能适应当地气候且栽培管理简便的花卉。

4. 拱门的垂直绿化

用观赏植物造型而成门形装饰或将植物攀附于各种形式的出入口进行装饰的花卉应用形式。主要可分为以下 3 类：

（1）造型花门。即用观赏花木经盘扎造型制作而成的花门，植物材料通常选用枝条柔软、易编扎造型的种类。方法是从植物幼苗期即开始对枝条进行编扎，造成瓶状、柱状或动物形状等，到一定高度后再将两株造型植物上部编扎到一起，形成门的形状。

（2）架式花门。即用钢筋设计成拱形门，在基部种植藤本植物如藤本月季、蔷薇、凌霄、紫藤、叶子花等，使其沿钢筋格架攀缘而上形成花门。

（3）其他形式的花门。在各种出入口的两侧基部种植攀缘植物，通过人工牵引使其攀附于门的周围进行装饰而形成花门。对一些没有吸盘、难以攀缘的植物可以在墙上设格子架令植物缠绕或将植物绑缚其上。

花门既具有门的分隔和连接景区的作用，还具有导向作用，造型别致的花门本身就是一个景点；位置设置巧妙时，花门还具有框景的作用，是园林中可游、可赏的一个内容。

三、花卉立体装饰

（一）花卉立体装饰及其特点

1. 花卉立体装饰

花卉立体装饰源自盆栽花卉，是人们在对盆栽花卉的应用中发展和完善起来的新兴装饰手法。

2. 花卉立体装饰的特点

（1）充分利用各种空间，应用范围广。在同等面积下，立体装饰要比平面二维绿化的绿量大，不仅进一步增强了绿化效果，并能在平面绿化难以达到良好效果或无法进行平面绿化的地段发挥作用，增强空间的色彩美感，丰富视觉效果。

(2) 充分体现设计的灵活性。花卉立体装饰多以各种形式的载体构成其基本骨架，如各种种植钵、卡盆、钢架、金属网架等，然后配以花材完成特定的景观塑造。这种形式摆脱了土地的限制，以可移动、拆装的容器为基本载体，更能体现出设计者的主观能动性，在置景方式与地点上具有更大的自由度。

(3) 充分展示植物材料各方面的绿化美感。立体装饰突破了传统的植物平面栽植概念。将植物的美感予以空间立体化，既能突出植物自身各个部分的自然美感，强调花材展示的观赏效果，又能以植物群体的空间美化效果形成更具观赏价值、更富有艺术冲击力、更具美感的组合立体绿化方式。

(4) 有效地柔化、绿化建筑物，塑造更人性化的生活空间。立体装饰能充分绿化、美化及柔化刚性建筑物内外部或桥梁的立面，减弱建筑物带给人们的压迫感和冷漠感。

(5) 能在较短时间内形成景观，符合现代化城市发展的需求和效率。很多立体装饰能快速组装成形并便于移动，尤其适用于节日和重大活动期间，在广场、街道、会场快速进行花卉装饰，烘托热烈气氛。

（二）花卉立体装饰的类型及设计

1. 花卉立体装饰的设计原则

(1) 因地、因时、因材制宜原则。环境条件与气候条件是植物生长的限制因子，在进行花卉立体装饰时应首先考虑植物的适应性以及环境特点。不同地区、不同季节有各自独特的生态条件，适合不同植物材料的生长，即使同一地区在小环境要素之间也有差别。如地面铺装的形式与色彩、已有的绿化形式与规模、地形的高低变化以及所在地点所应具有的功能等。所以要根据各自的特点去选择适当的花卉立体装饰形式以及适宜的植物材料，做到将配置的艺术性、功能的综合性、生态的科学性、经济的合理性、风格的地方性等完美地结合起来。

(2) 经济、美观、适用原则。花卉立体装饰有很多的应用形式，有体量较大的主题花坛，也有小巧玲珑的花钵和吊篮。但应该指出的是，大部分的花卉立体装饰形式只是对现有绿化手法的一种补充与点题，并不能代替常规绿化。所以在运用时，应结合环境的空间特点充分发挥其本身所特有的画龙点睛的功效，突出其丰富多变的艺术特征，而不是求大、求全。

(3) 远近期结合原则。植物材料是有生命的材料，不同生理阶段具有不同的形态及生命特征，也使观赏效果产生一定的变化和差异。在进行花卉立体装饰时一般都需考虑景观的稳定性及持续性。所以应充分考虑远近期效果的结合，做到近处着手，远处着眼。

(4) 个性、特色、多样性原则。不同于一般的绿化方式，花卉立体装饰更加强调人与环境的和谐，地方文化韵味及艺术创意的独到性，也更强调造型效果、整体效果的个性特征。而且随着花卉优良品种的引进及培育，花卉立体装饰在多样性上也得到了极大地丰富，同时也对设计者提出更高的要求。所以运用花卉立体装饰，不仅强调植物的展示与环境的美化，更多的是一种个性与地方特色的表现。

2. 花卉立体装饰的植物材料选择

（1）按花卉立体装饰应用地点选择花卉。应根据特定地区的温度和湿度条件、光照强度及光照时间等来选择生物学特性较为适合的植物材料，以达到完美的装饰效果。如广场、面积较大的绿地等具有较开阔的空间的环境中，应考虑选用喜光并具一定抗旱性的植物；在街道隔离带、护栏等处还要考虑植物的抗污染能力；在居室内、庭院林下则应考虑其耐阴性。

（2）按花卉立体装饰展示形式选择花卉。花卉立体装饰的形式多种多样，所要达到的装饰效果受花材的影响很大。如以卡盆等为单位组成的大型花柱、模纹立体花坛、标牌式立面装饰，都强调既要突出细部结构，又要展示整体的设计效果，选用花材就要选择株型矮小、分枝繁多、枝叶茂密、花径小而花量较大，且开花时间长的种类。这样即使部分花材开始凋落，整体效果却仍能维持一段时间；而对于大型花钵，如果钵型独特优雅，可选用直立型花材；对于需加掩盖的花钵，则在边缘种植垂蔓性的花材；花球、吊篮也多用垂吊型花材来达到遮盖容器、突出整体效果。

（3）按色彩设计选择花卉。花卉立体装饰是充分表现视觉色彩艺术的一类装饰手法。不同色相、明度及纯度的色彩，形成了极其丰富的色彩效果。在立体装饰的各种形式中，通常都会选用多种植物，花材的色彩效果直接影响着立体装饰的最终美化效果，所以花色搭配十分重要。另外，花卉色彩还应根据环境特点、背景色调及所选用容器的色彩进行细致搭配。立体花卉装饰色彩设计主要采用单色系、近色系、对比色或补色及冷色与暖色的配色方法。

3. 花卉立体装饰的类型及设计

（1）吊篮和壁挂篮。吊篮和壁挂篮从材质、色彩、规格及为植物所提供的生长环境都比较类似。二者的区别在于：吊篮主要为半球体、圆柱体或多边体，可悬空吊挂，要求各个侧面都必须美观；壁挂篮为球体的1/4或为多边体，一侧平直，可以固定到墙壁或其他竖直面上，与平整面相对的弧面向外成为观赏面，要求比较美观。吊篮和壁挂篮的规格、形状、色彩都极其丰富。

图7-13 花卉吊篮

吊篮侧面宜配置瀑布式植物，如盾叶天竺葵、波浪系列矮牵牛、半边莲、常春藤等，易于形成球形效果；中间栽植直立式植物，如直立矮牵牛、长寿花、凤仙花等突出色彩主题。根据植物的种类和生长习性，25cm吊篮可配置4～6株，20cm吊篮可配置2～3株，而15cm吊篮只能栽植1～2株株型较小的植物（图7-13）。

(2) 立体花球。立体花球的种类主要有球形花球和球柱形花球两种。球形花球一般由8片同样大小的球瓣组成球形外壳，外壳上有不同数量的孔穴，栽花的卡盆通过卡盆上的弹性结构固定到球形外壳上，构成完整的球状花卉展示体。花球可以悬挂，也可立在地面，或与其他立体装饰形式结合使用；半边花球还可以固定在墙面上形成壁挂装饰。球柱形花球是由1片圆形底盘和3片弧形侧壁组成，侧壁上有固定卡盆的孔穴，配置植物与吊篮相同；顶部中央可以栽植直立式植物，边缘栽植垂吊型植物。

图7-14 立体花球

花球的卡盆中配置的植物应该具备低矮（15 ~ 25cm）、花头多且紧凑、花期长的特性。单朵花花冠不必太大，但每株植物上花的数量要多，以便整体效果能维持较长时间。四季秋海棠是首选的植物材料，其花期长，能适应不同的生长环境。其他较适宜的花卉还有小菊、风仙花、长寿花、彩叶草、三色堇、羽衣甘蓝等。球柱形花球边缘所需的瀑布式植物可以选用盾叶天竺葵、矮牵牛、半枝莲等（图7-14）。

(3) 立篮。立篮通常用金属材料制作，由基部的支撑架和顶部的球状花篮两部分组成。大型立篮顶部的花篮一般分为3层，中间一层直径较大，上下直径小，栽花后，易于形成花球效果。立篮的高度可以调节，顶部的花篮既可以是固定的，也可以是旋转的。可旋转的立篮能够满足不同侧面植株对阳光的需求。将几个不同高度、不同直径的立篮，配置合理的花卉组合在一起，可以形成很好的群体效果。

立篮的顶部应栽植直立式植物，如百日草、矮牵牛、万寿菊、四季秋海棠等色彩鲜艳、对环境适应性强的品种；边缘栽植垂蔓性植物，能将容器遮挡起来；采用大型三层立篮时，应选用枝条长的植株，使不同层植物能枝叶交叠，形成花球效果。

(4) 花槽。花槽多用塑料、玻璃钢和金属等不同材质做成。以长方形为多，长度有60cm、80cm等，可以适合于不同宽度的窗台和阳台的要求。

花槽主景面应栽植下垂的植物，如盾叶天竺葵、蔓性矮牵牛、半边莲、鸭跖草、常春藤等；中央栽植直立式植物如百日草、矮牵牛、万寿菊、四季秋海棠等，形成完整的景观效果（图7-15）。

图7-15 花 槽

图 7–16 立体组合花坛

(5) 以钵床、卡盆为基本单元的组合立体花坛。在较大的环境空间中，以钵床、卡盆为基本单元可组合成任意形状的花坛，如花柱、花墙、花桥、花拱门、巨型花球等。利用基本组合单元——卡盆，可以在立体造型上以不同色彩的花卉拼构出非常细致的图形，连接方式简便易行。组合花坛适用范围非常广，既可用于大型广场、公园和大型的庆典场合，也可以用于宾馆饭店及家居庭院（图 7-16）。

图 7–17 花 钵

(6) 大型花钵。大型花钵主要采用玻璃钢材质，强度高，外表可以为白色光滑弧面，也可以是仿铜面、仿大理石面；形状、规格丰富多彩，因需求而异。主要用于公园、广场、街道的美化装饰，丰富常规花坛的造型。

花钵中栽植直立式植物，如直立矮牵牛、百日草、长寿花、凤仙花、丽格海棠、彩叶草等颜色鲜艳的种类，以突出色彩主题；靠外侧宜栽植下垂式植物使枝条垂蔓而形成立体的效果，也可以栽植雪叶菊等浅色植物，以衬托中部的色彩（图 7-17）。

(7) 花塔。花塔是由从下到上、半径递减的圆形种植槽组合而成，除了底层有底面外，其余各层皆通透，形成立体塔形结构，也可以说是花钵的一种组合变异体。其上部可设计挂钩以便于在圃地栽植完成后整体运输至装饰的地点。花塔形式多样，有的也被称为花树。

花塔种植槽内部空间大，可以装载足够的生长基质，从而保证植物根系获得充足的养分，并减少水分的散失。因此，可栽植的植物种类十分广泛，一二年生、宿根花卉及各种观花、观叶的灌木或垂蔓性植物材料均可（图 7-18）。

（8）立体造型花坛。立体花坛是植物造景中的一种特殊形式，它以不同色彩、质地的植物材料之花、叶来构成半立体或立体的艺术造型，是现有花卉立体装饰形式中最为复杂、最能体现设计者神思妙想的一种表现手法，也是最具有感染力和视觉冲击力的花卉应用形式之一。

与平面花坛相比，立体及半立体花坛的设计及建造均比较复杂。在进行立体花坛的营建时，不仅要仔细考虑花坛的立意主题、设计理念以及造型的大小比例，还要考虑花坛所处的环境条件，从而选择适宜的植物材料来达到设计效果。目前国内运用较多的是以下几种方法：

图 7–18 花 塔

①单元组合拼装法：传统方法是以钢筋按盆花容器的大小制作成方格或圈状的固定网架。将事先培育在塑料容器中的植物材料，按设计图组合而成，形式方便灵活。如果采用花球、卡盆、吊篮等预制件形式，可以设计出更加丰富的造型，施工方法也更为方便。

②植物栽植修剪法：是用钢材按造型轮廓形成骨架固定在地面的基础上，然后用铅丝网扎成内网和外网，两网之间的距离是 8 ～ 12cm，内网孔为 5 ～ 7cm，外网孔为 2 ～ 3cm。网间填入营养土，然后均匀戳洞栽植植物，并及时浇水及修剪，形成立体的花卉造型。

③胶贴造型法：是用干花、干果及种子为材料，在钢制骨架上蒙上铁丝网，以水泥、石灰等塑造形体，然后用胶将植物材料粘贴上，并进行喷漆着色，质感强烈，具有突出的雕塑效果。

④绑扎造型法：是以框架及扎花两大工序来完成独具一格的植物圆雕或浮雕效果。框架一般由模型框架（即设计形象的主体）、装盆框架（放置盆花）、扎花篾网（固定花材的茎叶，保持编织图案的稳定）三部分组成，以小型盆花作为基础单位来完成造型要求。

⑤插花造型法：通常以金属材质做出造型框架，内部填充吸水的花泥，然后将鲜切花插入花泥而形成的立体花卉造型。这种方法简便省工，但花卉保持的时间较短。

第七节　草坪及地被的应用设计

草坪与地被植物在园林绿化中的作用虽不如高大的乔、灌木及明艳夺目的花卉作用效果那么明显，但却是不可缺少的。没有草坪与地被作背景，一切园林景观都会逊色不少。草坪植物是组成草坪的植物总称，实际上，草坪植物也属于地被植物的范畴。然而，由于草坪对植物种类有特定的要求、建植与养护管理与地被植物差异较大，在长期的实践中，已经形成独立的体系。目前均已将草坪草从园林地被植物中分离出来。草坪草主要是指一些适应性较强的矮生禾草，大多数是禾本科及莎草科的多年生草本植物如结缕草、野牛草、狗牙根等，也有少数禾本科的一二年生草本植物如一年生早熟禾、一年生黑麦草等。园林地被通过栽植低矮的园林植物覆盖于地面形成一定的植物景观，称为园林地被。

一、草坪的应用设计

草坪是园林景观的重要组成部分，不仅有着自身独特的生态学特点，而且有着独特的景观效果。在园林绿化布局中，草坪不仅可以作主景，而且能与山、石、水面、坡地以及园林建筑、乔木、灌木、花卉、地被植物等密切结合，组成各种不同类型的景观空间，为人们提供游憩活动的良好场地。

（一）草坪的景观特点

与乔木、灌木和花卉等园林植物构成的景观不同，草坪因其低矮平坦、整齐均一的特点，可以创造出开阔、明朗的艺术效果，在园林整体景观中可以起到烘托主体的作用；其绿色的基调还是展示其他园林景观元素的背景。具体地讲，草坪在园林景观中具有如下特点：

1. 草坪具有空旷感

草坪草因生长低矮，贴近地表，即便是芳草连天，也处于人们的视线之下。因此，草坪绿地的形态一般给人以开阔、空旷的感觉。在园林设计中，为了增加建筑物或其他主体景观的雄伟高大，通常要利用草坪的开阔特性，造成视觉的高低宽窄的对比感，使高层建筑物和低矮碧绿的草坪相辉映，从而烘托主景。

2. 草坪具有独特的背景作用

草坪的基调是绿色，蓝天白云下的绿草地会使白色、红色、黄色和紫色的景物更加壮观。如在雕像、纪念碑等处常常用草坪来做装饰和陪衬，可以有力地烘托主景，引发观瞻者的敬慕和向上的激情。而在喷泉的周围布置草坪，白色的水珠在饱和的绿颜色的反衬下更加醒目，七彩的阳光更使其显得晶莹剔透，创造出一种令人赏心悦目、流连忘返的艺术佳境。特别是在缓坡草地上配以鲜花、疏林，可构成一幅优美舒缓、充满田园风光的自然景观。

3. 草坪具有季相变化

有些草坪草的生长有明显的季节性，利用其季相的变化，可以创造各种园林景观。如在北方初秋，日本结缕草开始进人休眠状态，此时，其叶色由绿转褐，最后变成枯黄色。在这种褐色和枯黄色的映衬下，松、柏等常绿植物会显得更加青翠、挺拔，构成一道独特的风景。

4. 草坪具有可塑性

不同的草坪草叶姿不同、色泽有异、质地差别也很大。利用草坪草的这些特性，加以适当的组合，可以使草坪呈现出更大的可塑性。如通过草坪的修剪和滚压以形成花纹，利用不同草种色泽上的差异来进行造型，构成文字或图案，形成独特的景观。

5. 草坪具有可更新性

与其他园林植物形成的景观相比，草坪易更新。

（二）草坪的景观类型

草坪景观是指草坪或与其他观赏植物相互组合所形成的自然景色。草坪景观在园林中通常作为主景或背景。园林绿地中的草坪景观主要有以下类型：

1. 缀花草坪

花卉与草坪的组合景观，即在草坪的边缘或内部点缀一些非整形式成片栽植的草本花卉而形成的景观。常用的花卉为球根或宿根花卉，有时也点缀一些一二年生花卉，而使草坪上既有季相变化又不需经常大面积更换，如水仙属、番红花属、葱莲属、香雪兰属、鸢尾属、绵枣儿属、玉簪属、铃兰属等，均适用于草坪点缀。选各属中的种或品种，成群成片栽植，疏密有致。游人步入其中步步生花，富有自然野趣。

2. 疏林草坪

落叶大乔木夹杂少量针叶树组成的稀疏片林，分布在草坪的边缘或内部，形成草坪上平面与立面的对比、明与暗的对比、地平线与曲折的林冠线的对比。由于疏林稀疏，对比并不强烈，在绿色的统一中有各种深浅绿色的变化，显得很协调。这种组合，冬季阳光遍布草坪，夏季树荫横斜疏林。此类景观在欧美自然式园林中占有很大的比例。

3. 乔、灌、草、花和草坪的组合

乔木、灌木、草花环绕草坪四周，形成富有层次感的封闭空间。草坪居中，草花沿草坪周边，灌木作草花的背景，乔木作灌木的背景，在错落中互相掩映，尤其花灌木的配置适当，花期、花色变化万千，成为一幅连续的长卷，虽与外界不够通透，但内部自成一局，草坪上散点顽石、安置雕塑小品，甚至茅亭一座、孤树一株、小池一潭，都很得体。如果周围有可资借景的山山水水，封闭程度可以随之变化，以便于眺望和借景。

4. 野趣草坪

人工模仿天然草坪。道路不加铺装，草坪也不用人工修剪，路旁的平地上有意识地撒播各种牧草、野花，散点块石、少量模仿被风吹倒的树木，起伏的矮丘陵种些灌木丛，甚至模拟少量野兔的巢穴，如同人烟罕至的荒原一样。不设坐椅及亭台，但有石块堆成的野炊组合或倒木充当坐憩之用。一泓池水，四周杂草丛生，放养一些野鸭更增加野趣。植物的选择要尽量选择当地的乡土树种、野花和野草，疏密有致，自然配置，杂而不乱，荒而不芜，与四周人工造园的景象恰成对比，别有情趣。

5. 高尔夫球场式草坪

高尔夫球场大部分是起伏的草坪，视线通透开敞，中间偶然设有水池、沙坑，边缘有乔木、灌木形成的防护林带，少数精美的休息室或小亭点缀其间。这种开阔的草坪景观具有一定趣味性。园林中模仿这种草坪景观，只要有深远的透视距离，并可以多方向伸展，或安排适当的尾景于透视线的尽端，其目的是使园景深远通透，并便于园外借景。

6. 规则式草坪

在规则式园林中，常采用图案式花坛与草坪组合，或使常绿灌木修剪的图案被绿色草坪所衬托，清晰而协调。无沦花坛面积大小，草坪均为几何形，对称排列或重复出现。在西方古典

城堡宫廷中经常利用这种规则的草坪，以求得严整、雄伟的效果。

（三）草坪的应用设计原则

1. 草坪景观的变化与统一

茵茵芳草能开阔人的心胸，陶冶人的情操。但大面积的空旷草坪也容易使景观显得单调乏味。因此，园林中的草坪应在布局形式、草种组成等方面有所不同，不宜千篇一律。可以利用草坪的形状、起伏变化、色彩对比等丰富单调的景观。如在绿色的草坪背景上点缀一些花卉或通过一些灌木等构成各种图案，即产生诗情画意的美学效果。当然，这种变化还必须因地制宜，因景而宜，做到与周围环境的和谐统一。

2. 草种选择的适用、适地、适景原则

园林草坪最主要的任务是要满足游人游憩和体育活动的需要，因而应选择那些耐践踏性强的草种，即适用；不同草坪草种所能适应的气候和土壤条件不同，因此必须依据种植地的气候和土壤条件选择适宜在当地种植的草坪草种，即适地；此外，园林中草坪草种的选择还要考虑到园林景观，如季相变化、叶姿、叶色与质感特征等，力求与周围景物和谐统一，即适景。不论是何种类型的园林草坪，草种的选择都是至关重要的。对于封闭型的草坪绿地，可选择叶姿优美、绿色期长的草坪草种，如北方多选择草地早熟禾，南方多选择细叶结缕草。开放型的草坪绿地，游人可进入其中散步、休息、进行各种娱乐活动等，则要选择耐践踏性强的草坪草种，北方可选择日本结缕草、高羊茅等，南方可选择狗牙根、沟叶结缕草等。疏林草坪需选择那些耐阴性强的草坪草，如北方可选择日本结缕草、早熟禾、紫羊茅等，南方可选择沟叶结缕草、细叶结缕草等。

二、园林地被的应用设计

（一）园林地被的景观特点

1. 园林地被植物种类丰富，观赏性状多样

不同地被植物的应用，既可以形成终年常绿的观叶地被，也可以形成终年看叶胜似花的花叶及彩叶植物地被，更有观花类植物形成的五彩斑斓的地被景观。地被植物本身的高低不同、分枝方向不同、叶片大小不同、质感不同等也可以创造不同的景观效果。如枝叶细腻的地被植物可以用在流线型的带状植床以营造柔和的景观效果，枝叶粗糙的地被植物可以创造质朴的景观效果；枝条横向伸展的灌木地被可用在陡坡上；颜色明亮、质地细腻的地被植物可以增加局部空间的亮度，起到小中见大的作用，使人精神振奋；相反，蓝色、绿色或灰色可以创造宁静的气氛，使人安静、祥和。

2. 园林地被景观具有丰富的季相变化

园林地被植物除了常绿针叶类及蕨类等纯粹观叶的种类之外，大部分多年生草本及灌木和藤本地被植物均有明显的季相变化，有的春华秋实，有的夏季苍翠，有的霜叶如花，变化万千，美不胜收。

3. 园林地被可以烘托和强调园林中的主要景点园林中的主要景点只有在强烈的透景线的引导下或在相对单纯的背景的衬托下才会更为醒目并自然成为视觉中心。后者常通过地被植物的运用而达到。

4. 园林地被可使景观中不相协调的元素协调起来如在垂直方向与水平方向上延伸的景观元素，不同质感及色彩不相协调的景观元素等都可以通过同一种地被植物的过渡而很好地协调；生硬的河岸线、笔直的道路、建筑物的台阶和楼梯、庭园中的道路、灌木、乔木等都可以在地被植物的衬托下显得柔和而变成协调的整体。地被植物作为基础栽植，不仅可以避免建筑顶部排水造成基部土壤流失，而且可以装饰建筑物的立面，掩饰建筑物的基础。对园林中的其他硬质景观如雕塑基座、灯柱、坐椅、山石等均可以起到类似的景观效果（图 7-19）。

图 7-19 地被景观

（二）园林地被的景观类型

根据园林环境、设计要求的景观效果、配置的环境分类，园林地被景观可以有多种类型。

1. 按景观效果分类

（1）常绿地被。栽植铺地柏、石菖蒲、麦冬类、常春藤等常绿植物而形成的地被，其中北方寒冷地区主要配置常绿针叶类地被植物，如铺地柏等及少量抗寒性强的常绿阔叶地被植物（如洋常春藤和土麦冬）等，黄河以南地区可以种植的常绿地被植物则较丰富，如沿阶草、吉祥草、薜荔、络石、蔓长春花等。

（2）落叶地被。萱草、玉簪等形成的地被，秋冬季地上部分枯萎或落叶，翌年再发芽生长。这类植物分布广泛，抗寒性强，尤其适用于北方寒冷地区建植大面积地被景观。其中既有观花的，也有观叶和观果的，如玉带草、花叶玉簪、蛇莓等植物形成的地被景观。

（3）观花地被。主要配置观花类植物。这类植物不仅低矮，而且花期长，花色艳丽，开花繁茂，以花期观赏为主，有多种一二年生花卉、宿根及球根花卉，如金鸡菊、二月兰、红花酢浆草、地被菊、花毛茛等。有些地被植物花叶兼美，如石蒜类、水仙花等；还有些种类在气候适宜的地区常年开花，用于地被效果尤佳，如蔓长春花、蔓性天竺葵等。

（4）观叶地被。这类地被植物需终年翠绿或有特殊的叶色与叶姿，如常春藤类、蕨类植物以及菲白竹、玉带草、八角金盘等。

2. 按配置的环境分类

（1）空旷地被。指在阳光充足的宽阔场地上栽培地被植物，一般可选观花类的植物，如美女樱、石竹、福禄考等。

（2）林缘、疏林地被。指树坛边缘或稀疏树丛下配置地被植物，可选择适宜在这种半阴的环境中生长的植物，如二月兰、石蒜、细叶麦冬、蛇莓等。

（3）林下地被。指在乔木、灌木层基部、郁闭度很高的林下栽培阴性地被植物，如玉簪、虎耳草等。

(4) 坡地地被。指在土坡、河岸边种植地被植物，主要是起防止冲刷、保持水土的作用，应选择抗性强、根系发达、蔓延迅速的种类，如苔草、莎草等。

(5) 岩石地被。指覆盖于山石缝间的地被植物景观，是一种大面积的岩石园式地被。如常春藤、爬山虎等可覆盖于岩石上；石菖蒲、野菊花等可散植于山石之间。若阳光充足，可选择色彩鲜艳的低矮宿根花卉，景观异常美丽。有时可模仿高山草甸的景观，配置观花地被植物形成五彩斑斓的地毯式景观。

（三）园林地被的应用设计原则

地被是花卉在园林中大面积应用的主要方式。地被植物本身具有不同的观赏特点，在园林中还可以通过地被植物单种栽植或不同种之间的配置、地被植物与乔灌木的搭配及地被植物与草坪的搭配等形成不同的景观效果。地被的应用设计中应遵循以下原则：

1. 根据当地的气候特点、土壤条件及光照状况等选择适宜的种类

地被植物景观的成功与否决定于种类的选择是否适宜当地的气候条件及建植地段的环境因素。因此，为了达到最佳效果和减少养护管理费用，尽可能在当地的乡土植物中或野生植物中选择适宜的种类，可收到事半功倍之效。如北京园林中正在开发应用的野生地被植物蒲公英、紫花地丁、地黄、多茎委陵菜、车前等均有较好的适应性。

2. 遵循植物群落学的科学规律，建立稳定的地被植物群落

不同种相互搭配时，或地被植物与灌木、乔木等搭配时，宜选择合适的群落组合。种类之间不仅在景观效果上互为补充，而且在生物学习性和生态习性上彼此不会矛盾。如深根性的乔木下宜栽植根系分布较浅的地被植物，荫庇的林下宜配置耐阴性强的地被植物。

3. 遵循和谐统一的艺术规律

首先，地被植物本身的观赏性状需与环境相协调。在尺度大的空间使用枝叶较大的地被植物，而在尺度较小的空间配置枝叶细小的种类，才能保持地被植物景观与周围景观协调。其次，地被植物混栽配置的种类宜少不宜多。地被植物本身具有丰富的季相变化，而且通常是作为园林中其他景观元素的背景，种类太多会显得杂乱。

第八节　专类园的应用设计

专类园是指在某一园区以同一类观赏植物进行植物景观设计的园地。无论是在我国还是西方的园林发展史上都有专类园的痕迹。随着园艺化水平的发展，新的观赏植物种类更趋丰富，也使得专类园更加丰富多彩，备受人们的喜爱。目前应用较普遍的各种专类园有：水景园、岩石园、蕨类植物专类园、仙人掌及多浆植物专类园、药用植物专类园、观赏果蔬专类园、花卉专类园（如牡丹园、月季园、鸢尾园、竹园等）等。

一、专类园

（一）专类园的概念

专类园是在一定范围内种植同一类观赏植物供游赏、科学研究或科学普及的园地（《中国农业百科全书》）。有些植物变种、品种繁多并有特殊的观赏性和生态习性，宜集中于一园专门展示。专类园观赏期、栽培条件、技术要求比较接近，管理方便。

（二）专类园的类型

从专类园展示的植物类型或植物之间的关系，不难发现上述专类园的含义实际上包含了园林中常见的两类花园。

1. 专类花园

在一个花园中专门收集和展示同一类著名的或具有特色的观赏植物，创造优美的园林环境，构成供游人游览的专类花园。可以组成专类花园的观赏植物有牡丹、芍药、梅花、菊花、山茶、杜鹃花、蔷薇、鸢尾、木兰、丁香、樱花、荷花、睡莲、竹类、水仙、百合、玉簪、萱草、兰花、桃花、桂花、紫薇、仙人掌类等。

2. 主题花园

这种专类花园多以植物的某一固有特征，如芳香的气味、华丽的叶色、丰硕的果实或植物体本身的性状特点，突出某一主题的花园，有芳香园（或夜香花园）、彩叶园、百果园、岩石园、藤本植物园、草药园等。

随着园林的发展，专类花园和主题花园所表达的内容越来越丰富。综合起来，可将专类园进行以下归类：

（1）将植物分类学或栽培学上同一分类单位，如科、属或栽培品种群的花卉按照它们的生态习性、花期早晚的不同以及植株高低和色彩上的差异等进行种植设计组织在一个园子里而成的专类花园。常见的有木兰园、棕榈园（同一科）、丁香园、鸢尾园、秋海棠园、山茶园、杜鹃花园（同一属）、牡丹园、菊花园、梅园（同一种的栽培品种）等。

（2）将植物学上虽然不一定有相近的亲缘关系，然而具有相似的生态习性或形态特征，并且需要特殊的栽培条件的花卉集中展示于同一个园子中。如水生花卉专类园、仙人掌及多浆植物专类园、岩生或高山植物专类园等。

（3）根据特定的观赏特点布置的主题花园。如芳香园、彩叶园（彩叶植物专类园）、百花园、秋素园、冬园、观果园（观果植物专类园）、四季花园（以四季开花为主题）等。

（4）主要服务于特定人群或具有特定功能的花园。如具有特殊质地、形态、气味等花卉布置的盲人花园，主要供幼儿及儿童活动和游览的儿童花园，专为园艺疗法而设置的花园，以及墓园等，都具有专类园的性质。

（5）按照特定的用途或经济价值将一类花卉布置于一起。如香料植物专类园、纤维植物专类园、药用植物专类园、油料植物专类园等。

（三）专类园的特点及设计总原则

专类园具备科学的内容和园林的外貌两个基本特点。在进行植物资源的收集、保存、杂交育种等研究工作及展示引种和育种成果并进行科普教育的同时，还常常可以在最佳的观赏期内集中展现同类植物的观赏特点，给人以美的感受。因此，专类花园在景观上独具特色。

建造专类园重在多方搜集特定植物的野生和栽培品种资源。有了丰富的原始材料，通过引种驯化和栽培试验后，将在当地可正常生长发育的种类集中展示。因此，一个专类园是一国一地植物资源、园艺科学及园林艺术的集中表现，游人不仅可以在有限的空间内观赏到大自然的美，而且可以获得丰富的植物学知识。因此，专类园中各种植物种植时必须按照严格的定植图，品种准确，编号存档，并常常挂以名牌，供游客辨识。专类园中主题植物的设计也要遵循一定的科学规律，既便于科学研究，也便于科普宣传和展示。这些都是专类园科学性内涵的体现。

专类园设计时通常由所收集的植物种类的多少、设计形式不同，可以建成独立性的专类花园，也可以在风景区或公园里专辟一处，成为景点或园中之园。中国的一些专类花园还常常用富有诗情画意的同名点题，来突出赏花意境，如用“曲院风荷”描绘出赏荷的意境。专类花园的整体规划，首先应以植物的生态习性为基础。平面构图可按需要采用规则式、自然式或混合式。立面上根据植物的特点及专类园的性质进行适当的地形改造。

专类园的植物景观设计，要既能突出个体美，又能展现同类植物的群体美；既要把不同花期、不同园艺品种的植物进行合理搭配，以延长观赏期，还可以运用其他植物与之搭配，加以衬托，从而达到四季有景可观。所搭配的植物要视不同主题花卉的特点、文化内涵、赏花习俗等选择适当的种类，并考虑生态因素、景观因素，进行合理的乔灌草搭配、常绿植物和落叶植物搭配等，创造丰富的季相景观。

专类园中还常常结合适当的园林小品、建筑、山石、雕塑、壁画以及形式适当的科普宣传栏等，来丰富和完善主题思想，同时引导群众对文化典故、科普知识的了解，提高群众的审美情趣，使专类园真正具有科学的内涵及园林的形式，达到可游、可赏的目的。

二、水景园的花卉应用设计

在古今中外的园林中，水景是不可或缺的造园要素，常被称为园林的血液或灵魂。园林中有了水，便需要点缀水体的植物，或者说对水生植物观赏的需求也是园林中构筑水景的原因之一。事实上，园林水体的另一个重要的功能，就是为水生植物及湿生、沼生植物的栽培提供载体。可以说水生植物的应用几乎和水景的应用有着同样悠久的历史。

（一）水景园的概念及类型

英国园艺学家 Ken Aslet 等在《水景园》一书中写道的“水景园是指园中的水体向人们提供安宁和轻快的风景，在那里种有不同色彩和香味的植物，还有瀑布，溪流的声响。池中及沿岸配置各种水生、沼生植物和耐湿的乔灌木，组成层次丰富的园林景观。”水景园的类型从设计布局上，分为规则式和自然式。通常，规则式水景园布置于庭园或规则式园林环境中，自然式水景园则布置于自然式园林环境中。规则式水景园中常由规则式池塘、运河、喷泉、跌水等水体组成；自然式水景园常由自然式构图的池塘、湖、溪流、瀑布、壁泉等水体组成。植物配置也分别以规则式和自然式布局。从展示水生花卉的内容上，分为综合型及专类花卉展示型。前者以观赏性为主，结合各种水景类型，在水体不同区域种植多种水生花卉，一般水景园最为常用。专类园常常结合专类花卉的收集、育种、品种展示等科研及科普教育功能，如荷花专类园、睡莲专类园及花菖蒲专类园等。

（二）水景园与水生植物

水和水生植物两者均为水景园的主体造园要素，缺一不可。由于这类水景园常常以展示各种水生花卉作为建园的主要目的，所以也称为水生花卉专类园。

植物学意义上，水生植物是指常年生活在水中，或在其生命周期内某段时间生活在水中的植物。这类植物体内细胞间隙较大，通气组织较发达，种子能在水中或沼泽地萌发，在枯水时期它们比其他陆生植物更易死亡。水生植物种类繁多，其中淡水植物生活型有 4 类（表 7-8）：

1. 挺水植物

挺水植物指根或根状茎生于水底泥中，植株茎叶高挺出水面。如香蒲、水葱。

2. 浮叶植物

浮叶植物指根或根状茎生于水底泥中，叶片通常浮于水面。如菱、睡莲。

3. 漂浮植物

漂浮植物指根悬浮在水中，植物体漂浮于水面，可随水流四处漂泊。如凤眼莲、浮萍等。

4. 沉水植物

沉水植物指根或根状茎扎生或不扎生于水底泥中，植物体沉没于水中，不露出水面。如水苋菜、黑藻等。

园林水景中应用的水生植物还常常包括沿岸耐湿的乔灌木，称为岸边植物，以及能适应湿土至浅水环境的水际植物或沼生植物，前者如落羽杉、水杉、水松、木芙蓉、蒲葵等，后者如苔草属、落新妇属、金莲花属、萱草属、玉簪属、菖蒲、石菖蒲等。

表 7–8 常用水生植物

挺水植物	浮水植物	漂浮植物	沉水植物
香蒲（*Typha orientalis*）	睡莲属（*Nymphaea*）	凤眼莲（*Eichhornia crassipes*）	金鱼藻（*Ceratophyllum demersum*）
水葱（*Scirpus validus*）	莼菜（*Brasenia schreberi*）	浮萍（*Lemna minor*）	水苋菜（*Ammania gracilis*）
荷花（*Nelumbo nucifera*）	芡实（*Euryale ferox*）	荇菜（*Nymphoides peltata*）	
千屈菜（*Lythrum salicaria*）	菱（*Trapa bispinosa*）		
菖蒲（*Acorus calamus*）	萍蓬草（*Nuphar prumilurn*）		
泽泻（*Alisma orientale*）			
慈姑（*Sagittaria sagittifolia*）			
梭鱼草（*Pontederia cordata*）			
再力花（*Thalia dealbata*）			
雨久花（*Monochoria morsakowii*）			

另外，与水生植物搭配，可种在岸边的湿生植物有：落新妇、美人蕉、玉簪、湿生鸢尾、灯芯草、黄菖蒲、假升麻、报春属、千屈菜、旱伞草、驴蹄草、蕨类等。

（三）水景园的花卉应用设计

1. 水生植物配置的原则

（1）科学性原则。园林水体的种植设计即通过广义的水生植物（包括沼生及湿生植物）的合理配置，创造优美的景观。这一合理配置的过程，便是建立人工水生植物群落的过程。为了达到最佳和持久的景观效果，种植设计中满足植物的生态需求是根本的原则。这其中，充分了解自然界水生植物群落的特点及其演替规律，了解特定种类全面的生态习性，然后在此基础上根据园林水体的类型、深浅等选择合适的植物种类，并合理地构筑种植设施，加上群落建成后合理的人工干预及养护管理，才能保证水生花卉的正常生长发育，充分展示水生花卉的观赏特点，创造出源于自然、高于自然的艺术风貌。

（2）艺术原理和构图特点。水生植物的种植设计要遵循相关的艺术原理，如变化与统一、协调与对比、对称与均衡以及韵律与节奏等设计规律。但是，与陆地景观相比，水景因具有特殊的景观效果可以通过一些特殊的构图手法，创造出虚实相生、如诗如画、变化无穷的园林景观。

水生植物配置的构图特点：

①色彩构图：淡绿透明的水色，是调和各种园林景物色彩的底色。如水边的碧草绿叶，水面的绚丽花卉，岸边的亭台楼阁，头顶的蓝天白云都可以在虽则透明，然而却变化万端的水色的衬托下达到高度的协调。

②线条构图：平直的水面通过配置具有各种姿态及线条的植物，可以取得不同的景观效果。平静的水面如果植以睡莲，则飘逸悠闲、宁静而妩媚；若点缀萍蓬、荇菜，则随风花颤叶移，姿态万端；加以浮石如鸥，随波荡漾，一幅平和、静谧的图画跃然眼前。相反，如果池边种植高耸、尖峭的水杉、落羽杉等，则直立挺拔的线条与平直的水面及水岸均形成强烈的对比，景观生动而具有强烈的视觉冲击力。而水面荷花亭亭玉立，水边香蒲青翠挺拔，波动影摇，则别有一番情致。我国传统园林中自古以来水边植柳，创造出柔条拂水、湖上新春的景色。此外，水边树木探向水面的枝条，或平伸，或斜展，或拱曲，在水面上都可形成优美的线条，创造出独特的景观效果。

③倒影的运用：水景的最大特点即是产生倒影。水面不仅能调和各种植物的底色，而且能形成变化莫测的倒影。无论是岸边的一组树丛、亭台楼榭，还是一弯拱桥，甚或挺立于水面的田田荷叶，都会在水面形成美丽的倒影，产生对影成双、虚实相生的艺术效果。不仅如此，静谧的水面还可以倒影蓝天白云，云飘影移，变化无穷，静中有动，似动似静，有色有形，景观之奇妙陆地不可复有。正因为此，水景园中，无论多小的水面，都切忌将水面种满植物，须至少留出 2/3 之面积供欣赏倒影，而且水面花卉种植位置，也需根据岸边景物仔细经营，才可以将最美的画面复现于水中。如果花卉充满水面，不仅欣赏不到水中景观，也会失去水面能提高空间亮度、使环境小中见大的作用，水景的意境和赏景的乐趣也会消失殆尽。

④透景与借景：水边植物景观是从水中欣赏岸上景色及从岸上欣赏水景的中介，因此，水边植物配置切忌封闭水体，通过疏密有致的配置做到需蔽者蔽之，宜留者留之，既免失去画意，又可留出透景线供岸上、水中互为因借并彼此赏景。

2. 水生植物景观设计

（1）水面景观。在湖、池中通过配置浮水花卉、漂浮花卉及适宜的挺水花卉，在水面形成美丽的景观。配置时注意花卉彼此之间在形态、质地等观赏性状方面的协调和对比，尤其是植物和水面的比例，除了专门用于展示水生花卉的专类园，一般水景园中的水面花卉不宜超过总水面的 1/3，以留出适宜的水面欣赏水景。

（2）岸边景观。岸边景观主要通过湿生的乔灌木及挺水花卉组成。乔木的枝干不仅可以形成框景、透景等特殊的景观效果，不同形态的乔木还可组成丰富的天际线或与水平面形成对比，或与岸边建筑相配置，组成强烈的景观效果。岸边的灌木或柔条拂水，或临水相照，成为水景的重要组成内容。岸边的挺水花卉虽然多数矮小，但或亭亭玉立，或呈大小群丛与水岸搭配，点缀池旁桥头，极富自然之情趣。线条构图是岸边植物景观最重要的表现内容。

（3）沼泽景观。自然界沼泽地分布着多种多样的沼生植物，成为湿地景观中最独特和丰富的内容。在西方的园林水景中有专门供人游览的沼泽园。其内布置各种沼生植物，姿态娟秀，色彩淡雅，分布自然，野趣尤浓。游人沿岸游览，欣赏大自然美景的再现，其乐无穷。在面积较大的沼泽园中，种植沼生的乔、灌、草多种植物，并设置汀步或铺设栈道，引导游人进入沼泽园的深处，去欣赏奇妙的沼生花卉或湿生乔木的气根、板根等奇特景观。在小型水景园中，除了在岸边种植沼生植物外，也常结合水池构筑沼园或沼床，栽培沼生花卉，丰富水景园的观赏内容。沼园/床的形状一般与水池相协调，即整形式水池配以整形式沼床，自然式水池配以自然式沼园。

(4) 滩涂景观。滩涂是湖、河、海等水边的浅平之地。园林中早已有对滩涂景观的运用，如王维辋川别业中有水景栾家濑，是一段因水流湍急而形成平濑水景的河道。王维的诗“飒飒秋雨中，浅浅石溜泻；跳波自相溅，白鹭惊复下”生动地描写了滩涂的景色。另有湖边白石遍布成滩的白石滩，裴迪诗云：“跛石复临水，弄波情未极；日下川上寒，浮云澹无色。”可见其对滩涂景观的喜爱。在园林水景中可以再现自然的滩涂景观，结合湿生植物的配置，带给游人回归自然的审美感受。有时将滩涂和园路相结合，让人在经过时不仅看到滩涂，而且须跳跃而过，顿觉妙趣横生，意味无穷。

三、岩石园的花卉应用设计

（一）岩石园的概念及类型

岩石园是以岩石和岩生植物为主体，可结合地形选择适当的沼生和水生植物，经过合理的构筑与配置，展示高山草甸、岩崖、碎石陡坡、峰峦溪流等自然景观和植物群落的一种装饰性绿地。在这里既可以进行引种、栽培、育种及对物种多样性等的科学研究，对游客进行科普教育，又使人可游可赏，领略美丽的园林景观。此外，利用花园中的挡土墙或专门构筑墙体，在缝隙中种植岩生花卉，甚至在置于庭园一角的容器中种植高山花卉，或在高山植物展室中展示高山花卉的景观也归于此类。岩石园可分为以下5类：

1. 规则式岩石园

是指结合建筑角隅、街道两旁及土山的一面做成一层或多层台地，在规则式种植床上种植高山植物。这类岩石园地形简单，以展示植物为主，一般面积规模较小。

2. 自然式岩石园

是指以展示高山的地形及植物景观为主，模拟自然山地、峡谷、溪流等自然地貌形成景观丰富的自然山水面貌和植物群落。一般面积较大，植物种类也丰富。

3. 墙园式岩石园

利用园林中各种挡土墙及分隔空间的墙面，或者特意构筑墙垣，在墙的岩石缝隙种植各种岩生植物从而形成墙园。一般和岩石相结合或自然式园林中结合各种墙体而布置，形式灵活，景色美丽（图7-22）。

图7-22 墙园式岩石园

4. 容器式微型岩石园

采用石槽及各种废弃的水槽、木槽、石碗、陶瓷器等容器，种植岩生植物并用各种砾石相配，布置于岩石园或庭园的趣味式栽植，再现大自然之一隅。

5. 高山植物展览室

暖地在温室中利用人工降温（或夏季降温）创造适宜条件展示高山植物，是专类植物展览室。通常也结合岩石的搭配模拟自然山地景观。

（二）岩生植物

早期岩石园中展示的是引种成功的真正高山植物。高山植物这个术语原意是指早期科学家在阿尔卑斯山脉引种的植物，后引申为高山植物。但是岩生植物却不仅仅指高山植物。在园林设计上通常将适用于岩石园的植物通称为岩生植物（岩生花卉）或岩石植物。它包含以下内容：

1. 高山植物

所谓高山植物通常是指高山乔木分界线以上至雪线一带高山地区分布的植物。高山地区风力大，水分蒸发量大，日温差大，光照强且光谱中的蓝紫及紫外线多，土层薄且土壤贫瘠。这些综合生境决定了高山植物通常具有特殊的形态特征，如植物低矮、匐地或呈莲座状生长，被绒毛，叶小或肉质或有厚的角质层，但根系发达，花色鲜艳。在地形复杂的区域，还有阳生、阴生、旱生及湿生等不同的生态类型。但是，由于高山地区气候与山下的气候迥然不同，高山植物引种到低海拔处，只有部分种类能在土壤疏松、排水良好、光照充足、空气流通、夏季保持凉爽和空气湿度较大的环境中生长良好。因此，引种驯化高山植物是一项持续和长久的工作。

2. 低矮植物

有些植物虽然并非高山植物，但植株低矮或匍匐，生长缓慢且抗逆性强，尤其是抗旱、抗寒、耐瘠薄，管理粗放，适合应用于岩石园中。这类植物主要有矮小的灌木、多年生宿根和球根花卉以及部分一二年生花卉。

3. 人工培育的低矮的可适用于岩石园的栽培品种

通过人工育种手段而得到的各种低矮或匍匐的适用于岩石园的品种。

总之，岩生植物应具备以下特点：植株低矮，生长缓慢，生长期长；耐瘠薄，抗逆性强；以灌木、亚灌木及多年生宿根和球根花卉为主。常用的岩石园植物见表 7-9。

（三）岩石园花卉的应用设计

岩石园的设计宗旨是师法自然。自然界的高山岩生植物群落结构和景观是岩石园力图再现的对象。我国有丰富的高山植物资源，报春、龙胆、绿绒蒿及杜鹃花等著名的高山花卉均以我国为分布中心。由于不同的生境条件有耐寒、耐旱的种类，也有喜温暖湿润的种类，有耐盐碱土，也有喜酸性土壤的种类。各地在建岩石园时应充分开发和利用本地的资源，以气候相似原理为指导，引种驯化适宜的高山植物。

再现高山植物群落及高山景观是岩石园植物配置的基本原则。因此需在了解各类岩生植物生理生态适应性的基础上，根据当地的气候特点及岩石园的立地条件，针对岩石园是充满幽谷溪涧、柔美绚丽之风格，还是峰峦叠嶂、雄伟豪迈之风格来选择植物种类和配置方式，合理搭配常绿、落叶之比例，充分考虑季相变化，通过灌木、多年生花卉、地被植物等合理配置，组成优美的群落，也可以与山石、蹬道、台阶、道路及挡土墙等结合，灵活布置。大的栽植床与广场或道路交叉口山石组成的自然花台相结合，植物或成自然的群落栽植于种植床内，或匍匐于阶旁，或下垂于墙前。总之，山石和植物搭配疏密有致，参差错落，顺理成章。

表 7–9　岩石园常用的植物

低矮的松柏类植物	低矮的花灌木	多年生花卉	
砂地柏 (*Sabina vulgaria*)	蔷薇属 (*Rosaceae*)	老鹳草属 (*Geranium*)	地榆属 (*Sanguisorba*)
铺地柏 (*Sabina procumbens*)	栒子属 (*Cotoneaster*)	庭荠属 (*Alyssum*)	萱草属 (*Hemerocallis*)
云杉属 (*Picea*)	瑞香属 (*Daphne*)	景天属 (*Sedum*)	白头翁属 (*Pulsatilla*)
松属 (*Pinus*) 等的矮生栽培种	金丝桃属 (*Hypericum*)	银莲花属 (*Anemone*)	蓝盆花属 (*Scabiosa*)
	绣线菊属 （*Spiraea*)	毛茛属 (*Ranunculus*)	蓝刺头属 (*Echinops*)
	忍冬属 (*Lonicera*)	卷耳属 (*Cerastium*)	缬草属 (*Valeriana*)
	荚蒾属 (*Viburnum*)	石竹属 (*Dianthus*)	柳叶菜属 (*Chamaenerion*)
	小檗属 (*Berberis*)	紫菀属 (*Aster*)	婆婆纳属 (*Veronica*)
	十大功劳属 (*Mahonia*)	蓍属 (*Achillea*)	唐松草属 (*Thalictrum*)
	黄杨属 (*Buxus*)	珍珠菜属 (*Lysimachia*)	白屈菜属 (*Chelidonium*)
	卫矛属 (*Euonymus*) 等		风铃草属 (*Campanula*)
			一枝黄花属 (*Solidago*) 等
球根花卉	**一二年生草花**	**耐阴地被**	
百合属 (*Lilium*)	皇帝菊 (*Melampodium paludosum*)	报春属 (*Primula*)	铃兰属 （*Convallaria*)
石蒜属 (*Lycoris*)	美女樱 (*Verbena hybrida*)	沙参属 (*Adenophora*)	秋海棠属 (*Begonia*)
葱属等 (*Allium*)	花菱草 (*Eschscholtzia californica*)	桔梗属 (*Platycodon*)	虎耳草属 (*Saxifraga*)
	虞美人 (*Papaver rhoeas*)	落新妇属 (*Astilbe*)	冷水花属 (*Pilea*)
	矮牵牛 (*Petunia hybrida*) 等	升麻属 （*Cimicifuga*)	天南星属 (*Arisaema*)
		酢浆草属 (*Oxalis*)	紫堇属 (*Corydalis*)
		舞鹤草属 (*Maianthemum*)	细辛属 (*Asarum*) 等
		鹿蹄草属 (*Pyrola*)	

第九节　屋顶花园的应用设计

屋顶花园的历史可追溯到4000多年前，大约在公元前2000年，古幼发拉底河下游地区（今伊拉克）的古代苏美尔人曾建造了雄伟的亚述古庙塔，被后人认为是屋顶花园的发源地。真正意义上的屋顶花园一般公认为是亚述古庙塔之后1500余年出现的巴比伦“空中花园”。公元前604～前562年，新巴比伦国王尼布甲尼撒二世为了取悦娶自波斯国的塞米拉米斯公主，下令在巴比伦的平原地带堆筑土山，并用石柱、石板、砖块、铅饼等，垒起每边长125m，高达25m的台子，在台上层层建造宫室，处处种花植树，同时动用人力将河水引上屋顶花园，除供花木浇灌之外，还形成屋顶溪流和人工瀑布。“空中花园”实际上是一个构筑在人造土石之上，具有居住、游乐功能的园林式建筑群。在“空中花园”上鸟瞰，城市、河流和东西方商旅大道等美景尽收眼底。其实用功能在当今亦称得上是建筑与园林结合的佳作。1959年，美国的一位建筑师在一座6层楼的顶部建造了一个景色秀丽的空中花园。此后，屋顶花园建设呈现出勃勃生机。20世纪60～80年代，西方一些发达国家在新营造的建筑群中，在设计楼房时把屋顶花园一并考虑，造园水平越来越高。

我国有着悠久的建筑历史和精美的古代建筑，但在屋顶上大面积种植花木营建花园的并不多见。这可能与我国古代传统建筑大多为坡屋顶、木构架结构有关。自20世纪60年代，我国才开始研究屋顶绿化的技术。我国第一个大型屋顶花园建于20世纪70年代的广州东方宾馆。在10层楼900m^2的屋顶面积上，布置有各种园林小品——水池、湖石及各类适于当地生长的精致花木。在有限的面积内，空间划分大小适中，布局简洁舒朗，敞闭有序，层次丰富，体现了岭南园林风格。近10多年来，在一些经济发达城市，屋顶花园越来越多，大量屋顶花园的建成有效地增加了城市绿化面积，提升了生态和景观质量。

一、屋顶花园

（一）屋顶花园的概念

广义的屋顶花园可以理解为在各类建筑物、构筑物、城墙、立交桥等的屋顶、露台、天台、阳台、建筑立面和地下建筑顶板以及人工假山山体上建植的绿色景观或具有综合功能的花园式绿地。狭义的屋顶花园是指在高出地面以上，周边不与自然土层相连接的各类建筑物、构筑物等的顶部以及天台、露台上建植的绿色景观或具有综合功能的花园式绿地。而人们根据屋顶的结构特点以及其上的生态条件，选择相应的植物材料，通过一定的艺术设计及工程技术手法，营造绿色景观的造园活动过程可称为屋顶绿化。

（二）屋顶花园的特点与作用

1. 屋顶花园的特点

（1）造园空间的局限性。由于屋顶结构及建筑结构承载力所限，屋顶上不能随心所欲地挖湖堆山、改造地形。为了减轻屋顶花园传给建筑结构的荷载，荷重较大的造园设施，如高大乔木种植池台、假山、雕塑、水池等应尽量放置在承重大梁、墙、柱之上，并注意合理分散荷重，这就限制了设计师对景点的布局。当然空间狭小也是限制屋顶花园布局的制约因素之一。

（2）生态条件的不利因素。屋顶花园由于承重原因，土壤要质轻而薄，这样对植物种植造成很大限制，体大量重的乔木及深根性植物的应用就须慎重。土层薄也使其易受环境变化的影响，水分容量少却蒸发快，易干燥，且与大地土壤隔离，不能吸收水分，因此，须有均衡灌溉，否则植物生长受限。屋顶风大，再加上植物土层薄，根系分布浅，因此，一方面植物易倒伏，另一方面大风加剧植物蒸腾作用，增加干旱胁迫，也是影响植物生长的极为不利的因素。为了克服这些不利因素，就必须增加投资，如利用轻型优质基质、增加灌溉设施等，这就导致屋顶花园的造价提高。

（3）空中环境的优越性。由于屋顶花园地处较高的位置，与地面相比空气流畅清新，污染减少。屋顶位置高，较少被其他建筑物遮挡，因此接受日照时间长，日辐射较多，为植物进行光合作用创造了良好的环境。夏季，屋顶上的气温白天比平地高 3 ～ 5℃，晚上则低 2 ～ 3℃，这种较大的昼夜温差也有利于植物积累有机物。

2. 屋顶花园的作用

（1）生态和环保功能。

①隔热和保温。屋顶花园可以起到夏季降温、冬季保温的效能。屋顶花园上的种植基质及其上生长的植物，给屋顶提供一个隔热层。研究证明，如果屋顶绿化是采用地毯式满铺地被植物的栽植形式，则地被植物及其下的轻质种植土组成的“地毯”层，完全可以取代屋顶的保温层，起到冬季保温、夏季隔热的作用。这种隔热和保温效应对降低建筑能耗具有重要的意义。

②保护防水层。屋顶绿化对屋顶表面冬季的保温和夏季的降温作用减轻了屋顶的温度巨变和辐射、腐蚀等不利条件，为保护建筑顶部外露的防水层，防止屋顶漏水，开辟了新途径。特别在北方地区，屋顶绿化不但可延缓屋面材料因太阳紫外线照射的老化进程，而且还可大大降低建筑结构及屋面材料因热胀冷缩所导致的安全隐患。

③截留雨水。屋顶花园中植物种植基质对雨水的截留，使屋顶花园的雨水排放量明显减少。屋顶花园中截流和储存的雨水，将逐渐地通过蒸发和植物蒸腾扩散到大气中去，改善城市的空气与生态环境。

④滞尘。屋顶花园与未绿化屋顶相比，其滞尘效果极为显著。

⑤减少屋顶眩光。屋顶花园和垂直墙面绿化，替代了灰色混凝土、黑色沥青和各类硬质墙面，减少了硬质景观表面的眩光，增加了视觉感受的舒适度。

⑥有效增加城市绿地面积。

（2）美化环境功能。屋顶花园通过绿化覆盖率的提高、通过优美的园林景观的建造，改善了屋顶原有的硬质和杂乱的景观。通过植物的形态及色彩的季相变化，赋予建筑物不同的季相美感，形成多层次的空中美景，使绿色空间与建筑群体相互渗透，融为一体，丰富和美化城市景观。与主体建筑的几何空间相比，屋顶花园具有柔和、丰富和充满生机的艺术效果。屋顶绿化还作为中介协调不同类型的建筑物之间以及建筑物与周围环境的关系，使绿色空间与建筑空间相互渗透，使自然植物与人之建筑有机地结合和相互延续，从而极大地提升环境的景观质量。

(3) 增添自然情趣，有利于人的身心健康。现代人追求回归自然的生活方式。建造屋顶花园，会使人们更加接近自然。屋顶花园一般都与居室、起居室、办公室相连，比其他类型的绿地更靠近人们的日常生活。屋顶花园的发展趋势是将屋顶花园引入室内，形成绿色空间向室内建筑逐渐渗透。绿色园林环境的引进，会产生丰富多彩、舒适安静、生气勃勃的建筑空间，满足人的生理和心理需求，并丰富人们的生活情趣。

3. 屋顶花园的类型及布局

屋顶花园（绿化）分为花园式屋顶绿化和简单式屋顶绿化两种类型。

花园式屋顶绿化是指根据屋顶的具体条件，选择小型乔木、低矮灌木、各类草本花卉、草坪地被植物进行配置，有选择地设置园路及浅水池、坐椅、棚架、置石、雕塑等园林小品等，提供一定的游览和休憩活动空间的复杂绿化，其景观与功能实质上类同于露地庭院小花园。对于花园式屋顶绿化，在建筑设计时就要统筹考虑，不同绿化形式对于屋顶荷载和防水的不同要求。根据建筑的净荷载要求，乔木、园亭、花架及山石等较重的物体应设计在建筑承重墙、柱、梁的位置，种植区则采用乔、灌、草结合的复层植物配置方式，产生较好的生态效益和景观效果。

简单式屋顶绿化是指利用低矮灌木或草坪、地被植物进行屋顶绿化，不设置游憩性设施，一般不允许非维修养护人员活动的简单绿化。主要应用于受建筑荷载及其他因素的限制，不能建造花园的屋顶。

(1) 其主要绿化形式可分为覆盖式、固定种植池式和可移动容器绿化 3 类。

①覆盖式绿化。根据建筑荷载较小的特点，利用耐旱草坪、地被、灌木或匍匐和攀缘植物，在整个屋顶或屋顶的绝大部分形成一层地被式的绿色景观。如目前最为常用的佛甲草地被，也称为“生物地毯”。除了选用单一植物外，也可用不同色彩的花卉布置平面图案，产生优美的高处俯视效果。

②固定种植池绿化。根据建筑周边梁圈位置荷载较大的特点，在屋顶周边女儿墙一侧固定种植池，种植低矮灌木或悬垂和攀缘植物，形成不同的绿化空间，产生层次丰富、色彩斑斓的植物景观效果。

③可移动容器绿化。根据屋顶荷载和使用要求，采用种植容器组合形式在屋顶上布置观赏植物，既可用规则的种植模块拼接出各种优美的图案纹样，也可用变化多端的容器进行植物组合栽植，形成自然美丽的景观，并且可根据季节不同随时变化组合。这种种植方式构造简单、布点灵活、应用方便。

(2) 按使用要求区分以下几种:

①公共开放游憩性屋顶花园。其设计目的是为人们提供室外活动空间，多出现在居住区等场所，具有公共、开放的特点，常以花园式为主。在出入口、道路系统、场地布局以及植物搭配上需满足人们在屋顶上活动的需要。

②封闭营利性屋顶花园。一般是举办露天歌舞会、冷饮茶座，为人们提供生活娱乐或举办某种活动的场所，多出现在旅游宾馆、饭店，其服务对象有一定选择性，一般不对外开放，且多以营利为目的，绿化形式多为花园式。这类屋顶绿化的景观小品摆放富于情趣，植物材料的

选择要注意美观且芳香，夜间照明要精美适用。

③家庭式屋顶小花园。一般面积较小，多介于 10 ～ 20m^2 之间。通常以固定种植池绿化为主；面积较大且建筑结构允许的情况下可少量点缀轻型园林小品、山石、水体等。

④以科研、生产为目的的屋顶花园。利用屋顶花园进行无土栽培等相关科研活动的场所，大多出现在科研院所、高校等单位。也有的单位利用屋顶进行以生产为目的活动，种植果树、中草药、蔬菜花木等经济作物，以获得经济回报。

⑤以绿化为目的的屋顶花园。此类屋顶花园以绿化美化环境、提高城市绿化覆盖率及改善城市生态环境为目的，多采用简单式绿化，可以不设游览道路，形成整体地毯式植物景观。

二、屋顶花园的植物选择与应用设计

（一）屋顶花园设计的基本原则

1. 生态效益为主

建造屋顶花园的目的是改善城市的生态环境，为人们提供良好的生活和休息场所。

2. 安全是前提

建筑结构的荷载、四周围栏的安全及屋顶排水和防水构造是屋顶花园建设要考虑的重要安全因素。如果屋顶花园所附加的荷重超过建筑物的结构构件（板、梁、柱墙、地基基础等）的承受能力，则将影响房屋的正常使用和安全。

3. 因地制宜，创造优美的园林景观

在以植物为主的前提下，许多屋顶花园都要为人们提供优美的游憩环境，加上场地窄小等不利因素，在景观设计上具有更大的难度。因此无论是各种景观要素的布置，还是植物的配置，都需精致而美丽。由于空间狭小，屋顶的道路可以迂回曲折而显得小中见大，建筑小品的位置和尺度，既要与主体建筑物及周围大环境保持协调一致，又要有独特的园林风格。要巧妙地利用主体建筑物的屋顶、平台、阳台、窗台、檐口，并充分运用植物、微地形、水体和园林小品等造园要素组织空间。采取借景、组景、点景、障景等造园技法，创造出不同使用功能和性质的屋顶花园环境。

4. 经济适用

与平地相比，屋顶花园的造价较高，这就更要求建造屋顶花园时要考虑经济因素。只有较为合理的造价，才有可能使屋顶花园得到普及。因此，为了在城市中努力推进屋顶绿化（花园）建设，必须考虑如何降低屋顶花园的造价，并尽量降低后期养护管理的成本。

（二）屋顶花园的植物选择

1. 以抗寒、抗旱性强的矮灌木和草本植物为主

屋顶花园由于夏季气温高、风大、土层保湿性差，冬季保温性差，因而应选择耐干旱、抗寒性强的植物。同时考虑到屋顶的特殊地理环境和承重的要求，应多选择矮小的灌木和草本植物，以便于栽种和管理。原则上不用大型乔木，有条件时可少量种植耐旱小型乔木。

2. 喜阳光充足、耐土壤瘠薄的浅根性植物

屋顶花园大部分地区为全日照直射，光照强度大，应尽量选用阳性植物，但考虑具体的小环境。如屋顶的花架、墙基下等处有不同程度遮阴的地方宜选择对光照需求不同的种类，以丰富花园的植物品种。屋顶种植基质薄，为了防止根系对屋顶结构的侵蚀，应尽量选择浅根性、须根发达的植物。不宜选用根系穿刺性较强的植物，以免损坏建筑防水层。

3. 抗风、不易倒伏、耐积水的植物

屋顶上栽培基质薄，但风力又大，因此，植物宜选择须根发达、固着能力强的种类，以适应浅薄的土壤并抵抗较大的风力。屋顶花园虽然灌溉困难，蒸发强烈，但雨季时则会短时积水，因此，植物种类最好能耐短时水淹。

4. 耐粗放管理的乡土植物为主

屋顶花园不仅生态条件差，而且植物的养护管理较地面难度大，农药的喷洒也更容易对大气造成污染，不易进行病虫害防治。而一般乡土植物均有较强的抗病虫害的能力，应作为屋顶花园的主体植物材料。在小气候较好的区域适当运用引进的新、优绿化材料，以提高景观效果。

5. 易移植成活、耐修剪、生长较慢的品种

屋顶花园施工和养护管理中，苗木的运输、更换等方面均较地面绿化更为困难，因此应该选择移植容易成活、生长缓慢且耐修剪的植物。

6. 能抵抗空气污染并能吸收污染物的品种

屋顶花园在阻滞和吸收大气污染物方面具有重要作用，因此应选择抗污性强，可耐受、吸收、滞留有害气体或污染物质的植物。

（三）屋顶花园的种植设计

屋顶花园的大小和荷载及防水、排水等特点都决定了屋顶花园植物配置上难以随心所欲。通常根据屋顶花园的类型和功能决定植物种植的方式。如不上人的屋顶花园可以采用地毯式种植方式，铺植草坪或地被植物。面积较小又具备一定休息功能的屋顶花园则以盆栽植物、花台、花坛等种植形式为主。只有在面积较大的屋顶花园，才可以适当构筑地形，结合道路及其他造园要素，进行多种形式的植物配置，如孤植、丛植、群植以及花坛、花带、花台甚至花境等，还可以结合休息设施布置花架、花廊等垂直绿化设施，或者结合水池布置水生植物，从而取得丰富的园林景观。

第十节　室内花卉的装饰应用设计

随着城市居民的集中，土地的减少，人们在室内生活的时间随之增多。由于室内空间的封闭性以及各种化学材料的使用，导致室内污染日趋严重。运用植物释放氧气、吸附有害气体、增湿、产生负离子等生态功能则是改善室内环境的重要途径之一。因此，室内花卉的应用得以迅速发展起来。植物是构成室内空间重要的美学要素之一。室内植物具有观花、观叶、观果等

多种素材，不仅带来大自然的生气，也为室内空间带来丰富的色彩和质感。植物不仅可美化建筑空间，而且与室外的植物景观相呼应，连接人们在不同的活动空间中与自然的交流。经过合理的布局，花卉在室内设计中还可以起到分隔和组织空间以及导向、提示等作用。

一、室内花卉及其应用形式

（一）室内花卉

室内花卉是指能适应室内环境条件，可较长期栽植或陈设于室内的花卉，也称为室内观赏植物。大部分为原产于热带、亚热带的不耐寒性花卉。室内花卉种类繁多，草本、木本皆有。从株型分有直立、丛生、蔓生之不同；从观赏对象分有观叶、观花、观果等之不同，仅观叶植物又有各种叶形、叶色及质地的不同；室内花卉的栽培形式也非常多样，如单株栽培、组合栽培、悬吊栽培、封闭式透明容器栽培以及将攀缘植物作直立盆栽的图腾柱式栽培等，灵活多变，丰富多彩，适合各种室内空间的装饰。

（二）室内花卉的应用形式

室内花卉的应用形式综合起来有以下几种：

1. 室内花园

以地栽为主的综合性室内植物景观。

2. 容器栽植植物应用

包括以不同的形式将植物栽培于容器中布置于各种室内空间的应用形式：普通盆栽、组合盆栽、悬吊栽培、图腾柱式栽培、瓶景（箱景）等多种形式。

3. 盆　景

以各种盆景装饰室内空间。

4. 插　花

以鲜切花及干花作为素材，经过插花及花艺设计布置于各种室内空间的花卉应用形式。

二、室内花卉应用的关键影响因素

（一）光　照

室内光照一般仅为室外全光照的 20% ～ 70%。因此，光因子是室内条件下影响植物生长的第一限制因子。只有根据不同的室内光照条件，科学地选择耐阴性不同的观赏植物才能实现室内植物设计的目的。不同花卉对光照的需求不同。一般而言，强耐阴花卉可以在 1000 ～ 1500lx 光照强度下正常生长；耐阴花卉在 5000 ～ 12000lx 条件下可正常生长；半耐阴花卉适于 12000 ～ 30000lx 环境条件；喜光花卉需要 30000lx 以上的光照才能生长。室内环境的自然光分布与当地的地理位置、建筑的高度、朝向、采光面积、季节、窗外遮阴情况等众多因素有关。例如，在北方 2 月份五层楼的南窗台，晴天中午最亮处为 26000lx，此时距窗 7.5m 远的位置光照仅为 700lx。在室内北向较阴处，白天仅为 20 ～ 500lx。光照弱是室内植物冬季生长量减少甚至休眠的主要原因。室内不仅光照弱，而且光源方向固定，植物会因向光性而导致株型不整齐。

（二）湿 度

湿度因子大多数室内观叶植物要求空气的相对湿度为40%～70%，而原产热带丛林的花卉需空气湿度70%～90%才能正常生长。只有原产干旱地区的花卉如仙人掌类等可在10%～30%的空气湿度正常生长发育。在北方冬季没有加湿设备的条件下，室内湿度一般为18%～40%，多数植物生长不良。因此，空气湿度也是限制室内植物生长发育的不利条件。

（三）温 度

在一定湿度的条件下大部分室内植物的最高生育温度为30℃左右，原产热带花卉生长的最低温度一般为15℃，原产亚热带花卉生长的最低温度为10～13℃。大多数室内花卉在15～24℃生长茂盛。而人类工作、休息的室内温度一般为15～25℃。因此，适于人居的温度可以满足大部分原产温带、亚热带及部分热带花卉的正常生长。室内温度条件与自然环境相比，不利于植物生长的方面主要是室内昼夜温差较小，甚至常常会有夜间温度高于白天的状况。

三、室内花卉应用设计

室内花卉设计是指在室内环境中遵循科学和艺术的原理，将富于生命力的室内花卉及相关要素有机地组合在一起，从而创造出功能完善、具有美学感染力、洋溢着自然风情的空间环境。室内花卉的应用形式呈多样化的发展趋势，在设计上力求达到多层次、多方位的空间装饰效果，使花卉和各种绿色植物最大限度地接近人，给人以亲近感，同时体现环境效益。

（一）室内花卉应用设计的基本原则

1. 满足建筑与室内空间的功能性需求

设计者应在全面了解室内建筑空间性质和功能要求的基础上，力求室内花卉设计方案适用、方便、安全、经济。在空间组织、整体与局部的关系、人与空间的关系、空间之间的关系等方面综合考虑其科学性、舒适性、艺术性、文化性与多样性，同时考虑应具备一定的适应性和可变性。

2. 与室内设计总体风格协调

对于大型的室内公共空间如商贸中心、公司总部、饭店等社交场所、公共事业单位、豪华私人住宅、展览温室等特殊建筑，根据建筑物性质、室内空间硬质景观和装饰风格来确定室内花园的类型、风格及特色。

3. 遵循形式美的基本规律

室内花卉设计要遵循艺术的基本规律，尤其注意多样统一原则的运用。通过确定主要植物种类及其数量、主要的色彩而求得统一；通过植株的高低、质地、色差、花期、栽培方式等要素获得丰富的效果。

4. 遵循科学性原则

根据植物的生长习性、生态习性、观赏特性，在室内不同的光分布区域内，选择适宜的花卉种类及植株体量进行合理配置。同一地段或同一容器中的花卉应选择对光照、土壤、水分等需求相近的花卉组合。群落的构成也以喜光植物在上方、喜阴植物在下方的原则布置。有异味及挥发性毒素的花卉种类不宜在室内应用。

5. 因地制宜进行室内植物景观设计

充分利用室内空间，采用地栽、容器栽植、悬吊攀缘等多种方式布置植物，高低错落构成室内花园的人工群落景观。利用假山石、水体、小品及铺装面的沙石和树皮块等，使景观要素更为丰富。

（二）室内容器栽植花卉应用设计

将具备观赏价值的室内花卉定植于适宜的容器中布置到各种室内空间，用以美化和装饰环境，是室内花卉应用最为广泛的形式，具有造价低、布置灵活、便于更新的特点，尤其适合于小空间及局部空间的点缀。

1. 盆栽式花卉应用设计

(1) 单株盆栽。树冠轮廓清晰或具有特殊株型的室内花卉，可以用于室内空间的孤植、对植、列植等布置方式，成为室内空间局部的焦点或分隔空间的主要方式。单株盆栽植物本身应具有较高的观赏价值，布置时还需考虑植物的体量、色彩和造型与所装饰的环境空间相适宜。

(2) 组合盆栽。将一种或多种花卉根据其色彩、株型等特点，经过一定的构图设计，将数株集中栽植于容器中的花卉装饰技艺（图 7-23）。各种时令性花卉及用于室内观赏的各种多年生及木本花卉都可以用于组合栽植的设计。根据作品的用途、装饰环境的特点等，应选择合适的植物种类。主要考虑以下几方面：观赏特性组合栽植设计时，要充分利用不同植物的观赏特征，如花、叶、果，色彩、株型、高低、姿态等，选择不同的种类进行最恰当的组合从而设计出观赏内容丰富的组合栽植景观。通常组合栽植既有简单的单种多株混合，更有多种植物观花观叶组合、直立下垂组合、不同色彩组合、不同高低组合等。文化特征组合栽植不仅用于日常的室内装饰，也是节日布置或礼仪馈赠的重要花卉形式，因此在组合栽植设计时，常常赋予作品一定的寓意来烘托特定的节庆气氛或表达赠送者的美好祝愿。这就要求设计者在选择花材时，要了解各地的用花习俗、花材的文化内涵等，才能设计出优秀的作品。生态习性方面，必须选择对生长条件，如土壤 pH 值、土壤水分、空气湿度、光照强度等要求相似的种类，才能保证在较长时间内花卉生长良好，从而达到预期的景观效果。

图 7–23　组合盆栽

2. 悬吊式花卉应用设计

悬吊式花卉应用是指将花卉栽培于容器中悬吊于空中或挂置于墙壁上的应用方式，悬吊装饰不仅节省地面空间，形式灵活，还可以形成优美的立体植物景观。

（1）悬吊式应用的植物选择。用于悬吊式装饰的花卉又称为吊篮花卉或垂吊花卉。主要包括以下两类：

①蔓性及垂吊花卉。包括枝条柔软、蔓性生长或枝叶柔软下垂的花卉。常用的有鸭跖草科的吊竹草类、水竹草类、常春藤类、吊兰类、蔓长春花等。此类花材枝繁叶茂，茎、叶伸展而下垂，不仅悬吊观赏效果佳，而且能很快把容器隐蔽起来，因而对容器的色彩和造型都要求不高。

②直立式花卉。植株低矮、株丛丰满、花叶美丽的直立型花卉，如冷水花、竹芋等。这类花材不能完全掩蔽容器表面，因此要选用造型、色彩雅致且与植物协调的容器为宜。

图 7–24 壁挂式

（2）悬吊观赏的类型。悬吊花卉的素材及装饰形式多样，可以统称为吊篮。根据其装饰形式及容器造型又可分为以下 4 种不同类型：

①壁挂式。固定于墙面的一种悬吊形式。通常是在一侧平直、固定于墙面的壁盆或壁篮中栽植观叶、观花等各种适于悬吊观赏的花卉，固定于墙面、门扉、门柱等处进行装饰。用于壁挂装饰的容器要求比较轻巧，通常用木质、金属网、竹器、塑料制品等，造型上可以是方形、半球形、半圆形等。壁挂植物装饰形式常成为室内空间的视觉焦点。花卉的色彩应与所装饰墙面的色彩、质感形成比较鲜明的对比，增加作品的装饰效果（图 7-24）。

②悬吊式。在各种不同材质及造型的吊篮、吊袋、吊盆中栽植适于悬吊观赏的花卉，悬挂于空间装饰环境的一种花卉应用形式(图 7-25)。悬吊式花卉装饰可广泛应用于门廊、门框、窗前、阳台、天花板、屋檐下、角隅处、棚架下、枯树枝上等。根据装饰的环境选择球形、半球形、柱形等规则式造型或开展式、下垂式等自然式造型，使得空间环境极富装饰性或增添自然的情趣。悬吊式花卉装饰多为立体造型，可供上下及四面观赏；或者用造型优美的容器栽植直立式与蔓性花卉，使蔓性花卉悬垂于容器四周形成饰品。悬吊式花卉饰品中，容器及吊绳均为作品的整体构成，需选择适宜的色彩、材质及造型。悬吊式花卉装饰形式因悬在空中，

图 7–25 悬吊式

随风摇荡，需选择轻型容器及栽培基质。可用于吊篮（盆）的容器种类丰富，材质多样，如塑胶制品、金属网、柳编等均可。为了防止土壤外漏并保持水分，金属网篮类的容器需在四周放些苔藓、棕皮或麻袋片铺垫。悬吊式花卉装饰的悬吊用绳，应选择耐水湿、坚实耐用又美观大方的塑料绳、麻绳、皮革制绳及各种色泽和造型的金属链。吊绳应从色彩、质感、粗细等方面与容器及整体花饰作品协调一致。另外，用于悬吊花卉的吊钩必须牢固。为了便于管理还可用滑轮做成可升降式吊钩。

③几架式。在各种支架、几架、藤架上悬挂或放置垂吊花卉的装饰形式。制作精美的几架下方也可设轮子，便于轻松随意地移动位置。这种形式尤其适合置于阳台一角、室内的角隅、门廊等相对比较狭小的空间内。利用家具的高处摆放悬垂花卉，形成下垂的绿色瀑布的效果也是室内植物设计中常用的一种形式。

④吊箱式。用木质、塑料或铁铸的材料制成花箱，种植悬垂花卉，将花箱固定于居室阳台或窗台沿口、墙壁或楼梯扶手栏杆、走廊外侧栏杆的装饰形式。较大的室内空间可在高处设种植槽栽种垂吊花卉形成立面装饰。

3. 瓶 / 箱景的应用设计

瓶/箱景是在透明、封闭的玻璃瓶或玻璃箱内经过构思、立意，构筑简单地形，配置喜湿、耐阴的低矮植物，并点缀石子及其他配件，表现田园风光或山野情趣的一种趣味栽培形式，又称为“瓶中花园”或“袖珍花园”。

瓶/箱景的设计首先应确定所要表现的内容与主题，进而确定其风格与形式，在此前提下选择容器形状、植物种类、配件及栽培基质、栽培方式等。封闭式瓶/箱景应选择适宜的瓶器及植物素材，注意容器与植物、配件、山石的比例关系以及植物生长的速度等，使构图在一定观赏期内保持均衡统一。在色彩上综合考虑装饰物及植物素材等各种相关要素的协调性。开口式瓶/箱器栽培则在植物选材及表现形式等方面有着更多的选择，这种瓶器栽培方式也属组合栽培的范畴，同样需要考虑配置在一起的植物其习性必须相似，瓶/箱景的摆放也应注意与室内空间环境协调。

（三）室内插花应用设计

插花花艺作品有着鲜明、亮丽的色彩及鲜活的生命力，雅俗共赏，因而具有极强的艺术感染力和装饰美化效果，广泛应用于各种公共及家居场所（图 7-26）。

图 7–26 插花艺术

1. 插花花艺的类型

（1）根据艺术风格分类。

①东方式插花艺术。主要以中国和日本传统插花为代表。作品不仅具有装饰效果，而且重视意境和思想内涵的表达。注重花材的人格化意义，赋予作品以深刻的思想内涵及寓意，用自然材料来表达作者的精神境界，所以非常重视花文化因素。色彩上以清淡、素雅、单纯为主，提倡轻描淡写；用花上亦讲求精炼，不以量取胜，而以其姿态、寓意为先；构图上崇尚自然，讲究画意，多以3个主枝作为骨干，高、低、俯、仰构成直立、倾斜、水平、下垂等各种形式，造型上自由活泼。

②西方式插花艺术。以欧美各国传统插花为代表。作品讲究装饰效果以及插作过程的怡情悦性，不过分地强调思想内涵。讲究几何图案造型，追求群体表现力，注重花材整体图案美及色彩。构图上多采用均衡、对称手法，多为规整的几何造型，追求丰富、艳丽的色彩，着意渲染浓郁气氛。

③现代自由式插花艺术。这是当今时代所广泛流行的插花艺术形式。在吸收传统东西方插花艺术理念的同时，借鉴现代装饰艺术的理念和手法，包括色彩和空间的造型、现代绘画、服饰设计、雕塑等艺术门类的造型理念，发展出的具有很强现代形式美感和装饰性较强的花艺作品。

（2）根据花材的性质分类。

①鲜花插花。以自然新鲜的花、枝、叶、果、茎等花材插制的插花作品，其特点是具有真实、自然、鲜美的生命力及艺术魅力，缺点是水养不持久，观赏期短。

②干花插花。采用经自然或人工干燥后的花材插制的插花。干燥花制品可分为三大类：立体干燥花、平面干燥花（又称压花）以及芳香干燥花。其中，立体干燥花主要指干切花，是用于制作干燥花插花及花艺设计的主要材料。干燥花插花观赏价值高，摆放时间持久，适用范围广。缺点是色彩不如鲜花生动，作品也不具备鲜花插花变化的特征。

③人造花插花。选材均为人造纺织材料或塑料等经加工制成。其特点为工艺性、装饰性强，经久耐用且容易清洗，但作品缺少鲜花插花的鲜活的生命力。

④混合插花。多为干燥花与鲜花或干燥花与人造花混合插制而成。其特点是使得作品从层次、质感上更为丰富和生动，扩大了插花作品的表现空间。

2. 室内插花布置原则

插花花艺作品应该与所装饰的空间大小相协调。一般明亮、宽敞的大厅或会议室、展示厅宜摆放大、中型的作品，而客厅、书房、卧室、办公室等空间相对较小的地方宜摆放中、小型作品。

陈设的作品应与室内装饰的风格、色调相和谐，与室内的其他陈设品（如家具、艺术品）的风格相协调。

作品的陈设高度、位置、角度等要合理。有些作品适合平视，有些则适合于仰视或俯视；有些作品是单面观赏，有些作品则适合从多面观赏。

插花作品适宜摆放在通风良好、光照明媚（漫射光）、温度适中的环境中，切忌高温下的阳光直射，也不宜在过低的温度或过湿热的环境下摆放。

室内照明光线的明暗、色调及插花所要摆放位置的光照状况影响插花的色彩效果。蓝色、紫色等深颜色的花若置于晦暗的光线中会有隐没感，起不到装饰的效果。光照不佳的环境需选择亮度较高的浅色调作品。布置晚会要注意不同光谱成分的灯光对于花色的不同作用，常用的光源中，白炽灯使冷色调的花暗淡，暖色调的花明亮；荧光灯使冷色调的花明亮，暖色调的花暗淡；蜡烛使冷色调的花发黑，暖色调的花发黄。

第八章
花卉各论

第一节　一二年生草本花卉

一、雁来红

【学名】*Amaranthus tricolor* L.

【别名】三色苋、老来少。

【科属】苋科苋属。

【形态特征】一年生草本，高 80 ～ 150cm；茎粗壮，绿色或红色，常分枝。叶互生，卵圆形、菱状卵形或披针形，除绿色外，还常呈红色、紫色、黄色或杂色，全缘，先端圆钝，具凸尖，基部楔形。花小，密集成簇。花被片 3，长圆形，绿或黄绿色。胞果卵圆形，包在宿存花被片内。

【习性】不耐寒；喜湿润向阳及通风良好的环境；耐干旱，忌湿热或积水；对土壤要求不严，适生于排水良好的肥沃土壤中，有一定的耐碱性；能自播繁殖。

【产地和分布】原产印度，亚洲南部、中亚及日本有分布。全国各地均有栽培，有时逸为半野生。

【园林用途】植株高大，入秋上部叶片常变为艳红色或红、黄相间，有时中下部叶也变得非常艳丽，是优良的观叶植物。最宜自然丛植，或作花境的背景材料，与各色花草组成绚丽的图案，也可大片种植于草坪之中。

【繁殖方法】播种繁殖为主。种子小，播种时要遮光，覆土宜薄。直根系，宜 4 ～ 5 月露地直播，发芽适温为 15 ～ 20℃，约 1 周左右可出苗。当幼苗长出 4 ～ 6 片真叶时移苗定植。为了保持品种的特性时也可进行扦插繁殖。

【栽培管理】幼苗前期生长缓慢，后期生长迅速。生长季施肥 2 ～ 3 次，氮肥充足则叶色鲜艳，但后期肥水不宜过多，否则会导致叶色不鲜；光照不足时叶片不易变色。

二、五色苋

【学名】*Alternanthera bettzickiana*（Regel） Nichols.

【别名】锦绣苋、五色草、红草。

【科属】苋科莲子草属。

【形态特征】多年生草本，作一二年生栽培。高 15 ～ 40cm，茎直立或基部匍匐，多分枝，上部四棱形，下部圆柱形，两侧各有一纵沟。单叶对生，全缘，叶长圆形、长圆状倒卵形或匙形，顶端急尖或圆钝，有凸尖，基部渐狭，绿色、暗紫红或红色，或绿色中具彩色斑，叶柄极短。头状花序，腋生或顶生，2 ～ 5 个丛生，花小，白色，花被片 5，卵状长圆形，白色，雄蕊 5。胞果，常不发育。花期 8 ～ 9 月。

【习性】夏季生长旺盛，喜凉爽、略微湿润的气候环境。不耐寒，冬季宜在 15℃以上越冬。土壤以排水良好的沙质土壤为宜，不耐干旱和水涝。

【产地和分布】原产巴西，现我国各地普遍栽培。

【园林用途】五色苋不同品种的叶片有多种颜色，叶色鲜艳，枝叶茂密，耐修剪，可用来排成各种图案、花纹、文字等平面或立体的形象，是模纹花坛的极好材料。也可用作地被、盆栽等。

【繁殖方法】多用扦插法繁殖，常在春、夏扦插。扦插的适宜温度为 20 ～ 25℃。一般取健壮嫩枝的顶部 2 节为插穗，以 3cm 株距插入沙、珍珠岩或土壤中，7 ～ 10 天即可生根，2 周即可移植上盆或定植。夏季扦插宜略遮阴。

【栽培管理】生长季节适量浇水，保持土壤湿润。作模纹花坛时，需要浇水喷雾，一般不需施肥，为促其生长，也可施 0.2% 的磷酸铵。当气温在 20℃以上时，五色苋生长迅速，可多次摘心或修剪，使之保持矮壮、密集的株丛。

三、鸡冠花

【学名】*Celosia cristata* L.

【别名】鸡冠头、红鸡冠。

【科属】苋科青葙属。

【形态特征】一年生草本，高 25 ～ 90cm，全株无毛；茎粗壮直立，具棱。叶互生，卵形、卵状披针形或披针形，长 5 ～ 13cm，宽 2 ～ 6cm，顶端渐尖，基部渐狭，全缘。穗状花序顶生，肉质，扁平鸡冠状或羽毛状，具丝绒般光泽；苞片、小苞片和花被片有玫瑰紫色、橙色、黄色、深红、淡红等色。叶色与花色常有相关性。胞果卵形，盖裂，包裹在宿存花被内。花期 8 ～ 10 月。

【习性】喜温暖、干燥和阳光充足的环境；不耐寒，忌霜冻，温度低于 10℃时，植株停止生长，逐渐枯萎死亡；忌积水，较耐旱；以肥沃的沙质土壤为宜。可自播繁殖。

【产地和分布】原产亚洲热带，全国各地均有栽培。

【园林用途】鸡冠花花序扭曲折叠，酷似鸡冠，故名鸡冠花。因其花形奇特，花色鲜艳，观赏期长，是很好的花坛花卉，也适于布置花境，还可盆栽观赏以及做干花等。

【山西省分布和应用】山西省大部分地区有栽培。

【繁殖方法】播种繁殖。种子萌发的最低温度在 20℃以上，因此，北方可于 3 月在温床播种，4 月中旬至 5 月上旬露地播种。由于种子极细小，对播种用土要求细致，覆土宜薄，发芽适温为 21 ～ 24℃，播后 6 ～ 10 天可发芽。生长适温 17 ～ 20℃，在播后 12 ～ 14 周开花。直根性，待幼苗长出 4 ～ 5 片真叶时即可移植，注意移栽或定植时要带土团。

【栽培管理】忌水涝，但在生长期特别是夏季，需充分灌水。苗期不宜施肥，否则会促使侧枝生长茁壮而影响主枝发育。生长期每半月施肥一次，前期以氮肥为主，后期以磷、钾肥为主。栽培地需阳光充足。如果光照不足，植株易徒长而影响开花。

四、千日红

【学名】*Gomphrena globosa* L.

【别名】火球花、千日草。

【科属】苋科千日红属。

【形态特征】一年生草本，高 15 ～ 60cm，全株被灰色或白色柔毛。茎直立，上部多分枝。单叶对生，纸质，长椭圆形或长圆状倒卵形，全缘，先端尖或圆钝，基部渐窄。球形头状花序，1 ～ 3 个生于枝顶，有长总梗，花序径 2 ～ 2.5cm，基部有 2 枚叶状总苞；花小密生，每花都有卵形苞片，苞片膜质有光泽，玫红色或紫红色，有时淡紫、堇紫或白色，干后不落，且色泽不褪，仍保持鲜艳，是主要的观赏部分；花被片 5，披针形。胞果近球形。花期 6 ～ 7 月，观赏期为 5 月至霜降。

【习性】喜炎热干燥气候，不耐寒；喜温暖和阳光充足环境；适应性强，对土壤要求不严格，但在肥沃疏松的沙质壤土中生长良好。

【产地和分布】原产美洲热带，我国各地习见栽培。

【园林用途】植株花序繁多，球形头状花序的膜质苞片色泽鲜艳且颜色多样，花后持久不落，观赏期长，为优良的花坛花卉，也适宜花境、岩石园等应用，也是制作干花、花篮的良好材料。

【繁殖方法】以播种繁殖为主，也可扦插繁殖。因种子外密被柔毛，易相互粘连，且对水分吸收慢，故播前应进行催芽处理。一般用冷水浸种 1 ～ 2 天后滤出水分，然后用草木灰拌种。或先将种子与湿润的河沙混合并揉搓，然后用温水（20℃）浸种 24h，挤出水分，撒播于苗床。发芽适温 21 ～ 24℃，约 2 周后可发芽。生长温度 15 ～ 30℃，出苗后 9 ～ 10 周开花。扦插繁殖可在 6 ～ 7 月进行，剪取健壮枝梢，长约 4 ～ 6cm，即 3 ～ 4 个节为适，插入沙床，温度控制在 20 ～ 25℃，插后 18 ～ 20 天可移栽上盆。

【栽培管理】栽培管理粗放。苗高长至 10 ～ 12cm 时可进行一次摘心。生长期浇水不宜过多，每隔 15 ～ 20 天施肥一次。观赏期应经常把残花序摘除，促使别的花序发育，以保持较长的观赏期。

五、扫帚草

【学名】*Kochia scoparia*（L.）Schrad.

【别名】地肤。

【科属】藜科地肤属。

【形态特征】一年生草本，全株被短柔毛，高 50 ～ 150cm。茎直立，分枝多而密集成卵圆至圆球形，草绿色或紫红色。叶互生，条状披针形或披针形，细密，草绿色，入秋后变为暗红色。花小，不显著，常 1 ～ 3 朵簇生上部叶腋；花被近球形，5 深裂。胞果扁球形。花期 6 ～ 9 月，果期 7 ～ 10 月。嫩茎嫩叶可食，植株干燥后可作扫帚用。

【习性】喜阳光充足，极耐炎热，不耐寒；耐干旱、耐瘠薄和盐碱，对土壤要求不严；很容易自播繁殖。

【产地和分布】全国各地均产，生于田边、路旁、宅旁隙地、园圃边、荒地等处。

【园林用途】主要观赏其株型，夏季时嫩绿，秋季全株成紫红色。可修剪成各种几何造型（如球形、卵圆形等），用于布置花境，也可数株丛植于花坛中央或边缘，还可作短期绿篱之用。

【繁殖方法】播种繁殖。春播，宜直播。4 月上旬将种子播于露地苗床，发芽适温为 20℃，发芽迅速、整齐。

【栽培管理】幼苗生长初期较为纤弱，生长也比较缓慢，要加强除草、松土，追施磷、钾肥 1 ～ 2 次。夏季植株生长旺盛，枝叶浓密，可进行造型修剪。

六、紫茉莉

【学名】*Mirabilis jalapa* L.

【别名】地雷花、胭脂花、草茉莉。

【科属】紫茉莉科紫茉莉属。

【形态特征】多年生草本植物，常作一年生栽培。株高 20 ～ 100cm，无毛或近无毛。植株开展，多分枝，节部膨大。叶对生，纸质，卵形或卵状三角形，顶端渐尖，基部平截或心形，全缘。花常数朵集生于枝顶端，总苞钟形，5 裂，裂片三角状卵形，果时宿存。花被呈花冠状、高脚杯状，花被管圆柱形，长 2 ～ 6cm，上部稍扩大，花被上部开展部分径约 2.5 ～ 3cm，5 浅裂；花被紫红色、黄色、白色、粉色或红色，也有具斑点或条纹的复色品种；花午后开放，次日中午前凋谢。瘦果卵形，长 5 ～ 8mm，成熟后黑色，表面皱缩，形似地雷，所以又叫地雷花。花期 6 ～ 10 月，果期 8 ～ 11 月。

【习性】喜温暖湿润的气候条件，不耐寒；喜土层深厚、疏松肥沃的土壤，在稍蔽荫的地方生长良好。可自播繁殖。

【产地和分布】原产南美热带地区。全国各地常栽培，有时逸为野生。

【园林用途】花期长，从夏至秋开花不绝，可于房前屋后、路边、建筑物周围、篱垣、林缘等处丛植。

【山西省分布和应用】全省各市均有栽培。

【繁殖方法】播种繁殖，也可用块根繁殖。直根性，不耐移栽，宜直播。种皮较厚，播前浸种可加快出苗。于 4 月初直播于露地苗床，宜点播，每穴 1 ～ 2 粒种子。发芽适温 15 ～ 20℃，7 ～ 8 天可萌发。紫茉莉为深根性花卉，故应尽早移栽。

【栽培管理】性强健，幼苗生长迅速，养护管理较为粗放，在生长期间适当施肥、浇水即可。

七、半支莲

【学名】*Portulaca grandiflora* Hook.

【别名】大花马齿苋、松叶牡丹、太阳花。

【科属】马齿苋科马齿苋属。

【形态特征】一年生肉质草本，植株低矮，株高10～20cm。茎平卧或斜升，稍带紫红色，多分枝，节有簇生毛。叶圆棍状，肉质，散生或略集生，叶柄极短或近无柄，在叶腋常有簇生的白色长柔毛。花日开夜闭，单生或数朵簇生枝顶，直径2.5～4cm，基部有8～9枚轮生的叶状苞片，苞片被白色长柔毛；萼片2，宽卵形；花瓣5或重瓣，倒心形，先端微凹，有粉、白、黄、红、紫、橙等色或具斑纹等复色品种；雄蕊多数。蒴果近椭圆形，盖裂。种子圆肾形，有小疣状突起。花期6～9月。

【习性】喜温暖、阳光充足而干燥的环境，不耐寒，在阴暗潮湿之处生长不良；对土壤适应性较强，耐干旱瘠薄；能自播繁殖。半支莲属强阳性植物，见阳光花开，早晚、阴天花朵常闭合或不能充分开放，故有太阳花之名。

【产地和分布】原产巴西；我国各地均有栽培。

【园林用途】植株矮小，茎、叶肉质光洁，开花繁茂而鲜艳，花色极为丰富，花期长，是良好的花坛用花，可用作花坛、花丛的镶边材料，也可用于窗台栽植或盆栽。

【繁殖方法】播种或扦插繁殖。露地春播可于3～4月进行，种子喜光，覆土宜薄，不覆土亦可。发芽适温20～25℃，播后7～10天发芽。摘取新梢扦插易生根，扦插繁殖可于6～8月进行，插后不必遮阴，只要土壤湿润都能成活。

【栽培管理】栽培容易，移栽后容易恢复生长，生长期不必经常浇水，对肥料没有特殊要求，可半月施一次磷酸二氢钾，就可花开不断。

八、霞 草

【学名】*Gypsophila elegans* M.Bieb.

【别名】满天星、丝石竹、缕丝花。

【科属】石竹科丝石竹属。

【形态特征】一二年生草本，株高 30 ～ 50cm，由基部即分枝。茎叶被白粉，呈灰绿色，上部分枝纤细而开展。单叶对生，叶披针形，全缘，两面无毛。花在枝端排列成疏散开展的圆锥状聚伞花序；花梗细长，花小，花径约 0.6 ～ 1.2cm；花瓣 5，白色或粉红色，长圆形；雄蕊 10。蒴果卵圆形。花期 5 ～ 6 月，果期 7 月。

【习性】耐寒，喜阳光充足、通风、凉爽的环境，忌炎热和过于潮湿；适应性强，耐干旱瘠薄和盐碱，在腐殖质丰富、排水良好的沙壤土上生长良好。

【产地和分布】产于新疆阿尔泰山区和塔什库尔干。生于海拔 1100 ～ 1500m 的河滩、草地、固定沙丘、石质山坡及农田中。我国各地栽培供观赏。

【园林用途】霞草在初夏时白色小花不断，花丛蓬松，花朵繁茂细致、分布匀称，犹如繁星点点。可用于花丛、花境、岩石园、路边和花篱栽植；也常用于切花配花，是插花中必不可少的填充花材，一束花中插入几枝霞草，便平添了几分妩媚之美；也可制成干花。

【繁殖方法】播种繁殖。直根性，不耐移栽，宜直播。寒冷地区宜春播，5 月中旬开花。发芽适温 21 ～ 22℃，7 ～ 10 天便可出苗。切花栽培时应分期分批播种，以延长供花时间。

【栽培管理】适应性强，栽培管理简单。生长期每 2 周施稀薄肥水一次，可使植株生长旺盛，开花多。

九、花菱草

【学名】*Eschscholtzia californica* Cham.

【别名】又名金英花、人参花。

【科属】罂粟科花菱草属。

【形态特征】多年生草本作二年生或一年生栽培，株高 25 ～ 60cm。植株被白粉，呈灰绿色，株型稍铺散。叶多回三出羽状细裂，基生为主，有少量茎上互生叶。花单生于茎枝顶端，花梗长，花瓣 4，三角状扇形，金黄色，十分鲜亮。蒴果细长，种子球形。花期 4 ～ 8 月，果期 6 ～ 9 月。

【习性】喜阳光充足、冷凉干燥气候，不耐湿热；耐寒力较强。怕涝，宜排水良好、深厚疏松的土壤。能自播繁殖。花朵在阳光下开放，阴天或夜晚闭合。

【产地和分布】原产美国加利福尼亚州，我国广泛引种作庭园观赏植物。

【园林用途】枝叶细密，花姿优美，开花繁茂，花金黄色，是花带、花境的好材料，亦可盆栽。

【繁殖方法】播种繁殖，一般于 9 月中旬露地播种，宜直播或盆钵育苗。嫌光性种子，故播后应覆土。发芽适温为 15 ～ 20℃，北方地区设风障或覆盖即可露地越冬。移苗、定植时植株需带宿土或用盆钵苗。

【栽培管理】定植时注意保护根系，不要伤根。苗期保证良好的水肥供应，薄肥勤施。夏季炎热多雨时要注意及时排水，以防根茎腐烂。

十、虞美人

【学名】*Papaver rhoeas* L.

【别名】丽春花、赛牡丹。

【科属】罂粟科罂粟属。

【形态特征】一二年生草本，全株具毛，茎细长，高约 30 ～ 80cm。叶互生，羽状深裂，裂片披针形，边缘有不规则的锯齿。花单生，具长梗，花蕾卵球形，未开放时下垂；花瓣 4，薄而具光泽，近圆形或宽倒卵形，全缘或有时有圆齿或先端缺刻，基部常具深色斑；花径 5 ～ 6cm，花色有红色、紫红色、粉红色至白色等。雄蕊多数；花柱极短，柱头 5 ～ 18，辐射状，连成盘状体。蒴果宽倒卵圆形。花期 4 ～ 6 月。

【习性】喜凉爽气候，忌炎热；喜排水良好、肥沃的沙壤土。不耐移栽，可以自播繁殖。

【产地和分布】原产欧洲；我国庭园广泛栽培。

【园林用途】花色极为丰富，花多彩多姿、颇为美观，是春季美化花坛、花境以及庭院的良好草花，也可盆栽或切花。在公园中成片栽植，景色宜人。一株上花蕾很多，此谢彼开，可保持相当长的观赏期。

【繁殖方法】播种繁殖。发芽适温 15 ～ 20℃，生长适温 10 ～ 13℃，从播种到开花需要 14 ～ 16 周。

【栽培管理】耐干旱，但不耐积水，故不宜种植在过湿热的地方，生长期间浇水不宜多，以保持土壤湿润即可。直根性，根系长，不耐移植，移时注意勿伤根，并带土，栽时将土压紧。

十一、醉蝶花

【学名】*Cleome spinosa* Jacq.

【别名】凤蝶草、紫龙须、蜘蛛花、西洋白花菜。

【科属】白花菜科醉蝶花属。

【形态特征】一年生草本，高 90 ～ 120cm，全株具黏质腺毛，有强烈气味。掌状复叶，总叶柄细长，基部有两个托叶变成的小钩刺，小叶 5 ～ 7 枚，长圆状披针形，先端急尖，基部楔形，全缘。总状花序顶生，萼片 4，条状披针形，向外反折；花瓣 4，玫瑰紫色、粉红色或白色，倒卵形，基部有长爪；雄蕊 6，细长，约为花瓣长的 2 ～ 3 倍，伸出花瓣外。蒴果圆柱形，长 5 ～ 6cm，有纵纹。花期 6 ～ 10 月。

【习性】不耐寒，喜温暖、通风、向阳的环境，能耐干旱及炎热，也略耐半阴；在疏松肥沃、排水良好的沙壤土中生长良好。能自播繁殖。

【产地和分布】原产南美；我国各大城市均有栽培。

【园林用途】醉蝶花花瓣具长爪、雄蕊特别长，伸出花冠之外，花色艳丽，宛若翩翩飞舞的蝴蝶，非常美丽。适于布置花境、花坛，或在路边、林缘成片栽植，也适合与其他花卉搭配丛植，同时还是很好的蜜源植物。

【繁殖方法】播种繁殖。可于春季 3 月下旬至 4 月上旬播于露地苗床中，发芽适温 20 ～ 30℃，播后 1 ～ 2 周发芽。

【栽培管理】不耐移植，宜在小苗期移植，以利成活。幼苗长出 2 ～ 3 片真叶时可移植 1 次，当苗高 5 ～ 6cm 时，可以按 30 ～ 40cm 的株行距定植于园地。定植初期施薄肥一次，生长期间不必施肥过多，以免植株徒长，影响观赏效果。

十二、羽衣甘蓝

【学名】*Brassica oleracea* var.*acephala* Linn.f.*tricolor* Hort.

【别名】叶牡丹、花包菜。

【科属】十字花科芸薹属。

【形态特征】二年生草本。第一年为长叶期，植株具多片基生叶，茎短缩，整个株形似牡丹状，所以被形象的称为“叶牡丹”，此期株高约 20 ～ 40cm；第二年春天抽薹、开花，抽 后高可达 1.2m。叶宽大，边缘具细波状皱褶，叶面光滑无毛，有白粉；外轮的叶片呈粉蓝绿色或绿色，叶柄粗而有翼，里面数轮叶的叶色呈白黄、紫红、黄绿、粉红等色。开花时总状花序着生茎顶，十字花冠，黄色。长角果圆柱形。4 月抽薹、开花。

【习性】较耐寒，喜凉爽，喜阳光；喜肥沃疏松的沙质壤土，耐微碱性土壤。生长适温 15 ～ 25℃。

【产地和分布】原产西欧，我国各地普遍栽培供观赏。

【园林用途】羽衣甘蓝叶色非常鲜艳，是很好的室外观叶植物，用于布置花坛、花境，亦可盆栽观赏。

【繁殖方法】播种繁殖。不同品种播种期不同，高型品种一般春、夏播种，矮型品种秋播。发芽适温 20 ～ 25℃，4 ～ 5 片叶子时移植。

【栽培管理】幼苗长出 6 ～ 8 片叶子时即可定植于园地或上盆，定植时根系上略带宿土。羽衣甘蓝生长期需水较多，叶簇生长期不能缺水，应保持土壤湿润，但也不能积水。喜肥，在施足底肥的基础上，应适当追肥，前中期是施肥的重要时期，可每 7 ～ 10 天施 1 次氮、磷、钾液肥。在光照条件较好的地方，叶片生长快、品质好。

十三、紫罗兰

【学名】*Matthiola incana*（L.）R.Br.

【别名】草紫罗兰、草桂花。

【科属】十字花科紫罗兰属。

【形态特征】全株被灰色星状柔毛。二年生或多年生草本，高 20 ～ 60cm。茎直立，多分枝，基部稍木质化。叶互生，长圆形至倒披针形，先端圆钝，基部渐窄成柄，全缘。总状花序顶生，花梗粗壮；萼片 4，直立，长椭圆形；花瓣 4，排成十字形；花紫红、深粉红色、白色或复色，具香气。长角果圆柱形，种子近圆形，深褐色，具白色膜质翅。花期 4 ～ 5 月。

【习性】喜冷凉，忌燥热，耐寒，冬季能耐短暂－5℃低温；喜阳光充足，但也稍耐半阴；喜肥沃、湿润、土层深厚的土壤。除一年生品种外，幼苗需经过低温，春花作用后才能开花。

【产地和分布】原产欧洲南部，现各地栽培。我国各大城市常引种栽培于庭园花坛或温室中，供观赏。

【园林用途】紫罗兰花期长，花朵茂盛，色彩浓艳，香气浓郁，是春季花坛的重要花卉，也可用作花境、花带、盆栽和切花。栽培品种很多，花型有单瓣和重瓣。

【繁殖方法】以播种繁殖为主，也可扦插繁殖。秋播，发芽适温 15 ～ 22℃，生长适温 10 ～ 20℃。不耐移植，移植时要多带宿土，少伤根，这样才能提高成活率。

【栽培管理】薄肥勤施。如果用来布置花坛时，春季需控制水分，以使植株低矮紧密。夏季高温高湿时要注意病虫害的防治。

十四、香雪球

【学名】*Lobularia maritima*（L.）Desv.

【别名】小白花、玉蝶球、庭芥。

【科属】十字花科香雪球属

【形态特征】多年生草本常作一二年生栽培。植株矮小，高 15 ～ 30cm，分枝多而铺散状。叶披针形或条形，互生，全缘。总状花序顶生，总轴短，花朵密生，成球形；花瓣 4 片，分离，排成十字形，花瓣白色或淡紫色，有微香，长圆形，顶端钝圆，基部突然变窄成爪；雄蕊 6 个。短角果椭圆形。花期 4 ～ 7 月。

【习性】稍耐寒，喜凉爽，忌炎热；对土壤要求不严，耐干旱瘠薄，忌水涝；以向阳、排水良好的土壤为宜，能自播繁殖。

【产地和分布】原产地中海沿岸，我国河北、山西、江苏、浙江、陕西、新疆等省区公园及花圃有栽培，供观赏。

【园林用途】香雪球植株匍地，盛花时一片洁白，幽香清雅，是优美的岩石园花卉、小面积的地被花卉，也适宜花坛、花境边缘布置，也可盆栽观赏。

【繁殖方法】以播种繁殖为主。秋播或春播，秋播生长良好，播种适温为 21 ～ 22℃，播后 10 天左右可发芽，5 ～ 6 周开花。种子细小，不覆土或覆盖一层薄薄的细土。当幼苗长出 4 片真叶时定植于盆中，在冷床或冷室内越冬，翌年脱盆定植于露地或盆栽观赏。也可用扦插繁殖，生根容易。

【栽培管理】适时施肥以及浇水。香雪球花期长，应每半月施稀薄的液肥一次。注意中耕除草和病虫防治。

十五、旱金莲

【学名】*Tropaeolum majus* L.

【别名】金莲花、旱荷花、大红雀。

【科属】旱金莲科旱金莲属。

【形态特征】多年生蔓性草本，蔓长可达 1.5m，常作一年生栽培。叶互生，近圆形，具长柄，叶缘有波状钝角，盾状着生。花单生叶腋，两侧对称，花梗很长；花色有黄、橘红、紫、红棕、乳白色或杂色，花径 2.5 ～ 6cm；5 枚萼片中的 1 枚向后延伸成 1 长距；花瓣 5，通常圆形，边缘有缺刻，上部的 2 瓣着生于距开口处，下面 3 瓣基部具爪，近爪处边缘呈细撕裂状；雄蕊 8，分离，不等长；果扁球形，成熟时分裂成 3 个具一粒种子的瘦果。花期 6 ～ 10 月。

【习性】喜凉爽但不耐寒，喜温暖湿润、阳光充足的环境和排水良好而肥沃的土壤，怕水涝，土壤过湿容易造成叶片枯黄。

【产地和分布】原产南美洲；我国各地均有栽培。

【园林用途】旱金莲花期长，花大色艳，叶形奇特，具有很高的观赏价值。黄色的花朵盛开时，如群蝶飞舞，景色壮观。宜自然式丛植、布置花境、岩石园点缀，盆栽可供室内观赏或装饰阳台、窗台。

【繁殖方法】以播种繁殖为主，也可扦插繁殖，成活容易。春播，一般于 2 ～ 3 月于温室或温床播种，晚霜过后移植于露地。发芽适温 15 ～ 20℃，播后 7 ～ 10 天可发芽。种子的种皮较厚，播种前用 40 ～ 45℃的温水浸种 12h，有助于发芽。扦插繁殖时可剪取带有 3 ～ 5 个芽的嫩茎做插穗，在 10 ～ 15℃的条件下很容易生根，2 周左右即可开花。

【栽培管理】随着植株的生长，可用细杆做支架，绑缚枝蔓。由于枝条内部多浆，在生长前期需要给予足够的水分，但开花后要减少浇水，防止枝条旺长。叶子过于茂盛时可适当摘叶，以促开花。

十六、银边翠

【学名】*Euphorbia marginata* Pursh.

【别名】高山积雪。

【科属】大戟科大戟属。

【形态特征】一年生草本，具白色乳液，高 50 ～ 120cm，全株被柔毛或光滑。茎直立，基部极多分枝。叶卵形至长圆形或椭圆状披针形，全缘，无柄；下部的叶互生，绿色；顶端的叶轮生，夏季时叶缘呈白色或整个叶片为白色，为主要观赏部位。花序单生苞叶内或数序聚伞状着生，总苞钟状，顶端 4 裂，裂片间有漏斗状的腺体 4，半圆形，边缘具白色花瓣状附属物。花小，白色。蒴果扁球形，密被白色短柔毛；种子椭圆状或近卵形。花果期 6 ～ 9 月。

【习性】喜生于温暖、向阳的环境；不耐寒，耐干旱，忌潮湿；对土壤要求不严，适应性强，生长健壮；直根性。能自播繁殖。

【产地和分布】原产北美洲；我国各地常有栽培，常见于植物园、公园、庭园等处，供观赏。

【园林用途】植株浅绿，顶叶呈银白色，与下部绿叶相映，犹如青山积雪。银白色彩可用于花坛配色，为良好的花坛背景材料。如与其他颜色的花卉配合布置，更能发挥其色彩之美。也常用于林缘作地被大片布置，还可用于花境、花丛、盆栽及插花配叶。

【繁殖方法】播种或扦插繁殖。春播，宜直播而不宜移植；发芽适温 18 ～ 20℃，播后 10 ～ 21 天可发芽。春秋季扦插易生根。

【栽培管理】栽培容易，定植成活后，幼苗长至 15cm 左右时要摘心一次，以促进分枝，抑制高度。生长期适当追肥，促使枝叶繁茂。

十七、凤仙花

【学名】*Impatiens balsamina* L.

【别名】指甲花、小桃红、透骨草、水金凤。

【科属】凤仙花科凤仙花属。

【形态特征】一年生草本，高 40 ～ 100cm。茎直立肉质，粗壮而光滑。叶互生，阔披针形或狭披针形，先端长渐尖，边缘有锐锯齿，叶柄两侧有腺体。花大，两侧对称，单生或数朵簇生于上部叶腋，通常粉红色，也有水红、大红、桃红、玫瑰红、粉、白及杂色，单瓣或重瓣；萼片 3，侧面 2 片小，后面 1 片大的有距，花瓣状。花瓣 5，其中 4 片两两结合，中央 1 片大，圆形，先端凹。蒴果尖卵形，具绒毛，成熟时弹裂，将种子弹出。种子多数，椭圆形，深褐色。花期 6 ～ 9 月，果期 7 ～ 10 月。

【习性】适应性较强，生长迅速。喜温暖，耐热不耐寒，喜阳光充足；宜肥沃、深厚、排水良好的微酸性土壤，但在瘠薄土壤中也能生长，不耐干旱。具有自播能力。

【产地和分布】我国各地庭园广泛栽培，为习见的观赏花卉。

【园林用途】凤仙花是我国民间栽培已久的草花之一，姿态优美，花瓣可用来涂染指甲，故又名指甲花。凤仙花的花色、品种极为丰富，是花坛、花境的好材料，可丛植、群植和盆栽，高型品种可做花篱栽植。

【山西省分布和应用】山西省各地普遍栽培。

【繁殖方法】播种繁殖，3 ～ 9 月都可进行，以 4 月播种最为适宜。播前将苗床浇透水，播后约 10 天出苗，从播种到开花约 7 ～ 8 周，花期可保持两个多月。亦可自播繁殖。

【栽培管理】要求种植地高燥通风，否则易染白粉病。整个生长季节要保持一定的空气湿度，整个夏季浇水要及时并充足，保持土壤湿润但不能积水。移栽后易成活，盛开时仍可移植，恢复容易。

十八、锦 葵

【学名】*Malva sinensis* Cav.

【别名】棋盘花、小钱花。

【科属】锦葵科锦葵属。

【形态特征】二年生或多年生直立草本，高 50 ～ 100cm；茎直立，分枝，有粗毛。叶圆心形或肾形，直径 7 ～ 13cm，通常 5 ～ 7 裂，裂片浅钝；叶柄长 5 ～ 12cm。花紫红色，直径 2.5 ～ 4cm，簇生于叶腋，花梗长短不等，长可达 3cm；副萼卵形；萼杯状，萼裂片 5，宽卵形；花瓣 5，匙形，具深紫色纹，长约 2cm，先端浅凹。果实扁圆形，分果爿 9 ～ 11。种子黑褐色，肾形。花期 5 ～ 10 月。

【习性】适应性强，较耐寒，喜冷凉，耐干旱；不择土壤，以沙质土壤最为适宜。能自播繁殖。

【产地和分布】原产欧洲。全国各地常见栽培，供观赏，偶有野生。

【园林用途】用于花坛、花境，或用作绿化背景及空隙地绿化。

【繁殖方法】播种繁殖。北方常秋播，入冬前移入冷床越冬，翌年春暖后定植于露地；也可春播，一般 3 月间在温室或温床内进行，4 月下旬即可露地栽植，6 月上旬就可开花，但不如秋播生长势强。

【栽培管理】锦葵开花次数比较多，需勤施肥。5 月起进入生长期，施入氮磷结合的肥料 1 ～ 2 次，6 月起陆续开花一直到 10 月，每月应追施以磷为主的肥料 1 ～ 2 次，使花连开不断。

十九、三色堇

【学名】*Viola tricolor* L.

【别名】猫儿脸、猴面花、鬼脸花、蝴蝶花。

【科属】堇菜科堇菜属。

【形态特征】多年生草本花卉，常作二年生栽培。株高 10 ～ 30cm，全株光滑无毛，茎常分枝，倾卧地面。叶互生，基生叶卵圆形，茎生叶长卵圆形或长圆状披针形，叶缘锯齿圆钝，托叶大而宿存，基部羽状深裂。花大，径 3.5 ～ 6cm，1 ～ 2 朵腋生，下垂，有总梗及 2 小苞片；萼片 5，宿存；花瓣 5，不整齐，常互相重叠，一瓣有短距，下面 2 枚花瓣有线性附属体，向后伸入距内；三色堇花的色彩、品种繁多：除一花三色（黄、白、紫）者外，也有单色的。如纯白、浓黄、紫堇、紫黑、蓝、青等色；从花形上看，还有大花形、花瓣边缘呈波浪形的。蒴果椭圆形易开裂，种子圆形，褐色。花期 4 ～ 6 月。

【习性】喜光，略耐半阴；喜凉爽，较耐寒；忌炎热，忌涝；喜肥沃、排水良好、富含有机质的土壤。日照长短比光照强度对开花的影响大，日照不良，开花不佳。

【产地和分布】原产欧洲，我国南北方栽培普遍。

【园林用途】三色堇是布置春季花坛、花境的主要花卉之一。株型低矮，花色艳丽。因花有三种颜色对称地分布在五个花瓣上，构成具对比色的图案，形如猫的两耳、两颊和一张嘴，故又名猫儿脸，也称猴面花。花朵装饰效果好，是窗盒和种植钵的优良花卉，也可以盆栽观赏或作切花。

【繁殖方法】播种繁殖。秋播，生长适温 5 ～ 23℃，从播种到开花约需 14 ～ 15 周。

【栽培管理】性强健，栽培管理简单。花期长，喜凉，摆放时最好部分遮阴，减少水分散失。如生长在阴凉地区时，不要浇水过多。

二十、长春花

【学名】*Catharanthus roseus*（L.）G.Don.

【别名】日日草、五瓣莲、山矾花。

【科属】夹竹桃科长春花属。

【形态特征】直立多年生草本或亚灌木状，在北方多作一年生栽培，株高 20 ～ 60cm。单叶对生，长圆形或倒卵状长圆形，全缘，先端圆钝，叶柄短；叶浓绿而有光泽，两面光滑无毛，主脉白色明显。花单生或数朵腋生，高脚碟状花冠，花径 2.5 ～ 4cm；花冠裂片 5，倒卵形，粉红色、淡粉色、纯白或白色而喉部具红黄斑等品种，通常喉部色更深。雄蕊 5 枚着生于花冠筒中部之上。　　果 2 枚，圆柱形；在长江流域及其以北地区，花期为 7 ～ 9 月。

【习性】喜阳光，耐半阴；不耐寒；耐旱，忌积水；一般土壤均可栽培，但盐碱土壤不宜，以排水良好、富含腐殖质的土壤为好。

【产地和分布】原产非洲东部；在我国西南、中南及华东各省区均有栽培，在长江以南地区栽培较多。

【园林用途】长春花姿态优美、色彩艳丽，开花多，花期较长，是优良的花坛花卉，北方常盆栽作为温室花卉。

【繁殖方法】播种或扦插繁殖。发芽适温 20 ～ 25℃，生长适温 18 ～ 24℃。当播种苗长出 3 对真叶时可移栽，长春花主根发达，侧根、须根少，应带土移植。扦插繁殖在春季或初夏剪取嫩枝，插入沙床或腐叶土中，保持扦插土壤稍湿润，室温 20 ～ 24℃，插后 15 ～ 20 天生根。

【栽培管理】长春花忌湿怕涝，在生长期要适当浇水，注意浇水不宜过多，过湿影响生长发育。露地栽培时，雨季要及时排涝。喜薄肥，幼苗快速生长时要补充肥料，花期适当追肥，可延长花期。生长期必须有充足阳光，才能叶色翠绿、花色鲜艳。从定植到 8 月中旬，可摘心 2 ～ 3 次，以促进分枝，多开花。

二十一、牵牛花

【学名】*Pharbitis purpurea*（L.）Voigt.

【别名】圆叶牵牛、紫花牵牛、打碗花。

【科属】旋花科牵牛属。

【形态特征】一年生草本，全株被粗硬毛。茎缠绕，多分枝。叶互生，圆心形或宽卵状心形，具掌状脉，顶端尖，基部心形，全缘或偶有 3 裂。花腋生，单一或 2 ～ 5 朵着生于花序梗顶端成伞形聚伞花序。花大，萼片 5，卵状披针形，外面被粗硬毛；花冠漏斗状，紫、玫瑰红、堇蓝、淡红或白等色，顶端 5 浅裂；雄蕊 5，内藏；柱头头状，3 裂。蒴果近球形，3 瓣裂。种子卵圆形。花期 6 ～ 10 月。

【习性】性强健，喜温暖，不耐寒；喜阳光充足；耐贫瘠及干旱，忌水涝，但栽培品种也喜肥；短日照花卉，花朵通常只在清晨开放。

【产地和分布】我国大部分地区有分布，栽培或野生，常生于荒地、篱间、田边、路边、宅旁或山谷林内。

【园林用途】为夏秋季常见的蔓性草花，适用于垂直绿化，也可作庭院、小型棚架及篱垣的美化。

【山西省分布和应用】山西省各地普遍栽培。

【繁殖方法】播种繁殖，播种前最好先温水浸种。播后浇透水，播后保持介质温度 22 ～ 24℃，湿度适中时大约 10 天可发芽。

【栽培管理】小苗生长前期应勤施薄肥。牵牛花的真叶长出三四片后，中心开始生蔓，这时应该摘心。第一次摘心后，叶腋间又生枝蔓，待枝蔓生出三四片叶后，再次摘心，同时结合整形。每次摘心后都应追肥。

二十二、茑　萝

【学名】*Quamoclit pennata*（Desr.）Boj.

【别名】羽叶茑萝、茑萝松、五角星花。

【科属】旋花科茑萝属。

【形态特征】一年生缠绕草本。茎细长光滑，长达 6 ～ 7m。叶互生，羽状深裂，裂片条形，基部二裂片再分裂；托叶与叶同形，也是羽状深裂。聚伞花序腋生，有花数朵；萼片 5，椭圆形；花冠高脚碟状，深红色、纯白或粉色，长约 2.5cm，筒上部稍膨大，檐部 5 浅裂，呈五角星形；雄蕊 5，不等长，外伸，柱头头状，2 裂。蒴果卵圆形。花期 7 ～ 9 月。

【习性】喜阳光充足的温暖环境；不耐寒，温度低时生长缓慢；直根性，不耐移植；对土壤要求不严，在排水良好的沙质土壤中能很好生长。花朵在中午烈日下闭合；能自播繁殖。

【产地和分布】原产南美洲，我国各地庭园中常栽培。

【园林用途】茑萝花形奇特，花冠上部呈五角星形，所以又叫五角星花。花色鲜艳，小巧玲珑，极为美观，是窗下、阳台、竹篱和棚架等处或垂直绿化和美化的优良花卉。

【繁殖方法】播种繁殖。春播。播前先浸种一昼夜，以利于发芽。播后一周左右可发芽，从播种到开花约需 90 ～ 100 天。直根性，需直播或苗小时及早移植。

【栽培管理】栽培养护容易。幼苗非常怕旱，当干旱稍重时就会枯死。种植不宜过密，单行定植的株距 35cm 左右，前期人工辅助引蔓到棚架、篱笆、树上或其他支架上。除定植前栽培土中混入有机肥作基肥外，生长期每月施 1 次肥即可。

二十三、美女樱

【学名】*Verbena hybrida* Voss.

【别名】美人樱、草五色梅、铺地马鞭草。

【科属】马鞭草科马鞭草属。

【形态特征】多年生草本植物，常作 1 ～ 2 年生栽培。全株具灰色柔毛，株高 20 ～ 50 cm。茎四棱，多分枝，匍匐状。单叶对生，有短柄，长圆形、卵圆形或披针状三角形，叶缘具缺刻状粗齿，或近基部稍分裂。穗状花序顶生，多数小花密集排列呈伞房状。花萼细长筒状，先端 5 裂；花冠高脚碟状，先端 5 裂，裂片顶端凹入；花略具芳香，花径约 1.8cm；花色多，有粉红、深红、粉、紫、蓝、白、雪青等不同颜色，也有复色品种。蒴果。花期 6 ～ 9 月，果熟期 9 ～ 10 月。

【习性】北方多作一年生草花栽培。喜阳光充足、温暖湿润的环境，有一定耐寒性；不耐旱；对土壤要求不严，但在湿润、疏松而肥沃的土壤中开花更为繁茂。

【产地和分布】中国各地均有栽培。

【园林用途】美女樱株丛矮密，开花多且花姿秀丽，花色丰富，花期长，是优良的花坛、花境和种植钵花卉，矮生品种宜盆栽观赏。

【繁殖方法】以播种繁殖为主，也可扦插繁殖。可春播或秋播。播后需覆土、浇水并保持土壤湿润，发芽适温 20 ～ 22℃，播后 15 ～ 20 天发芽。生长适温 18 ～ 24℃，12 ～ 13 周可开花。扦插繁殖需在气温稳定在 15℃以上才能进行，一般在 5 ～ 6 月，选取稍硬化的新枝条，剪取 6 ～ 8cm 扦插于基质中，插后喷透水并遮阴，约 15 天左右可生根。

【栽培管理】生长期内每半月施一次稀肥，以使植株发育良好。美女樱根系较浅，夏季应该适当浇水，防止干旱。但土壤中水分也不能过多，否则茎细弱徒长，会减少开花量。生长健壮的植株，抗病虫能力较强，很少有病虫害发生。

二十四、一串红

【学名】*Salvia splendens* Ker.-Gawl.

【别名】西洋红、爆竹红、墙下红、象牙红。

【科属】唇形科鼠尾草属。

【形态特征】多年生草本，常做一年生栽培；株高 15 ～ 90cm。茎四棱，基部常木质化，茎多分枝，茎节常为紫红色。叶对生，叶片卵形或三角状卵圆形，两面无毛，长 2.5 ～ 7cm，先端渐尖，叶缘有锯齿；叶柄长 3 ～ 4.5cm。轮伞花序具 2 ～ 6 朵花，密集成顶生假总状花序；苞片卵圆形，大，花前包裹花蕾。花梗长 4 ～ 7mm，密被红色腺柔毛。花萼钟状，与花冠同色，因而花落后花萼仍有观赏价值；花萼长约 1.6cm，花后增大，外被毛，上唇三角状卵形，下唇具 2 个三角形齿。花冠唇形，长约 4cm，花冠筒伸出花萼外；花冠鲜红色、粉色、紫色或白色，上唇长圆形，下唇比上唇短，3 裂。小坚果椭圆形，暗褐色，顶端有不规则皱褶。露地栽培的一串红花期为 7 ～ 10 月，温室越冬老株的花期为翌年 5 ～ 6 月，果期 8 ～ 10 月。

【习性】喜温暖、湿润和阳光充足的环境，耐半阴，不耐寒，忌霜害和高温。怕积水和碱性土壤，要求疏松、肥沃的沙质壤土。

【产地和分布】原产巴西，我国各地均有栽培。

【园林用途】一串红花序密集成串，花色鲜艳，花期长，是园林中广为栽培的草本花卉。矮生品种尤其适宜做花坛用，也适宜花带、花境和花台应用，也可作花丛和花群的镶边，在北方地区也可作盆栽观赏。品种很多，有各种色系，但红色品种的观赏价值优于白色、紫色品种。

【山西省分布和应用】山西省各地普遍栽培。

【繁殖方法】以播种繁殖为主，北方一般在春季播种，可于 3 月下旬至 5 月上旬播种。播种时，将种子均匀撒播在苗床上，撒一层细沙，喷淋透水后用塑料薄膜覆盖，在 20 ～ 25℃条件下 15

天左右可发芽出苗。苗出土后及时掀去塑料薄膜，并适当遮阴，等幼苗长出2片真叶时，适当控制浇水量，追施稀薄液肥以利壮苗，当幼苗长至3～4片真叶时即行移栽。如果是为供应“五·一”节日用花，则可于头年的9月下旬秋播，入冬前移入温室越冬，则第二年“五·一”可开花。北方由于生长期短，很少采用扦插繁殖。

【栽培管理】一串红生长适温为20～25℃。喜肥，栽培前要施足基肥，生长期要注意薄肥勤施，为使花色鲜艳，开花前增施磷、钾肥。幼苗长出3～4片真叶时，留2片叶摘心，促使萌发侧枝。在生长旺季，酌情增加浇水次数和水量，平时浇水不宜过多，过湿则通气不良，影响新根萌发。花坛种植时，应及时剪去残花，可保持花色鲜艳而开花不绝。

二十五、蓝花鼠尾草

【学名】*Salvia farinacea* Benth.

【别名】一串蓝、粉萼鼠尾草。

【科属】唇形科鼠尾草属。

【形态特征】多年生草本，植株高 30 ～ 60cm，呈丛生状，被柔毛。茎为四棱形，有毛，下部略木质化。叶对生，长椭圆形，长 3 ～ 5cm，灰绿色，叶表有凹凸状纹。穗状花序长约 12cm，花小，紫色。

【习性】喜温暖、湿润和阳光充足环境；耐寒性强，怕炎热、干燥；在疏松、肥沃且排水良好的沙壤土或腐叶土中生长良好，忌水涝，耐瘠薄。

【产地和分布】我国部分地区有引种栽培，如山西、山东、江苏、江西、广东、云南。在华东地区为宿根性，华北地区作一年生栽培。

【园林用途】叶形、花色优美典雅，蓝紫色花序颖长秀丽，花期较长，适用于花坛、花境、花带和盆栽，亦可点缀岩石旁、林缘空隙地，显得幽静。

【繁殖方法】种子繁殖和扦插繁殖。春播，种子具有喜光性，可撒播，撒播后用压具或手镇压，以便使种子与土壤充分接触。发芽适温 20 ～ 23℃，5 ～ 8 天发芽。扦插繁殖，适用于盆栽、花坛。

【栽培管理】播种后需间苗 1 ～ 2 次，苗高 15cm 时，定植于 10cm 盆内并摘心。生长适温 15 ～ 30℃，出苗后最好有温度差，注意通风、透光，夜温不能低于 15℃。生长期每半月施肥 1 次，保持盆土湿润，花前增施磷、钾肥 1 次，花后把已开过的花序摘除，仍能抽枝继续开花。

二十六、彩叶草

【学名】*Coleus blumei* Benth.

【别名】五彩苏、老来少、洋紫苏、锦紫苏。

【科属】唇形科鞘蕊花属。

【形态特征】多年生草本，常作一二年生栽培。株高 50 ～ 80cm，全株有柔毛。茎四棱形，基部木质化。单叶对生，叶卵形，先端渐尖或锐尖，基部宽楔形或圆，叶缘具圆齿状锯齿或圆齿，黄、深红、紫及绿色，或绿色中具黄、红、紫等斑纹。轮伞花序具多花，组成圆锥花序；花萼钟形，花冠唇形，上唇直伸，下唇舟形，紫或蓝色。雄蕊 4 枚，两长两短，花期 7 ～ 9 月。品种较多。

【习性】喜温暖及阳光充足的生长环境，不耐寒；彩叶草叶片大而薄，不耐干旱，土壤干燥会导致叶面色泽暗淡；在腐殖质丰富、疏松肥沃而排水好的沙质土壤上生长最佳，忌积水。

【产地和分布】全国各地园圃普遍栽培，作观赏用。

【园林用途】彩叶草叶色绚丽多彩，是重要的观叶植物，观赏期为 4 ～ 10 月。纯色常用于图案花坛配色及模纹花坛，复色和叶形奇特品种常用于盆栽观赏；彩叶草也可作花篮、花束的配叶使用。

【繁殖方法】播种繁殖为主，也可扦插繁殖。种子的发芽适温 25 ～ 30℃，在温室内四季均可播种，露地播种一般在 5 月进行，播后 10 天左右发芽。扦插繁殖一年四季都可进行，较易成活，一般于 7 ～ 8 月结合修剪进行嫩枝扦插。

【栽培管理】生长适温 20 ～ 25℃，幼苗期摘心以促分枝。生长期多施磷肥，来保持叶色鲜艳，忌施过量氮肥，否则叶色暗淡。

二十七、观赏辣椒

【学名】*Capsicum frutescens* L.

【别名】五色椒、指天椒。

【科属】茄科辣椒属。

【形态特征】多年生草本，常作一年生栽培。老茎半木质化，分枝多，株高 30 ～ 6cm。单叶互生，卵状披针形至长圆形。花小，白色，单生叶腋或簇生枝梢顶端，有梗。花萼短，结果时膨大。浆果较短，直立或稍斜出，指形、圆锥形、卵形或球形，有白、红、黄、青、橙、紫等色，有光泽。花期 7 月至霜降，果熟期 8 ～ 10 月。自然杂交，常出现新的变异。

【习性】不耐寒，喜温暖、光照充足的环境，能耐干热气候;在潮湿、肥沃、疏松的土壤中生长良好。

【产地和分布】我国各地均有栽培。

【园林用途】观果期很长，果实鲜艳而具有光泽、果色丰富、果形多姿，点缀在绿叶中，玲珑可爱，多作盆栽观赏，也适用于作花坛、花境的配置材料。

【山西省分布和应用】全省各市均有栽培。

【繁殖方法】播种繁殖。可于春季在室内播种，出苗后需移植移栽一次，真叶有 5 ～ 6 片时，可定植移栽露地或作盆栽。

【栽培管理】盆栽用土要肥沃，盆需置于阳光充足、通风良好的地方。生长期间要注意浇水和施肥，保持水分充足，但在两次浇水之间土壤要有一段干燥期。前期施肥以氮肥为主，后期施磷、钾肥为主。

二十八、矮牵牛

【学名】*Petunia hybrida* Vilmorin.

【别名】碧冬茄、灵芝牡丹、杂种撞羽朝颜。

【科属】茄科碧冬茄属。

【形态特征】多年生草本，常作一年生栽培，株高 20 ～ 60cm。全株具黏毛，茎稍直立或倾卧。单叶卵形，全缘，近无柄；位于茎下部的叶互生，上部者对生。花单生叶腋或茎顶；花萼 5 深裂；花冠漏斗形，先端具波状浅裂，花径 4 ～ 7 cm。栽培品种极多，花色及花型多样，有单瓣或重瓣品种，瓣缘皱褶或有不规则锯齿，花色有粉红色、粉色、堇色、白色、深紫色、红色及复色。蒴果圆锥状。花期 4 ～ 10 月。

【习性】喜温暖湿润气候，不耐寒，在阳光充足的夏季开花繁茂；忌积水雨涝，对土壤要求不严，但以疏松、湿润、排水良好的微酸性土壤为宜。

【产地和分布】原产南美洲；我国各地普遍栽培。

【园林用途】矮牵牛花大色艳，花色丰富，开花多而花期长，是优良的花坛和种植钵花卉，也可以自然丛植；为长势旺盛的装饰性花卉，可广泛用于吊盆栽植、花槽配置、景点摆设、窗台点缀及家庭装饰，大花或重瓣品种常盆栽观赏。目前园林中应用较多的是大花型和多花型品种，适宜作吊盆的垂吊型品种的应用也愈来愈广泛。

【山西省分布和应用】山西省各地普遍栽培。

【繁殖方法】以播种繁殖为主。温度适宜时随时可播种，发芽适温 20 ～ 25℃，播后 7 ～ 10 天可发芽；生长适温 17 ～ 18℃，夏季 9 ～ 13 周可开花，春季 12 ～ 16 周可开花。由于重瓣品种和大花品种不易结实，可用扦插繁殖。矮牵牛的扦插繁殖也容易成活，5 ～ 6 月和 7 ～ 8 月嫩枝扦插生根快，成活率高。

【栽培管理】矮牵牛喜干怕湿，水分不宜过多，夏季高温季节，可在早、晚浇水，保持盆土湿润，浇水遵循不干不浇，浇则浇透的原则；施肥不宜过多，以免植株徒长倒伏；属长日照植物，生长期要求阳光充足。

二十九、金鱼草

【学名】*Antirrhinum majus* L.

【别名】龙头草、龙口草。

【科属】玄参科金鱼草属。

【形态特征】多年生直立草本，株高 20 ～ 90cm，微有绒毛。茎基部木质化，有时分枝。茎下部的叶对生，上部的常互生，具短柄；叶片无毛，披针形至矩圆状披针形，长 2 ～ 6cm，全缘。顶生总状花序，密被腺毛；花梗长 5 ～ 7mm；花萼与花梗近等长，5 深裂，裂片卵形；花冠二唇形，长 3 ～ 5cm，颜色多种，有红色、粉色、紫色、黄色、白色或具复色，基部在前面下延成兜状，上唇直立，宽大，2 裂，下唇 3 浅裂，在中部向上唇隆起，封闭喉部，使花冠呈假面状；雄蕊 4 枚，2 强。蒴果卵形，长约 15mm，顶端孔裂。花期 5 ～ 7 月，果期 7 ～ 8 月。

【习性】多年生草本，多作二年生栽培；喜凉爽气候，忌高温多湿，较耐寒；喜光，稍耐半阴，忌酷暑；喜疏松肥沃、排水良好的土壤，稍耐石灰质土壤；能自播繁殖；为典型的长日照植物。

【产地和分布】原产欧洲南部，我国各地庭园均有栽培。

【园林用途】植株挺拔，花色浓艳丰富，花型奇特，花序挺直，是良好的竖线条花卉。适宜在花坛、花境、岩石园及草地边缘种植，亦可盆栽或切花观赏，还可在缓坡地大片种植。

【繁殖方法】以播种繁殖为主，春、秋季均可。一般采用秋播，于 8 月底至 9 月上旬进行，发芽适温 15 ～ 20℃。种子细小、喜光，播后不需覆土，浇水后盖上塑料薄膜，10 天左右发芽。生长适温 13 ～ 18℃，出苗后 6 周可移栽。春播可于 3 ～ 4 月在温室播种，9 ～ 10 月开花。

【栽培管理】苗期应注意间苗，当幼苗长出 4 片真叶时可摘心并移植。喜肥，除移栽前施基肥外，在生长期每隔 7 ～ 10 天追肥一次，并经常注意浇水保持土壤湿润，促使植株开花繁茂。每次开完花后，剪去开完花的枝条，促使其萌发新枝条继续开花。

三十、藿香蓟

【学名】*Ageratum conyzoides* L.

【别名】胜红蓟。

【科属】菊科藿香蓟属。

【形态特征】多年生草本，作一年生栽培。植株高 30 ～ 60cm，基部多分枝，丛生状，全株被毛。单叶对生，叶卵形至近圆形，基部钝或宽楔形，叶缘有钝锯齿。头状花序径约 1cm，在茎或分枝顶端排成伞房状；总苞片长圆形或披针状长圆形。花全为筒状花，花色有淡紫色、雪青、蓝紫、粉紫及浅蓝色；瘦果五角形，冠毛鳞片状。花期 6 ～ 9 月。

【习性】喜光、喜温暖湿润的环境，不耐寒；对土壤要求不严，适应性强；耐修剪。自播繁殖能力较强。

【产地和分布】原产墨西哥；我国长江流域以南各地的低山、丘陵及平原普遍生长。各地栽培供观赏。

【园林用途】株丛繁茂，花色淡雅，用于花坛、地被、花境、缀花草坪等，也可用于小庭院、路边、岩石园点缀，或作室内观赏。矮生种可盆栽观赏，高秆种用于切花或制作花篮。

【繁殖方法】播种、扦插或压条繁殖。春播，于 2 ～ 3 月室内盆播或 4 月初播于露地苗床，发芽适温 21 ～ 22℃，种子喜光，播后不需覆土，播种后 8 ～ 10 天可出苗，播种后 15 ～ 20 天就可移植，大约 12 周就可开花；扦插繁殖可用嫩枝于冬、春两季在温室内扦插繁殖，室温保持 10℃左右，生根容易，插后 15 天左右生根；压条繁殖时，靠近地面的枝条易生根，将埋入土中的枝条进行环剥，以促进生根。

【栽培管理】藿香蓟花期长，要保持株型矮、紧凑，多花美观，必须进行多次摘心，一般要摘心 3 ～ 4 次; 耐修剪，剪后可再次开花，第一批花开过后，要及时整枝修剪，一般老枝保留 5 ～ 6cm 高，上部剪掉，同时疏剪过密枝条，然后要保证充足水分和肥料，促其萌发新枝，才能叶绿花鲜。

三十一、翠　菊

【学名】*Callistephus chinensis* Nees.

【别名】七月菊、蓝菊、江西腊。

【科属】菊科翠菊属。

【形态特征】一年生或二年生草本，株高20～100cm。茎直立，有纵棱，被白色糙毛。叶互生，中部茎生叶卵形、匙形或近圆形，边缘有不规则粗锯齿，两面疏被硬毛，叶柄有狭翅；上部茎生叶渐小，菱状披针形、长椭圆形或倒披针形，有1～2锯齿，或线形，全缘。头状花序大，单生于枝顶端，直径6～8cm；花序梗长，总苞半球形，宽2～5cm；总苞片3层，近等长。外围雌花舌状，1层或多层，红色、淡红、粉、蓝、白、淡蓝或紫色等，头状花序单生枝顶，直径3～15cm。管状花黄色。有多种花型。中央有多数筒状两性花，黄色有5裂齿。瘦果稍扁，长椭圆状披针形。花期5～10月。

【习性】喜温暖、湿润和阳光充足的环境；耐寒性不强，不喜酷热。生长适温为15～27℃，冬季温度不低于3℃，若0℃以下茎叶易受冻害；夏季温度超过30℃时，则开花延迟或开花不良；要求地势高燥，以肥沃、湿润和排水良好的沙质壤土为宜，忌涝。

【产地和分布】分布于吉林东南部、辽宁、内蒙古、河北、山东东北部、山西北部、云南及四川西南部，生于山坡草丛、撂荒地、水边或疏林阴处；但常为庭园栽培，朝鲜和日本也有。

【园林用途】翠菊栽培品种很多，花色丰富，花型多样，开花多，花期较长，是国内外园艺界非常重视的观赏花卉。矮型品种宜布置花坛、花境和盆栽，中高型品种可丛植于篱旁、山石前、路口或作花境背景，也可供作切花。

【山西省分布和应用】山西省大部分地区有栽培。

【繁殖方法】播种繁殖，因品种和应用要求不同播种时间不同，从11月至翌年4月均可播种，开花时间可从4月到8月。发芽适温为18～21℃，播种后5～8天可发芽，13周后可开花。

【栽培管理】幼苗生长迅速，应及时间苗，幼苗期需要一个月的长日照，苗高10cm即可定植。生长过程中要保持土壤湿润，干旱时需经常浇水，有利于茎叶生长。喜肥，栽植地需施足基肥，分苗移栽后每半月追肥一次。翠菊为浅根性植物，忌连作。

三十二、雏 菊

【学名】*Bellis perennis* L.

【别名】春菊、延命菊、马兰头花。

【科属】菊科雏菊属。

【形态特征】多年生或一年生矮小草本，高 3 ～ 10cm。叶基生，匙形或倒长卵形，先端钝，边缘微有齿。花葶自叶丛中抽出，头状花序单生，径 2.5 ～ 4cm，外围的舌状花 1 或多轮，雌性，舌片白色带浅红色，开展，全缘或有 2 ～ 3 齿；中央有多数筒状的两性花，黄色，有 4 ～ 5 裂片，都结果实。瘦果倒卵形，扁平。花期 4 ～ 6 月，果期 5 ～ 7 月。

【习性】喜冷凉，较耐寒，可耐 -3℃的低温；不耐炎热，炎夏极易枯死。喜全日照，也稍耐阴，不耐水湿。根系发达，耐移栽；对土壤要求不严，但以疏松、肥沃、排水良好的沙质壤土为宜。

【产地和分布】原产西欧。我国各地庭园均有栽培。

【园林用途】植株娇小玲珑，花色丰富，为春季花坛、花带常用的花材，也可用于花境的边缘，或者沿小径栽植，也可盆栽。

【繁殖方法】以播种繁殖为主。多在 8 ～ 9 月播种。种子细小、喜光，发芽适温 15 ～ 20℃，播后 5 ～ 10 天可出苗。秋播后，冬季花苗需移入温室进行栽培管理。夏凉地区也可用分株繁殖，一般在 6 月进行。

【栽培管理】喜水，喜肥，生长期间需保证充足的水分供应，勤施薄肥，每周追肥一次，但在发蕾时要适当控水，以防止花茎抽生过长，现蕾后停止施肥。

三十三、金盏菊

【学名】*Calendula officinalis* L.

【别名】金盏花。

【科属】菊科金盏菊属。

【形态特征】一二年生草本，株高 30 ～ 60cm，全株具毛，茎常自基部分枝。叶互生，长圆形至长圆状倒卵形，全缘或有疏齿，先端钝，基部抱茎。头状花序单生茎枝顶端，径 4 ～ 5cm（大者可达 10cm）；总苞片 1 ～ 2 轮，披针形或长圆状披针形。外围的舌状花 2 ～ 3 层，黄色、橙黄色或橙红色。瘦果弯曲。花期 4 ～ 6 月。

【习性】较耐寒，适应性强，生长快，对土壤要求不高，但以肥沃疏松的土壤和日照充足、凉爽湿润的环境为好。

【产地和分布】原产南欧，我国各地均有栽培。

【园林用途】花色鲜艳，花期长，是春季花坛常用的花卉，也可盆栽或栽植于庭院观赏或作切花。

【繁殖方法】播种繁殖。秋播或早春温室播种。发芽适温为 20 ～ 22℃，播种后 7 ～ 10 天发芽，播种至开花需 80 ～ 90 天。

【栽培管理】生长适温 15 ～ 24℃。生长期间需适当施肥；浇水不宜过多，保持土壤湿润即可。及时摘除残花，以利于其他花开放。

三十四、百日草

【学名】*Zinnia elegans* Jacq.

【别名】百日菊、对叶梅、步步高。

【科属】菊科百日草属。

【形态特征】一年生草本，高 50 ～ 90cm。茎直立，被糙毛或硬毛，侧枝成叉状分生。叶对生，全缘，卵形至长圆状椭圆形，长 5 ～ 10cm，无叶柄，基部抱茎，两面粗糙，下面密被糙毛，基脉 3。头状花序单生枝端，径 4 ～ 10cm，花序梗长；总苞钟状，总苞片多层，宽卵形或卵状椭圆形。舌状花深红、玫瑰、紫堇、黄或白色，舌片倒卵圆形，先端 2 ～ 3 齿裂或全缘，上面被短毛，下面被长柔毛；管状花黄或橙色，顶端 5 裂。瘦果倒卵形。花期 6 ～ 9 月，果期 8 ～ 10 月。

【习性】生长势强，喜温暖和阳光充足的环境，较耐半阴；对温度比较敏感，生长适温为 20 ～ 25℃，低于 13℃即停止生长，茎叶开始枯黄，不耐酷暑。要求肥沃湿润而排水良好的土壤。

【产地和分布】我国各地常见栽培，有的已野化。

【园林用途】花序大而艳丽，色彩丰富，花期很长，是夏、秋季园林中的优良花卉。适宜作花坛、花境、花丛栽植；低矮的品种可做盆栽花卉，高型品种可作切花。

【山西省分布和应用】山西省大部分地区有栽培。

【繁殖方法】以播种繁殖为主，也可扦插繁殖。播种采用春播，种子为嫌光性种，播后要覆土。发芽适温 20 ～ 25℃。扦插繁殖可于 6 ～ 7 月进行。

【栽培管理】当幼苗长至 6 ～ 8cm 时可定植，苗高 10cm 左右时留下 2 对真叶摘心，促其萌发侧枝；当侧枝长到 2 ～ 3 对叶片时，留 2 对叶片进行第二次摘心，这样可使植株丰满，开花多。生长期间保持适当的水分供应，并追施 2 ～ 3 次磷、钾肥。花后及时剪去残花，可减少养分消耗，利于多抽花蕾。

三十五、小百日草

【学名】*Zinnia angustifolia* HBK..

【别名】小百日菊。

【科属】菊科百日菊属。

【形态特征】一年生草本，株高 15 ～ 60cm，全株具毛。叶对生，卵形、披针形或长圆状椭圆形，基部抱茎，基出脉。头状花序，径约 4cm；外围舌状花常单轮，有黄、白、红、粉、橙等色，舌片倒卵圆形，先端有缺刻或 2 ～ 3 齿裂；中央的筒状花黄色或橙黄色，先端裂片卵状披针形。瘦果倒卵形，扁平。花期 6 ～ 9 月，果期 7 ～ 10 月。

【习性】不耐寒，喜温暖，喜光，亦耐半阴，耐旱；忌酷热、湿涝；要求土壤肥沃、排水良好。

【产地和分布】原产墨西哥。在我国各地栽培很广。

【园林用途】小百日草色彩鲜艳，花期长，是园林中重要的夏、秋季花卉。可按高矮分别用于花坛、花境、花带，也常用于盆栽。高型种可用于切花。

【繁殖方法】播种繁殖。

三十六、万寿菊

【学名】*Tagetes erecta* L.

【别名】臭芙蓉。

【科属】菊科万寿菊属。

【形态特征】一年生草本。株高 25 ～ 90cm。茎粗壮直立。叶对生，羽状分裂，裂片长椭圆形或披针形，叶缘有齿和油腺点，有强烈气味。头状花序顶生，径 5 ～ 13cm，具长花序梗，中空；总苞绿色，钟状。舌状花多轮，基部成长爪，边缘皱曲，黄色、橙色或橘红色。瘦果线形，黑色。花期 6 ～ 10 月。

【习性】喜温暖，但也稍能耐早霜。喜阳光充足的环境，半阴处也能生长开花，抗性强，对土壤要求不严，较耐干旱，在多湿、酷暑下生长不良，因此高温期要严格控制水分，以稍干燥为好。

【产地和分布】中国各地均有栽培。在广东和云南南部、东南部已野化。

【园林用途】万寿菊花大色艳，花期长，中型、矮型品种适宜作花坛布置或花丛、花境栽植；高型品种可用作背景材料或切花。

【山西省分布和应用】山西省各地普遍栽培。

【繁殖方法】播种和扦插繁殖。播种繁殖以春播为主，发芽适温 22 ～ 24℃，生长适温 18 ～ 20℃，从播种到开花需 7 ～ 12 周。扦插繁殖宜在 5 ～ 6 月进行，选择嫩枝作插条，插入沙土或泥炭土中，插后 10 ～ 15 天生根，扦插苗 30 ～ 40 天可开花。

【栽培管理】栽培管理简单，耐移植，幼苗期生长迅速。对肥水要求不严，在土壤过分干旱时适当灌水，开花期每月追肥可延长花期，但氮肥不可过多。

三十七、孔雀草

【学名】*Tagetes patula* L.

【别名】小万寿菊、红黄草、西番菊、臭菊花。

【科属】菊科万寿菊属。

【形态特征】一年生草本。高 20 ～ 40cm。茎多分枝，细长而晕紫色，叶对生或互生，羽状全裂，裂片线形至披针形，叶缘有细齿，齿端常有长细芒，常有油腺点，具异味。头状花序顶生，径 3 ～ 6cm，有长梗，顶端稍粗，总苞筒状。舌状花黄色或橙黄色，基部带褐红色斑，舌片近圆形；管状花冠黄色，先端 5 齿裂，通常多数转变为舌状花而形成重瓣类型。因花序常为红黄复色，故又名红黄草。除红黄色外，还培育出纯黄色、橙色等品种。花期从 5 月到深秋。

【习性】与万寿菊相似。

【产地和分布】分布于四川、贵州、云南等地，生于海拔 750 ～ 1600m 的山坡草地、林中，或在庭园栽培。在云南中部及西北部、四川中部和西南部及贵州西部均已野化。

【园林用途】孔雀草有很好的观赏价值，花期长，花形与万寿菊相似，但较小，色彩绚丽。适宜作花坛边缘材料或花丛、花境等栽植，也可盆栽或作切花。

【山西省分布和应用】山西省大部分地区有栽培。

【繁殖方法】播种繁殖和扦插繁殖。播种及幼苗生长室温同万寿菊，但播种到开花一般仅需 6 ～ 7 周。扦插繁殖可于 6 ～ 8 月间剪取长约 10cm 的嫩枝直接插于庭院，遮阴覆盖，生长迅速，直接插于花盆亦可。

【栽培管理】容易管理，是一种适应性十分强的花卉。撒落在地上的种子在合适的温、湿度条件中可自生自长。

三十八、波斯菊

【学名】*Cosmos bipinnata* Cav.

【别名】秋英、大波斯菊、格桑花、扫地梅。

【科属】菊科秋英属。

【形态特征】一年生草本，高 1 ～ 2m。茎纤细而直立，有分枝。叶对生，二回羽状深裂，裂片线性，全缘。头状花序单生，径 3 ～ 6cm，花序梗长 6 ～ 18cm。总苞片 2 层：外层披针形或线状披针形，近革质，淡绿色，具深紫色条纹；内层椭圆状卵形，膜质。舌状花 8，无性，紫红、粉红或白色，舌片椭圆状倒卵形，长 2 ～ 3cm，有 3 ～ 5 钝齿；中央的管状花黄色，两性，长 6 ～ 8mm，筒部短，上部圆柱形，有披针状裂片。瘦果黑紫色，狭长，上端具长喙，有 2 ～ 3 尖刺。花期 6 ～ 8 月，果期 9 ～ 10 月。

【习性】喜阳光；耐干旱瘠薄土壤，肥水过多易使茎叶徒长而开花少，且易倒伏。具有极强的自播繁殖能力。

【产地和分布】原产墨西哥。我国栽培甚广，各地都有栽培，在路旁、田埂、溪岸常自生。云南、四川西部有大面积野化。

【园林用途】植株高大，叶形雅致，花色丰富，开花繁茂，花期长，是良好的地被花卉，适于布置花境，也可用于花丛、花群、花篱和基础栽植，还可作切花材料。

【山西省分布和应用】山西省大部分地区有栽培。

【繁殖方法】播种和扦插繁殖。春季 4 月播于露地苗床，也可直播，播种后覆土、浇水，在 18 ～ 25℃时，播后一周可出苗。生长迅速，从播种至开花约需 10 ～ 11 周。在夏季嫩枝扦插繁殖，剪取 10 ～ 15cm 插穗，插于沙质土内，浇透水，并适当遮阴，5 ～ 6 天后即可生根。

【栽培管理】当幼苗长出 4 片真叶时可摘心并移植，长出侧枝时仍需要摘心；当幼苗长到 20 ～ 30cm 时，可进行定植。管理粗放，在夏季枝叶过高时可进行数次修剪，促使矮化。

三十九、天人菊

【学名】*Gaillardia pulchella* Foug.

【别名】虎皮菊、忠心菊。

【科属】菊科天人菊属。

【形态特征】一年生草本，植株高约 20 ～ 60cm，全株被柔毛。茎中部以上多分枝，叶互生，下部叶匙形或倒披针形，长 5 ～ 10cm，边缘波状钝齿、浅裂或琴状分裂，近无柄；上部叶长椭圆形、倒披针形或匙形，长 3 ～ 9cm，全缘或上部有疏锯齿，基部无柄或心形半抱茎。头状花序径约 5cm；外围的舌状花先端黄色，基部橙红或红褐色，舌片宽楔形，长 1cm，先端 2 ～ 3 裂；中央有多数筒状花。有些天人菊的舌状花会长成漏斗状，看似弯弯的小喇叭。有红花及黄花变种，黄花变种整朵花皆呈嫩黄色。瘦果长 2mm。花期 7 ～ 10 月，果熟期 8 ～ 10 月。

【习性】喜温暖而凉爽的气候，不耐寒，但耐夏季的干旱和炎热。喜阳光充足，也耐半阴。宜排水良好的疏松土壤。

【产地和分布】原产北美。我国中、南部广为引种栽培。

【园林用途】花色艳丽，花期较长，是布置夏、秋季花坛、花境的良好材料，也可散植或丛植于草坪及林缘，还可作盆花和切花栽培。

【繁殖方法】播种繁殖和扦插繁殖。春播，于 4 月初播于露地苗床，2 周左右可出苗。当长出 4 片真叶后可进行移植，6 月初当苗高约 6 ～ 8cm 时定植。扦插繁殖多于秋季进行，采用花后新抽出的嫩枝或基部萌芽作为插穗，剪 10 ～ 12cm，于温室内扦插。

【栽培管理】可摘心 1 ～ 2 次以促进分枝。天人菊生长迅速，肥料宜早施。生长旺季对肥水要求高，应勤施薄肥，适当浇水。

四十、麦秆菊

【学名】*Helichrysum bracteatum*

【别名】蜡菊。

【科属】菊科蜡菊属。

【形态特征】一年生或二年生草本，全株被微毛。株高 30 ～ 120cm，叶互生，长椭圆状披针形至线形，全缘，基部渐窄，先端尖，中脉明显。头状花序径 2 ～ 5cm，单生于枝端；总苞苞片多层，覆瓦状排列，干膜质，很像舌状花，有白、黄、橙、褐、红等色，管状花黄色。花天晴时开放，阴天及夜间闭合。瘦果无毛，冠毛有近羽状糙毛。花期 6 ～ 9 月。

【习性】不耐寒又忌酷热，喜温暖和阳光充足的环境。喜湿润、肥沃、排水良好的土壤。

【产地和分布】原产澳大利亚，现各地广泛栽培，供观赏。

【园林用途】麦秆菊苞片光亮、色彩绚丽，干燥后经久不凋，是天然干花。可用于布置花坛、花境，也可丛植。

【繁殖方法】播种繁殖。春播，种子喜光，覆土宜薄，发芽适温 15 ～ 20℃，一周左右出苗。生长适温 18 ～ 20℃，播后 10 ～ 12 周开花。

【栽培管理】生长期摘心 2 ～ 3 次，促使分枝，多开花。麦秆菊根系浅，抗旱能力差，注意浇水，及时打药，注意防治蚜虫、卷叶虫和地下害虫。

四十一、蛇目菊

【学名】*Coreopsis tinctoria* Nutt.

【别名】小波斯菊、金钱菊。

【科属】菊科金鸡菊属。

【形态特征】一年生草本，植株光滑，株高 60 ～ 120cm。茎纤细，上部多分枝。叶对生，羽状深裂，裂片线形或线状披针形。头状花序，花径 2 ～ 4cm，具细长总梗，常数个花序聚成伞房花序状，总苞半球形；舌状花单轮，花瓣 6 ～ 8 枚，上半部黄色或橙黄色，基部红褐色；管状花紫褐色，顶端 5 齿裂。瘦果纺锤形。花期 6 ～ 8 月。

【习性】喜阳光，耐半阴；凉爽环境下生长好，耐寒力强，不耐酷暑；不择土壤，耐干旱瘠薄；很容易自播繁殖。

【产地和分布】中国部分地区广为栽培，广东沿海岛屿有分布，香港有栽培或野化。

【园林用途】蛇目菊花朵繁多，花色艳丽，可以片植或丛植，可用作地被，同时也是切花的好材料。

【繁殖方法】以播种繁殖为主，北方春、夏播种均可。18 ～ 21℃条件下，1 ～ 2 周后出苗，播后 2 ～ 3 个月开花。夏季进行嫩枝扦插，也容易成活。

【栽培管理】露地栽培容易，管理粗放。在生长期要控制水肥，促使植株矮化。雨季要排涝。在开花之前一般可进行两次摘心，以促使萌发更多的开花枝条。

四十二、观赏向日葵

【学名】*Helianthus annuus* L.

【科属】菊科向日葵属。

【形态特征】多年生草本作一年生栽培，植株较普通向日葵矮。茎直立，粗壮，圆形多棱角，被白色粗硬毛，分枝多。叶互生，心状卵圆形或卵圆形，有基出 3 脉，边缘具粗锯齿，两面被糙毛，有长叶柄。头状花序大，单生于茎、枝端，常下倾。花序边缘着生舌状花，有黄、橙、乳白、红褐等色；花序中央的花为管状花，有黄、橙、褐等色。观赏向日葵品种繁多，大多是单瓣品种，也有重瓣品种。常见品种有“大笑”：株高 30 ～ 35cm，早花种，舌状花黄色，管状花黄绿色，花径 12cm，分枝性强；“太阳斑”：株高 60cm，大花种，花径 25cm，舌状花黄色，盘花绿褐色；“玩具熊”：超级重瓣，矮生，株高 40 ～ 80cm，自然分枝，多花，全花呈球形，橙色；“音乐盒”：株高 70 ～ 85cm，花径 10 ～ 12cm，舌状花由米黄色向褐红色过渡，盘心花黑色。

【习性】喜温暖、稍干燥和阳光充足的环境，忌高温多湿；耐旱，不耐阴，对土壤要求不严，易栽培。

【产地和分布】观赏向日葵原产北美，现我国多地有栽培。

【园林用途】观赏向日葵花序大，花色丰富，可盆栽或地栽，是布置花坛、花境及节日摆花的好材料，也可丛植。

【繁殖方法】播种繁殖。露地栽培常用穴播，盆栽采用容器育苗。

【栽培管理】可盆栽也可露地栽培。露地栽培，光照时间长，往往开花略早。整个生长发育期均需充足的阳光。定植后要适当施肥，生长期（尤其是夏季高温、干旱时）要及时浇水，经常保持土壤的湿润状态，否则叶片容易脱水凋萎。对于茎秆稍高的应设立支柱，防止风吹倒伏。

第二节 宿根花卉

宿根花卉（perennials）是可以生活几年到许多年而没有木质化茎的植物。一般常分为两类：耐旱性宿根花卉和常绿宿根花卉。耐旱性宿根花卉原产于温带寒冷地区，冬季地上茎、叶全部枯死，地下部进入休眠。常绿宿根花卉原产于热带、亚热带，冬季茎叶保持绿色，温度低时停止生长，进入半休眠状态。

园林主要用于花境、花坛、花带、地被、切花、干花或垂直绿化等。

一、菊 花

【学名】*Dendranthema*×*grandiflorum* （*Chrysanthemum morifolium*）

【别名】黄花、九华、鞠、金蕊等。

【科属】菊科菊属。

【识别形态】多年生宿根草本，株高 30 ～ 150cm，茎直立、粗壮，具纵棱，基部半木质化。叶互生，卵形至披针形，羽状浅裂至深裂，缘有缺刻或锯齿。头状花序单生或数朵聚生茎顶，微香。花序边缘为雌性舌状花，花色有白、黄、紫、粉、紫红、雪青、棕色、浅绿、复色、间色等，极为丰富；中心花为管状花，两性，多为黄绿色。瘦果（种子）褐色，细小，寿命 3 ～ 5 年。

【种类和品种】菊花品种丰富，全世界有 2 万～ 2.5 万个品种，我国现存品种有 3000 个以上。常用以下方法分类：

1．按自然花期分类

春菊（4 月下旬至 5 月下旬）、夏菊（6 月上旬至 8 月中下旬，日照中性，10℃左右花芽分化）、早秋菊（9 月上旬至 10 月上旬）、秋菊（10 月中下旬至 11 月下旬，短日照，15℃以上花芽分化）、寒菊（12 月上旬至翌年 1 月，短日照，高温下花芽分化）和四季菊（四季开花，日中性）。

2．按花径大小分类

小菊系（花径小于 6cm）、中菊系（花径 6 ～ 10cm）、大菊系（花径 10 ～ 20cm）和特大菊系（花径 20cm 以上）。

3．按瓣型及花型分类

菊花按瓣型可分为平瓣、匙瓣、管瓣、桂瓣、畸瓣 5 个类型。

（1）平瓣类：舌状花平展，基部管状部分小于总长的 1/3，有宽带型、荷花型、芍药型、平盘型、翻卷型、叠球型等。菊花品种有粉十八、彩荷、金荷、绿衣红裳、金背大红、绿牡丹、雪涛、津港时尚、高原锦云、烈火真金、胭脂点雪、永寿墨、新二乔、鸳鸯荷等。

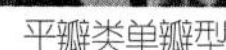

平瓣类单瓣型

平瓣类荷花型

平瓣类芍药型

(2) 匙瓣类：管状部分为瓣长的1/3～2/3，有匙荷型、雀舌型、蜂窝型、莲座型、卷散型、匙球型等。菊花品种有万管笙歌、绣花婆、仙露蟠桃、童发佼容、琥珀凝翠、浪卷桃花、朱砂蝴蝶、长风万里、平沙落雁、大风歌、紫气东来、火蹈红莲、秋容似火、灰鸽等。

匙瓣类匙球型

匙瓣类卷散型

(3) 管瓣类：舌状花管状，先端开张部分小于1/3，有单管型、翎管型、管盘型、松针型、疏管型、管球型、丝发型、飞舞型、钩环型、璎珞型、贯珠型、针管型等。菊花品种有龙女散花、明月星稀、太白醉酒、阳炎、玉箫金管、旭日东升、绿松针、雪压青松、九天银河、彩云追月、粉狮漫舞、万家灯火、碧海英风、春江花朝、巾帼须眉、千尺飞流、绿云、丝路花雨等。

管瓣类单管型

管瓣类针管型

(4) 桂瓣类：舌状花少，筒状花伸长，先端不规则开裂，有平桂型、匙桂型、管桂型、全桂型等。菊花品种有大红托桂、清波印月、天女散花、状元托桂、金桂声暄、蕊珠宫等。

桂瓣类平桂型

畸瓣类剪绒型

(5) 畸瓣类：舌状花先端开裂呈爪状、丝裂状或附生毛刺，有龙爪瓣、毛刺瓣、剪绒型等。菊花品种有金绣球、天下一品、彩龙爪、苍龙爪、千手观音、蜜献蜂忙、白毛仙姑等。

4．按栽培和应用方式分类

(1) 盆栽菊：按培养枝数不同分为独本菊（一株一花，又称标本菊或品种菊）、案头菊（株高20cm，花朵硕大）和立菊（又称多本菊，一株多花）。

(2) 造型艺菊：也作盆栽，但常做成特殊艺术造型。包括大立菊（一株数百乃至数千朵花，用生长强健、分枝性强、枝易于整形的大、中菊品种培育而成）、悬崖菊（分枝多、开花繁密的小菊经整枝呈悬垂的自然姿态）、嫁接菊（以白蒿或黄蒿为砧木嫁接不同花型及花色的品种，常做成塔状或各种动物造型，又称塔菊或什锦菊）和菊艺盆景（由菊花制作的桩景或菊石相配的盆景）。

(3) 切花菊：剪切下来供插花或制作花束、花篮、花圈等的菊花品种。此类品种多花型圆整，花色纯一，花颈短而粗壮，枝干高，叶挺直。切花菊按整枝方式有标准菊和射散菊两种。标准菊每茎顶端着生一朵花，常用大、中花品种；射散菊每茎着花多朵，常用小花型品种。

(4) 露地观赏菊：布置花坛及岩石园的菊花，常用株矮枝密的多头型小菊，如地被菊、早小菊等。

【习性】喜光，在长日照条件下营养生长，花芽分化对日长要求因不同品种而异。喜凉爽，具有一定的耐寒性，小菊类耐寒性更强。在5℃以上地上部萌芽，10℃以上新芽伸长，16～21℃适宜生长，15～20℃花芽分化，但因品种不同临界温度不同，遇27℃以上高温花芽分化受抑制。典型的短日照植物，当日照减至13.5 h、最低气温降至15℃左右时，开始花芽分化，当日照缩短至12.5 h、最低气温降至10℃左右时，花蕾逐渐伸展。适宜各种土壤，但以富含腐殖质，通气、排水良好，中性偏酸（pH值5.5～6.5）的沙质壤土为好。对多种真菌病害敏感，应避免连作。

【产地和分布】原产中国，世界各地广为栽培。

【景观特点和应用】园林中可作主景花，亦可作花坛、花境群植，还是盆花和切花的良好材料，为世界上最重要的切花之一，在切花销售额中居首位。

【山西省分布】太原市市花，全省广为分布。

【繁殖】可采用营养繁殖与播种繁殖。营养繁殖包括扦插、分株、嫁接或组织繁殖，以扦插为主。

(1) 扦插繁殖：可使用枝条和芽进行扦插。枝插采取营养生长（茎切面为绿色肉质实心）的枝条，插穗长8～10cm，宜4～5月进行，基质温度18～21℃，气温15～18℃。插后10～20天可移栽。已发根的菊苗应在7天内移植栽培，愈早定植，生机愈强。芽插将沿盆边生长的脚芽带少量根系切下移入适宜的栽培土中。11月至次年5月都可进行。采穗宜在晴天的上午进行，采收后先去掉部分叶片，然后在清水中浸泡1～2h后开始扦插，注意剔除老化枝。

(2) 分株繁殖：清明前后将植株掘出，依根的自然形态，带根分开，另植盆中。

(3) 嫁接繁殖：以黄蒿、青蒿、白蒿为砧木，用劈接法嫁接接穗品种的芽。

(4) 播种繁殖：冬季种子成熟，采收后晾干保存。3月下旬播种，1～2周即可萌芽。

(5) 组织培养：菊花的茎尖、叶片、茎段、花蕾等部位都可用作组织培养的外植体，其中未开展的、直径 0.5 ～ 1cm 的花蕾作外植体易于消毒处理，分化快。茎尖培养分化慢，常用于脱毒苗培养。

【栽培管理】

(1) 定植：根据产花期、各品种自种植到开花所需天数、整形方式、栽培季节等因素确定定植期。多分枝的标准菊比单枝标准菊提早种植 10 ～ 15 天，冬季生产提早定植。定植株行距也应按照季节、品种特性、整枝方式确定。单枝标准菊夏秋季可用 10cm×15cm 株行距，冬季可用 13 ～ 15cm 株行距；一株 2 ～ 3 枝的标准菊夏秋季采用 15cm×15 ～ 20cm 株行距，冬季采用 18 ～ 22cm×18 ～ 22cm 株行距。

(2) 摘心与疏蕾：当菊花植株长至 10cm 高时，即开始摘心。摘心时，只留植株基部 4 ～ 5 片叶，上部叶片全部摘除。待以后叶长出新枝有 5 ～ 6 片叶，再将心叶摘去，使植株保留 4 ～ 7 个主枝，以后长出的枝、芽要及时摘除。最后一次摘心时，要对菊花植株进行定型修剪，去掉过多枝、过旺枝及过弱枝，保留 3 ～ 5 个枝即可。9 月现蕾时，要摘去植株下端的花蕾，每个分枝上只留顶端一个花蕾。这样以后每盆菊可开 4 ～ 7 朵花，花朵较大，观赏性强。

(3) 成花诱导：营养生长一旦达到适宜高度，应立即转入成花诱导。标准菊一般需 21 ～ 28 天短日处理，射散菊约需 42 天。在短日开始后 14 天，头状花序形成。夏季在短日诱导的头 10 天内，易因高温而引起花芽分化的延缓，称为“热延迟”，应注意夜间降温通风。

(4) 夏季促成栽培：夏菊自然花期在 7 ～ 8 月，用促成栽培对早春开花极为有利。为使夏菊早春开花，方法之一是在高寒地育苗，利用冷凉条件防止莲座化；方法之二是采用冷藏扦插苗的促成栽培方法，以脚芽为插穗，于 8 月底成苗后将苗冷藏（1 ～ 3℃）40 天，后用 5 ～ 8℃冷温栽培，可于翌年 2 ～ 4 月开花并保持优良品质。

二、芍　药

【学名】*Paeonia lactiflora*

【别名】将离、没骨花、婪尾春等。

【科属】芍药科芍药属。

【识别形态】多年生宿根草本，株高 50 ～ 110cm，茎丛生，具肉质根。二回三出羽状复叶，小叶椭圆形至披针形，全缘。单花顶生或枝上部腋生，具长梗，少有 2 ～ 3 朵并出；花大，单瓣（5 ～ 10 枚）或重瓣，白、黄、粉、紫、淡绿或混色；雄蕊多数，心皮 4 ～ 5；花期 4 ～ 5 月。蓇葖果，8 月成熟。

【种类和品种】芍药同属植物约 23 种，我国有 11 种。

1．按花型分类

（1）单瓣类：花瓣1～3轮，瓣宽大。此类中有单瓣型（紫双玉、紫蝶献金等）。

（2）千层类：花瓣多轮，瓣宽大，内层花瓣与外层花瓣无明显区别。此类中有荷花型（朱砂盘、红云映日等）、菊花型（大富贵、白玉冰等）和蔷薇型（荷花红、大叶粉等）。

（3）楼子类：外轮大型花瓣1～3轮，雌蕊部分瓣化或正常。此类中有金蕊型（大紫、金楼等）、托桂型（粉银针、池砚漾波等）、金环型（金环、紫袍金带、金带圈等）、皇冠型（大红袍、西施粉、墨紫楼、花香殿等）和绣球型（红花重楼、平顶红）。

（4）台阁类：全花分上、下两层，中间由退化雌蕊或雄蕊瓣隔开。如山河红、粉绣球等。

2．其他分类

按花色分为白色、黄色、粉色、红色、紫色、墨紫和混色等；按花期分为早花（5月上旬）、中花（5月中旬）和晚花（5月下旬）；按用途分为切花类和地栽类。

【习性】适应性强，耐寒，我国各地均可露地越冬，忌高温高湿。喜光，耐半阴。宜湿润及排水良好的壤土或沙壤土，忌盐碱及低洼地。

【产地和分布】原产中国北部、日本及西伯利亚，现世界各地广为栽培。

【景观特点和应用】花型多样，花朵硕大，颜色丰富，俗称“花相”。宜布置专类园、花坛、花境，丛植或孤植于庭院，或作切花。芍药可布置花坛、花台、花境、专类花园（与山石搭配），可盆栽观赏或作切花，还可作牡丹嫁接的砧木。

【山西省分布】临汾、运城、晋中、太原等地有分布。

【繁殖】芍药用分株、扦插及播种繁殖，通常以分株繁殖为主。

（1）分株繁殖：芍药分株应在秋季进行，有谚语“春分分芍药，到老不开花”。分株过早，当年可能萌芽出土；分株过晚，不能萌发新根，降低越冬能力。春季分株，严重损伤根，对开花不利。

分株时每株丛需带2～5个芽，顺自然纹理切开，然后在伤口处涂草木灰、硫磺粉或含硫磺粉、过磷酸钙的泥浆，放背阴处稍阴干待栽。分株时可不将母株全部挖起，只在母株一侧挖开土壤，切割部分根芽。如此原株仍可照常开花。

（2）扦插繁殖：可用根和枝条进行扦插。根插秋季进行，将根分成5～10cm切段，种于苗圃，覆土5～10cm，浇透水，次年萌发新株。枝插于春季开花前两周、新枝成熟时进行。切取枝中部充实部分，每枝段带两芽，沙藏，遮阴、保湿，30～45天可发新根并形成休眠芽，次年春萌芽后植于苗圃或种于花坛。

（3）播种繁殖：种子即采即播，或阴干后用湿沙贮藏，到9月下旬播种。通常采用沟播，覆土6～10cm，一般当年只发根不萌芽，越冬后于次年4月萌芽。播种前用1000mg/L赤霉素浸种，可提高萌芽率。

【栽培管理】

肉质根，低洼地不宜栽植，浇水不宜过多。宜选阳光充足、土壤疏松、土层深厚、富含有机质、排水通畅的场地栽植。切花栽培用高畦，花坛栽植筑成花台。芍药喜肥，每年追肥2～3次。

第一次在展叶现蕾期；第二次于花后；第三次在地上部枝叶枯黄前后，可结合刈割、清理进行，此次可将有机肥与无机肥混合施用。侧蕾出现后要及时除去，可分两次除去，第一次可将离主蕾最近的一个侧蕾留下，防止主蕾损伤；第二次在主蕾直径 2cm 时除去侧蕾。盆栽的芍药隔年换一次，可结合秋季分株进行；地栽的芍药 5 年后，生长势衰弱，需留壮芽复壮。

芍药促成栽培可于冬季和早春开花，抑制栽培可于夏、秋开花。9 月中旬掘起植株，栽于箱或盆内，放置在户外，12 月下旬移入温室，保持温度 15℃，可于翌年 2 月或稍晚开花。入室时如用 10mg/L 赤霉素喷淋，可提高开花率。如欲使其冬季开花，需在 0 ～ 2℃冷藏。冷藏时间分别是早花品种 25 ～ 30 天，中晚花品种 40 ～ 50 天。早花品种 9 月上旬挖起，冷藏后栽种，可于 60 ～ 70 天后开花；晚花品种 12 月到翌年 2 月间开花。抑制栽培的方法是早春芽萌动之前挖起植株，于 0℃储藏，定植后约 30 ～ 50 天可开花。贮藏植株需加强肥水管理，保持根系湿润，不受损害。

三、鸢尾类

【学名】*Iris* spp.

【别名】扁竹花、蓝蝴蝶。

【科属】鸢尾科鸢尾属。

【识别形态】多年生宿根草本，地下部分为匍匐根茎、肉质块状根茎或鳞茎，株高 30 ～ 40cm。叶剑形，淡绿色。花茎高出叶面，有 1 ～ 2 分枝，每枝着花 1 ～ 2 朵；花蓝紫色，花被片 6，外 3 枚平展或垂下（垂瓣），具褐色脉纹，内 3 枚拱形直立（旗瓣），色较浅；花期春、夏季。蒴果长圆形。有白花变种。

【种类和品种】鸢尾属有 200 余种，我国约 45 种。

1．形态分类

根据根茎形态及花被片上须毛的有无分为两大类，即根茎类和非根茎类。即根茎类中又分为有须毛组和无须毛组。有须毛组如德国鸢尾（*I. germanica*）、香根鸢尾（*I. florentina*）、银苞鸢尾（*I. palllida*）等；无须毛组如蝴蝶花（*I. japonica*）、鸢尾（*I. tectorum*）、花菖蒲（*I. kaempferi*）、黄菖蒲（*I. pseudacorus*）、马蔺（*I. ensata*）和西班牙鸢尾（*I. xiphium*）等。

2．主要栽培种

（1）德国鸢尾。花茎高 60 ～ 90cm，每茎着花 3 ～ 8 朵，花期 5 ～ 6 月。叶剑形，灰绿色。垂瓣卵形，紫色，反曲下垂，中肋有白色须毛及斑纹，爪部有淡紫色、茶色条纹，基部黄色。旗瓣倒卵形，深蓝紫色。园艺品种较多。

（2）香根鸢尾。花茎高 40 ～ 50cm，花白色，有淡蓝色带，花期 4 ～ 5 月。

（3）银苞鸢尾。花茎高 60 ～ 80cm，有 2 ～ 3 个分枝，每茎着花 1 ～ 3 朵。叶剑形，灰绿色。

花淡蓝紫色，垂瓣倒卵形，须毛橙色，旗瓣拱形直立，花大，有香气，花期5月。

(4) 鸢尾。又称蓝蝴蝶、中国鸢尾。根茎粗壮，匍匐多节。叶薄，淡绿色，剑形，宽3～4cm。花茎10～12cm，有2～3个分枝，每茎着花2～3朵。花淡蓝色，有白色变种，花期5月。垂瓣近圆形，中央有鸡冠状突起；旗瓣小，平展。本种适应性强，喜湿润，也耐旱，喜半阴。

(5) 玉蝉花。别名花菖蒲。根茎短粗，须根细，植株基部有棕色纤维状枯死叶梢。叶线形，宽0.5～0.8cm，中肋隆起。花茎高40～80cm，每茎着花1～3朵，分枝着花1～2朵，花期5～6月。花紫红色。垂瓣卵状椭圆形，开展、外曲，中部有黄斑与紫纹；旗瓣狭小，长椭圆形，与垂瓣等长。近年日本育成大量品种，花有黄、白、鲜红、淡蓝、紫褐、深紫等色，具有红、白条纹型以及重瓣品种，花期有早与晚，作重要切花栽培。

【习性】鸢尾类对生长环境的适应性因种而异，可分为两大类型。第一类根茎粗壮，适应性广，但在光照充足、排水良好、水分充足的条件下生长良好，亦能耐旱，如德国鸢尾、鸢尾、香根鸢尾等。第二类喜水湿，在湿润土壤或浅水中生长良好，如燕子花、蝴蝶花、玉蝉花、海滨鸢尾等。

【产地和分布】原产我国中部，主要分布在我国中南部。

【景观特点和应用】可配置于花坛、花境、花丛、草坪边缘、池边及专类园，也可作切花或盆栽观赏等。

【山西省分布】晋中、临汾、运城等地有分布。

【繁殖】通常用分株、扦插繁殖，亦可播种。

(1) 分株繁殖：初冬或早春休眠期进行。挖起老株，切割根茎，每段带2～3个芽，待切口晾干即可栽种，也可在花后将植株留基部30cm，将上部割除，分切根茎株丛直接定植。

(2) 扦插繁殖：分割根茎，插到沙床上，床温20℃下2周发芽。

(3) 种子繁殖：采收后立即播种，春季萌芽，实生苗3～4年开花。

【栽培管理】宜春季种植，地栽时深翻土壤，施足基肥，每年花前追肥1～2次，生长季保持土壤水分，每3～4年挖起分割，更新母株。湿生种鸢尾可栽于浅水或池畔，生长季不能缺水。

四、蜀 葵

【学名】*Althaea rosea*

【别名】一丈红、熟季花、戎葵。

【科属】锦葵科蜀葵属。

【识别形态】多年生草本，茎直立，高可达3m，全株被毛。叶大，互生，圆形或心形。花单生叶腋或聚成顶生总状花序，花径8～12cm，花瓣5枚或更多，边缘波状而皱或齿状浅裂；花色红、紫、粉、黄、白等色，雄蕊集成雄蕊柱。花期5～9月。蒴果。

【习性】喜阳光充足，耐半阴，忌涝。耐盐碱能力强，在含盐0.6%的土壤中仍能生长。性耐寒，华北地区可露地越冬。在疏松肥沃、排水良好、富含有机质的沙质土壤中生长良好。

（尉国唐摄）

【产地和分布】原产于中国四川，华东、华中、华北、华南地区均有分布。

【景观特点和应用】一年栽植可连年开花，是院落、路侧、布置花境的好种源。可组成繁花似锦的绿篱、花墙，也可盆栽观赏。蜀葵生长迅速，具一定的侵略性，对周围小植株有一定的影响。

【山西省分布和应用】山西省朔州市市花，全省均有分布。

【繁殖】种子繁殖为主，也可进行分株和扦插繁殖。依蜀葵种子的多少，可先播于露地苗床再育苗移栽，也可露地直播。北方以春播为主。种子成熟后即可播种，一般 7 天后萌发。

分株在秋季进行。挖出丛生根，切割成数小丛，每小丛带有两三个芽，然后分栽定植即可。春季分株稍加强水分管理。扦插在花后至冬季均可进行。取蜀葵老干基部萌发的侧枝作为插穗，长约 8cm，插于沙床或盆内即可。插后用塑料薄膜覆盖保温，置于遮阴处直至生根。

【栽培管理】幼苗长出 2 ～ 3 片真叶时，应移植一次，以加大株行距。同时适时浇水，开花前结合中耕除草追肥 1 ～ 2 次，以磷、钾肥为好。播种苗经 1 次移栽后，可于 11 月定植。幼苗生长期，施 2 ～ 3 次液肥，以氮肥为主。

五、石 竹

【学名】*Dianthus chinensis*

【别名】中国石竹、洛阳花。

【科属】石竹科石竹属。

【识别形态】多年生草本，株高约 20 ～ 40cm。叶直立，单叶对生，灰绿色，线状披针形，先端渐尖，基部抱茎。花单生或数朵簇生，花色有红、粉红、白、紫红或复色，单瓣或重瓣，有香气。花期 4 ～ 10 月，集中于 4 ～ 5 月。蒴果，扁圆形，黑褐色。

【种类和品种】同属植物 300 余种，常见栽培的有：

(1) 须苞石竹（*D. barbatus*）。别名美国石竹、五彩石竹。花小而多，花色丰富，花期在春夏两季。

(2) 常夏石竹（*D. plumarius*）。花顶生 2 ～ 3 朵，芳香。

【习性】耐寒，在许多地区可露地宿根越冬。耐干旱。喜阳光充足、通风、凉爽的环境，但怕夏季酷暑，植株常因酷暑而脱叶。适于排水良好、肥沃的钙质土壤，忌潮湿和水涝。在不良的环境下栽培，品种会严重退化。

【产地和分布】原产我国。分布较广，除华南较热地区外，几乎全国各地均有分布。

【景观特点和应用】用于花坛、花境、地被，也用作切花。

【山西省分布和应用】全省均有分布，常作地被栽植。

【繁殖】以播种为主，亦可扦插。北方秋播，一般 9 月进行，发芽适温 20 ～ 22℃，5 ～ 10 天出芽。生长期内可随时进行扦插繁殖，以 5 月最好。剪取充实的枝茎，截成 6cm 左右的段，插入沙中 3cm，遮阴，15 ～ 20 天可生根。还可以在早春或秋季进行分株繁殖。

【栽培管理】8 月施足底肥，深耕细耙，平整打畦。当播种苗长出 1 ～ 2 片真叶时进行间苗，长出 3 ～ 4 片真叶时移栽。生长期要求光照充足，摆放在阳光充足的地方，夏季以散射光为宜，避免烈日暴晒。温度高时要遮阴、降温。浇水应掌握不干不浇。当株高 10cm 时再移栽 1 次。秋季播种的石竹，11 ～ 12 月浇防冻水，第 2 年春天浇返青水。整个生长期要用腐熟的人粪尿或饼肥追肥 2 ～ 3 次。可通过摘心、除腋芽、修剪促进石竹多开花。

六、萱 草

【学名】*Hemeocallis fulva*

【别名】忘忧草。

【科属】百合科萱草属。

【识别形态】宿根草本，根茎粗壮，有多数肉质根。叶披针形，深绿色，长 30 ～ 60cm，宽 1.5 ～ 2.5cm，拱形弯曲。花 6 ～ 12 朵，排成疏散圆锥花序；花橘红至橘黄色，阔漏斗状，边缘稍为波状，径约 11cm。花葶高 90 ～ 110cm，花期 7 ～ 8 月。

【种类和品种】同属植物约20种，我国产约8种。常见栽培的有：

(1) 黄花萱草（*H. flava*）。别名金针菜，花蕾为黄花菜，可食用。

(2) 黄花菜（*H. citrina*）。别名黄花。花淡柠檬黄色，背面有褐晕，花梗短，具芳香。花期7～8月。花傍晚开，次日午后凋谢，花蕾可食用。

(3) 大包萱草（*H. middendorffii*）。花有芳香，花梗极短，花朵紧密，具有大型三角状苞片。花期7月。

(4) 小黄花菜（*H. minor*）。着花2～6朵，黄色，外有褐晕，有香气，傍晚开花。花期6～8月，花蕾可食用。

(5) 大花萱草（*H. hybrida*）。又名多倍体萱草，为园艺杂交种。花葶高80～100cm，生长势强，具短根状茎及纺锤状块根。叶基生，披针形。圆锥花序着花6～10朵，花大，花径14～20cm，无芳香，有红、紫、粉、黄、乳黄及复色。花期7～8月。

【习性】适应性强，耐寒、耐阴、耐旱、耐瘠薄，对土壤要求不严。喜阳光充足、排水良好并富含腐殖质的湿润土壤。生长期需温暖的气候，同时注意追肥。

【产地和分布】分布于中欧至东亚，我国各地广泛栽培。

【景观特点和应用】多丛植或用于花坛、花境、路旁栽植，是很好的地被材料，也可作切花使用。

【山西省分布和应用】全省各地均有栽植。

【繁殖】可分株及播种繁殖。

(1) 分株繁殖：萱草多用分株繁殖，春秋进行，通常3～5年分株一次。将根用刀切成几块，每块上留3～5个芽，每块分穴定植。

(2) 播种繁殖：部分种类可播种繁殖。秋季采种后即播入土中，翌年春天出苗。春播时，头一年秋季将种子沙藏，提高种子发芽率。实生苗2～3年开花。

【栽培管理】早春萌发前穴栽，行距65～100cm，株距35～50cm，栽植不宜过深或过浅。先施基肥，上盖薄土，再将根栽入，栽后浇透水一次，生长期中每2～3周施追肥一次，生长期中如遇干旱应适当灌水，雨涝则注意排水。入冬前施一次腐熟有机肥。

七、射　干

【学名】*Belamcanda chinensis*

【别名】尾蝶花、红尾蝶花。

【科属】鸢尾科射干属。

【识别形态】多年生直立草本，株高50～100cm，根状茎为不规则的块状。叶剑形，扁平，互生，被白粉，纵向平行脉明显。二歧状伞房花序顶生，外轮花瓣有深紫红色斑点，花凋谢后，花被片呈旋转状。花期7～8月。

【习性】喜阳光充足、气候温暖的环境。耐寒、耐旱，怕积水，适应性强，对土壤要求不严，但以肥沃、疏松、地势较高、排水良好的沙质壤土为好。

【产地和分布】原产中国、日本及朝鲜。现各地均有分布。

【景观特点和应用】适合花坛丛植、列植、大型盆栽，花、叶均是高级插花材料。

【山西省分布和应用】全省分布，花坛、花境中使用。

【繁殖】多用根状茎繁殖，也可用种子繁殖。

（1）根状茎繁殖：10月挖射干时，选择无病虫害、色鲜黄的根状茎，按自然分枝切断，每个带有根芽1～2个，早春或秋季与收获同时进行栽种。行距25cm，株距20cm，穴深15cm，每穴栽种2个，间距6cm，芽头朝上，填土压紧。栽后10天左右出苗。绿色的根芽可露出土面，白色的根芽应用土掩埋。一亩射干可分根茎繁殖5～6亩。

（2）种子繁殖：条播或点播，以春播为好。条播每亩约用10kg种子。点播穴深6cm，施入适量粪肥和饼肥，上盖细土3cm，每穴播入种子6～8粒。当苗高5～6cm时，移至大田定植。

【栽培管理】春季出苗后应勤除草、松土。1年之内中耕除草3～5次，春、秋季各2次，冬季1次。2年生的射干在6月封垄后，只能拔草，不能松土。对2年生的射干要每亩施入人畜粪1500kg、饼肥50kg，加适量草木灰和过磷酸钙，每年在春、秋、冬季，结合中耕除草时施肥。雨水过多时要及时排涝。

八、宿根福禄考

【学名】*Phlox paniculata*

【别名】天蓝绣球、锥花福禄考。

【科属】花荵科天蓝绣球属。

【识别形态】宿根草本花卉，茎基部呈半木质化，多须根。茎直立或匍匐。叶十字对生，长圆状披针形，被腺毛。聚伞花序顶生，花高脚碟状，花冠显著包旋，喉部紧缩呈细筒。花色有蓝、紫、粉红、绯红、白等深浅不同颜色及复色。花期 7 ～ 9 月。【种类和品种】常见栽培种有矮型和高型两种。

(1) 矮型：株高 30 ～ 50cm，叶卵圆状披针形，叶和茎略带紫色，叶面光滑，全株无毛，花大，耐寒。

(2) 高型：株高 50 ～ 70cm，叶长圆状披针形，全株有毛，花小，不太耐寒。

【习性】耐寒，忌酷日，忌水涝和盐碱，喜排水良好的沙质壤土和湿润环境。在疏荫下生长强壮，尤其是有庇荫或西侧背景，或与比它稍高的花卉如松果菊等混合栽种，更有利于其开花。

【产地和分布】原产北美，现我国各地广泛栽培。

【景观特点和应用】植株较矮，花期长，花色多样，可用作花坛、花丛及庭院栽培，也可做盆栽。

【山西省分布】各地均有分布。

【繁殖】可采用播种、分株及扦插法繁殖。

(1) 播种繁殖：宿根福禄考自然结实率低，播种当年不开花，播种繁殖花色变异大，生产中一般不采用。

(2) 分株繁殖：一般在早春发芽前，将植株挖起后分株，每丛带 2 ～ 3 个芽，注意浇水，露地栽植的每 3 ～ 5 年分株一次。也可在秋季进行分株。

(3) 扦插繁殖：在花后进行，适用于大批量生产。春季新芽长到 5cm 左右时，将芽掰下，插入沙床，覆塑料薄膜，遮阴。温度在 20℃左右，一个月即可生根。

【栽培管理】露地栽培应选背风向阳而又排水良好的土地，施足底肥，5 月初至中旬移植，栽植深度比原深度略深 1 ～ 2cm。生长期经常浇水，保持土面湿润。6 ～ 7 月生长旺季，可追 1 ～ 3 次人粪或饼肥。

九、景天类

【学名】*Sedum* spp.

【科属】景天科景天属。

【识别形态】宿根草本，株高 20 ～ 50cm，地下茎肥厚。花序聚伞状或伞房状，腋生或顶生；花白色、黄色、红色、紫色。叶片颜色有深绿、浅绿、金色、金边、斑驳色等。花期夏、秋季。

费菜

八宝景天

【种类和品种】景天类品种多样，叶色、叶形和花色各有特点，株高 10 ～ 60cm 不等，生长类型有直立型和匍匐型。

(1) 佛甲草 (*Sedum lineare*)。多年生肉质草本，茎初生时直立，后下垂，有分枝。叶线状至线状披针形，阴处叶色绿，日照充足时为黄绿色。花瓣黄，花期 5 ～ 6 月。

(2) 圆叶景天 (*Sedum sieboldii*)。多年生肉质草本，匍匐型生长，叶片对生，尖端钝圆，全光照下叶片秋季变红。花瓣黄色或白色，花期 4 ～ 6 月。

(3) 凹叶景天 (*Sedum emarginatum*)。多年生肉质草本，地下茎平卧，上部茎直立。叶近倒卵形，顶端微凹。小花多数，花瓣黄色，花期 6 ～ 8 月。

(4) 八宝景天 (*Sedum spectabile*)。多年生肉质草本，地上茎簇生，粗壮而直立，全株被白粉，呈灰绿色。叶倒卵形，肉质，具波状齿。花淡粉红色，常见栽培的有白色、紫红色、玫红色品种。

【习性】喜强光和干燥、通风良好的环境。耐寒，耐贫瘠、耐旱，对土壤要求不严。

【产地和分布】分布于北温带和热带的高山上，主要野生于岩石地带，我国西南地区种类繁多。

【景观特点和应用】成片种植或作地被植物，布置花坛、花境、路旁和点缀草坪等，有的还可以作切花。近年来还被广泛应用于屋顶绿化。

【山西省分布】各地均有分布。

【繁殖】可用分株、扦插或种子繁殖。4 月下旬至 5 月上旬利用根状茎进行扦插。当越冬芽高达 8 ～ 10cm 时，从根基处剪取根状茎，直插在苗床上。插后灌一次透水，以后视土壤和温度条件灌水，忌积水，以防插穗根基腐烂。一些叶片肥厚、叶形较大的景天（如八宝景天）还可以采取叶插的方法。6 ～ 8 月，剪取当年生主茎，截成有两轮叶片（八宝景天、玫红景天）或 4 ～ 5 枚叶（费菜）的插穗，剪去下部叶片，保留上部叶片，顶端茎保留顶芽，扦插于插床上，深度 3cm 左右。

【栽培管理】栽植行距 40cm，株距 30 ～ 35cm，栽植深度 5 ～ 6cm，栽后踏实，灌一次透水。待小苗缓苗后，松土除草，每两周浇一次水。入冬前灌冻水。次年春季剪除地上部枯枝。

十、桔　梗

【学名】*Platycodon grandiforus*

【别名】六角花、梗草。

【科属】桔梗科桔梗属。

【识别形态】多年生草本，高 40 ～ 90cm。茎直立，有分枝；叶多为互生，近无柄，叶片长卵形，边缘有锯齿。花暗蓝色、暗紫色、白色。蒴果卵形，熟时顶端开裂。花期 7 ～ 9 月。

【习性】喜温和凉爽气候，抗干旱，耐寒，适宜在土层深厚、排水良好、土质疏松而含腐殖质的沙质壤土上栽培。

【产地和分布】中国、朝鲜半岛、日本和西伯利亚东部。

【景观特点和应用】适合花坛、盆栽、切花或药用，可作地被。

【山西省分布】全省均有分布，常作药用。

【繁殖】生产中一般采用直播。发芽率85%左右，18～25℃播后10～15天出苗。

【栽培管理】苗长出4片叶时，间去弱苗；6～8片叶时，按株距1～2寸定苗。高温多湿时应及时疏沟排水，防止积水烂根。重施基肥，追肥用有机肥料或氮、磷、钾肥，每1～2个月施用1次。夏季应强剪枝条，保持阴凉才能顺利越夏。

十一、金光菊类

【学名】*Rudbeckia laciniata*

【别名】臭菊。

【科属】菊科金光菊属。

【识别形态】多年生草本，枝叶粗糙，株高1～2m。基部叶羽状分裂5～7裂，茎生叶3～5裂，边缘具有较密的锯齿形状。头状花序，舌状花，花色橘红、深红、粉红等，花基部棕褐色。花期5～10月。

【习性】喜通风良好、阳光充足的环境。适应性强，耐寒，耐旱，对土壤要求不严，忌水湿。在排水良好、疏松的沙质土中生长良好。

【产地和分布】原产加拿大及美国。

【景观特点和应用】花坛、花境材料，可布置在草坪边缘成自然式栽植，也可作切花。

【山西省分布】太原、临汾、运城等地有分布。

【繁殖】播种或分株，多用分株法。春、秋均可播种，以秋播为好。播后2周左右出苗，3周后可移苗，翌年开花。分株繁殖宜在早春进行。

【栽培管理】播种苗和分株苗均应栽植在施有基肥且排水良好、疏松的土壤中，种植后浇透水，光照强时适当遮阴，成活后揭掉。栽植中要适当控制浇水，抑制高生长，以免倒伏，同时追施1～2次液肥。当植株长到1m以上时，需及时设支架进行绑扎，避免枝条被风吹折断。花前多施磷、钾肥可使花色艳丽、株形饱满。为促使侧枝生长，延长花期，当第一次花谢后要及时剪去残花。

十二、银叶菊

【学名】*Senecio cineraria*

【别名】雪叶菊。

【科属】菊科千里光属。

【识别形态】多年生草本，株高 15 ～ 40cm。植株多分枝，叶一至二回羽状分裂，正反面均被银白色柔毛。花黄色，花期夏、秋季。

【习性】喜凉爽湿润、阳光充足的气候和疏松肥沃的沙质土壤或富含有机质的黏质土壤。在长江流域可露地越冬，不耐酷暑，高温高湿时易死亡。

【产地和分布】原产南欧，在长江流域能露地越冬。

【景观特点和应用】叶被有银白色柔毛，是重要的花坛观叶植物，用于花坛、花境的布置，可作切花。

【山西省分布】全省各地有分布。

【繁殖】常用种子繁殖。一般 8 月底 9 月初播于露地苗床，半个月左右出芽整齐，4 片真叶时上盆或移植大田，翌年春季后再定植上盆。银叶菊也可扦插繁殖。剪取 10cm 左右的嫩梢，去除基部的叶子，在生根营养液中浸泡 30min 左右，插入珍珠岩与蛭石混合的扦插池中，进行全光照喷雾，约 20 天左右形成良好根系。

【栽培管理】银叶菊为喜肥型植物，上盆 1 ～ 2 个星期后，应施稀薄粪肥或用 0.1% 的尿素和磷酸二氢钾喷洒叶面，以后每星期需施一次肥。上完盆后浇一次透水，并放在微阴环境养护一周。开花之前一般进行两次摘心，以促使萌发更多的开花枝条。上盆一至两周后，或当苗高 6 ～ 10cm 且有 6 片以上的叶片后，进行第一次摘心。第一次摘心 3 ～ 5 周后或侧枝长到 6 ～ 8cm 时进行第二次摘心。

十三、荷兰菊

【学名】*Aster novi-belgii*

【别名】柳叶菊、寒菊。

【科属】菊科紫菀属。

【识别形态】多年生宿根草本，高 40 ～ 90cm。茎丛生，多分枝。叶披针形，光滑，幼嫩叶常带紫色。头状花序伞房状着生，花色有浅蓝、蓝、紫、红、粉白等色，花期 9 ～ 10 月。

【习性】耐寒、耐旱，喜阳光、干燥和通风良好的环境，要求富含腐殖质的疏松肥沃、排水良好的土壤。

【产地和分布】原产北美，我国各地均有栽培。

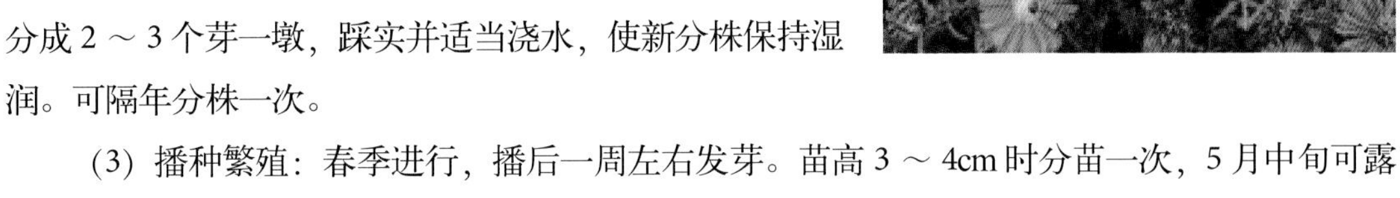

【景观特点和应用】用于花坛、花境、丛植，也可盆栽，也是绿篱及切花的良好材料。

【山西省分布】全省各地有分布。

【繁殖】以扦插、分株繁殖为主，也可播种繁殖。

(1) 扦插繁殖：5～6月剪5～6cm长、3～4节的嫩梢作插条，插于素沙中，苗床需要遮阴，温度控制在18～25℃，保持土壤湿润，2～3周即可生根。

(2) 分株繁殖：春季4～5月新芽长出后将根掘起，分成2～3个芽一墩，踩实并适当浇水，使新分株保持湿润。可隔年分株一次。

(3) 播种繁殖：春季进行，播后一周左右发芽。苗高3～4cm时分苗一次，5月中旬可露地定植，株行距30～50cm。

【栽培管理】选择向阳、肥沃、排水良好的地方栽植，整地后施足堆肥作基肥。出苗后与开花前需追肥，浇透水。在生长期按不同的栽植目的可进行几次修剪整形，进入9月后不再修剪，防止剪掉花蕾影响开花。

十四、玉簪类

【学名】*Hosta plantaginea*

【别名】玉春棒、白玉簪。

【科属】百合科玉簪属。

【识别形态】株丛低矮、圆润。地下茎粗大。株高50～70cm。叶基生或丛生，卵形至心状卵形，基部心形，平行脉。总状花序顶生，高于叶丛，花白色，管状漏斗形，形似簪，浓香。花期7～8月。

【种类和品种】本属约有40多个种，我国有6个种。常见的观赏种类有：

(1) 狭叶玉簪（*H. lancifolia*）。叶卵状披针形至长椭圆形，花淡紫色，形较小。有叶具白边或花叶的变种。花白色，较大，具芳香。

(2) 紫玉簪（*H. ventricosa*）。又称紫萼。叶阔卵形，叶柄边缘常下延呈翅状，花淡紫色，花形较大。

【习性】性强健，耐寒冷，性喜阴湿环境，忌直射光，在强光下栽植，叶片有焦灼样，叶边缘枯黄。要求土层深厚、排水良好且肥沃的沙质壤土。

【产地和分布】原产我国，现在各国均有栽培。

【景观特点和应用】在园林中可用于树下作地被植物，或植于岩石园或建筑物北侧，也可盆栽观赏或作切花用。

【山西省分布】全省各地有分布。

【繁殖】多采用分株繁殖，也可播种繁殖。极易成活，当年即可开花。4月或10月将根掘出，晾晒1～2天，用快刀切分，3～5个芽为一墩，植于穴中。分根后浇一次透水，以后浇水不宜过多，以免烂根。一般 3 ～ 5 年分根一次，盆栽 3 年分根一次。

【栽培管理】多穴植，株行距 30cm×50cm，穴深 15 ～ 25cm，以不露出白根为度，覆土后与地面持平。基肥不足时，可于开花前施些氮肥及磷肥。盆栽以园土、腐殖质、炉渣按 3：3：1 配成培养土，冬季置于冷室，温度保持 2 ～ 5℃为宜，不浇水。翌年 4 ～ 5 月出室，放于阴处，浇水，并需适量追肥。

十五、火炬花类

【学名】*Kniphofia* spp.

【别名】红火棒，火把莲。

【科属】百合科火把莲属。

【识别形态】株高 80 ～ 120 厘米，茎直立。叶基生成丛，广线性，叶背有脊，缘有细锯齿，被白粉，总状花序着生数百朵筒状小花，呈火炬形，花冠橘红色，花蕾色深，下部开放的花色浅。花期 6 ～ 10 月。

【习性】性强健，耐寒；喜温暖湿润、阳光充足环境，也耐半阴。要求土层深厚、肥沃及排水良好的沙质壤土。成株耐旱。

【产地和分布】原产于南非海拔 1800 ～ 3000m 高山及沿海岸浸润线的岩石泥炭层上，各地庭园广泛栽培。长江中下游地区露地能越冬。

【景观特点和应用】挺拔的花茎高高擎起火炬般的花序，壮丽可观。可丛植于草坪之中或植于假山石旁，用作配景，也适于布置多年生混合花境或在建筑物前配置。也可盆栽。花枝可供切花。

【山西省分布】运城有分布，片植。

【繁殖】以分株繁殖为主，多在秋季进行，时间可选择在秋季花期过后，先挖起整个母株，由根颈处每 2 ～ 3 个萌蘖芽切下分为一株进行栽植，并至少带有 2 ～ 3 条根。株行距 30 ～ 40cm，定植后浇水即可。地栽后必须加强水肥管理，第二年即可抽出 2 ～ 3 个花葶。翌年正常开花生长。分株繁殖方法简便，容易成活，不影响开花但繁殖量小。

播种发芽适温 18 ～ 24℃，21 ～ 28 天出苗。春、夏、秋三季均可进行，通常在春季（3 月下旬至 4 月上旬）和秋季（9 月下旬至 10 月上旬）进行，也可随采随播。1 月温室播种育苗，4

月露地定植，当年秋季可开花。栽培地应施用适量腐熟有机肥，株行距 30cm×40cm。自然温度播种的，第二年就能开花。播前先整地，施足底肥再深翻，然后耙平，开沟深度 2 ～ 3cm，进行条播，覆土，浇足水分，用稻草或塑料薄膜覆盖，保持湿度，10 ～ 15 天即可出芽。也可用育苗盆育苗，用疏松的栽培基质（如蛭石）播种，覆盖 2cm 的基质，浇水后用塑料薄膜覆盖，放于背风向阳处，10 余天后可发芽。当苗长至 3 ～ 4 片真叶时可进行一次间苗或移栽，通常播种苗第一年较小，不开花，第二年开春生长量明显增大，并产生花茎，开花 3 ～ 5 支。多年生的火炬花一株可产花 10 ～ 17 支。

【栽培管理】定植应选择地势高燥、背风向阳处，腐殖质丰富的黏质壤土。定植前多施一些腐熟的有机肥，并增加磷、钾肥然后深翻土壤。苗高 10cm 左右定植，株行距 30cm×40cm，栽后浇透水 2 次，然后中耕、松土、蹲苗，促发新根。夏季要充分供水与追肥，在 25 ～ 28℃又有充足阳光的条件下，约 5 个月可抽穗开花。花茎出现时，应进行 2 ～ 3 次磷酸二氢钾的根外追肥。每次间隔为 7 ～ 10 天，浓度为 1%；或施用 1% ～ 2% 浓度的过磷酸钙，可增加花茎的坚挺度，防止弯曲。花后应尽早剪除残花枝不使其结实，以免消耗养分。冬春干旱地区，在上冻前要灌透水，并用干草或落叶覆盖植株，防止干、冻死亡。早春去除防寒覆盖物要晚，注意倒春寒的袭击，防止植株受损伤。火炬花属浅根性花卉，根系略肉质，根毛少，栽植时间过久根系密集丛生，根毛数量减少，吸收能力下降，因此，每隔 2 ～ 3 年须重新分栽一次，以促进新根的生长。

十六、紫松果菊

【学名】*Echinacea purpurea*

【别名】松果菊、紫锥花。

【科属】菊科紫锥花属。

【识别形态】多年生草本植物，株高 80 ～ 120cm。叶卵形或披针形，缘具疏浅锯齿，基生叶基部下延，茎生叶叶柄基部略抱茎。头状花序单生于枝顶，或数朵聚生，花径达 10cm，舌状花一轮，紫红色或玫瑰红色，稍下垂，中心管状花突起成半球形，深褐色，盛开时橙黄色。花期 7 ～ 9 月。

【习性】喜温暖，性强健且耐寒冬。喜光、耐干旱。喜深厚、肥沃、富含腐殖质的壤土上生长。

【产地和分布】原产北美，我国大部分地区均有栽培。

【景观特点和应用】可作背景栽植或作花境、花坛材料，也可丛植于花园、篱边、山前或湖岸边。水养持久，是良好的切花材料。

【山西省分布】临汾有栽植，作地被材料。

【繁殖】播种及分株法繁殖，能自播繁殖。早春 4 月露地直播，常规管理，7 ～ 8 月开花，也可在温室、大棚中播种育苗经 1 ～ 2 次移植后即可定植，株距约 40cm。分株繁殖在春、秋两季进行。

【栽培管理】4 月中旬及时浇返青水，4 ～ 6 月是生长期，要不断浇水，保持土壤湿润。7 ～ 8 月要注意排水，并防止植株倒伏。秋末要清理园地施基肥，入冬前浇足“封冻水”。

十七、金鸡菊类

【学名】*Coreopsis basalis*

【科属】菊科金鸡菊属。

【识别形态】多年生宿根草本，叶片多对生。花单生或成疏圆锥花序，总苞两列，每列 3 枚，基部合生。舌状花 1 列，宽舌状，呈黄、棕或粉色。管状花黄色至褐色。

【习性】耐寒耐旱，喜光，但耐半阴。适应性强，对土壤要求不严，对二氧硫有较强的抗性。

【产地和分布】原产美国南部。早期外来物种之一。

【景观特点和应用】花大色艳，常开不绝。还能自行繁衍，是极好的疏林地被。可观叶，也可观花。在屋顶绿化中作覆盖材料效果极好，还可作花境材料。

【山西省分布】运城有分布。

【繁殖】常能自行繁衍。生产中多采用播种或分株繁殖，夏季也可进行扦插繁殖。

【栽培管理】金鸡菊的管理比较简单。当幼苗长出真叶后，施 1 次氮肥。长至 2 ～ 3 片真叶时就可以移植。移植一次后即可栽入花坛之中。栽后要及时浇透水，使根系与土壤密接。生长期追施 2 ～ 3 次液肥，施氮肥的同时配合使用磷、钾肥。平常土壤见干见湿，不能出现水涝。雨后应及时进行排水防涝。高温、高湿、通风不良，易发生蚜虫等病虫害，应及时喷药防治。花后摘去残花，7 ～ 8 月追一次肥，国庆节可花繁叶茂。

十八、蓍草类

【学名】*Achillea* spp.

【科属】菊科蓍草属。

【识别形态】茎直立，叶互生，羽状深裂。头状花序伞房状着生，形成开展的平面。花期6～10月。

【习性】性强健，耐寒；日照充足和半阴处均可生长；以排水良好、富含有机质和石灰质的沙壤土为最佳。

【产地和分布】同属植物有100多种，分布于北温带，中国有7种，多产于北方。

【景观特点和应用】重要的夏季园林花卉。常作花境，是理想的水平线条表现材料。片植能表现出美丽的田野风光。矮生品种可配置于岩石园，高型品种可作切花。

【山西省分布】山西省各地均有分布。

【繁殖】以分株繁殖为主，也可播种繁殖，在春、秋季均可。

【栽培管理】栽培管理简单，株距为30～40cm；花前追1～2次液肥。临冬剪去地上部分，浇冻水。每2～3年分株更新一次。

十九、紫菀类

【学名】*Aster* spp.

【科属】菊科紫菀属。

【识别形态】茎直立，多分枝。叶窄小，互生，全缘或有不规则锯齿。头状花序伞房状着生，花期9～10月，花色有白色、蓝紫、红、紫红等。

【习性】喜光、耐寒、耐旱。宜湿润、排水良好的肥沃土壤。

【产地和分布】原产欧亚大陆和北美洲。

【景观特点和应用】开花整齐，是重要的园林秋季花卉。常用作花坛的背景材料、花境或林缘及岸边丛植或片植。

【山西省分布】太原、晋中等地均有分布。

【繁殖】以分株或扦插繁殖为主，也可播种繁殖。扦插于 5 ～ 6 月进行，2 周可生根移栽。播种发芽温度为 18 ～ 22℃，1 周可发芽。

【栽培管理】定植株距 30 ～ 50cm，适当摘心以促分枝，每隔 3 ～ 4 年分株更新。

其他常见宿根花卉见表 8-1。

表 8-1 其他常见宿根花卉

植物名称	科	生物学特性
全缘叶金光菊（*Rudbeckia fulgida*）	菊科	株高 30 ～ 90cm；适应性强，较耐寒，极耐旱，不择土壤；宜选择排水良好的沙壤土及向阳处栽植
黑心金光菊（*Rudbeckia hirta*）	菊科	株高 30 ～ 90cm；适应性强，较耐寒，极耐旱；不择土壤，宜选择排水良好的沙壤土及向阳处栽植
二色金光菊（*Rudbeckia bicolor*）	菊科	株高 30 ～ 60cm；适应性强，较耐寒，极耐旱；不择土壤，宜选择排水良好的沙壤土及向阳处栽植
剑叶金鸡菊（*Coreopsis lanceolata*）	菊科	株高 30 ～ 90cm；喜光，耐旱，耐瘠薄，较耐寒；对土壤要求不严
大滨菊（*Chrysanthemum*×*Superbum*）	菊科	株高 40 ～ 70cm；喜阳光充足，耐寒、耐旱，适应性强；在富含腐殖质及排水良好的沙质壤土中生长良好
费菜（*Sedum kamtschaticum*）	景天科	株高 20 ～ 60cm；喜阳光充足，湿润凉爽环境。耐旱、耐寒、稍耐阴；在排水良好的土壤中生长健壮
石碱花（*Saponaria officinalis*）	石竹科	株高 20 ～ 90cm；性强健，耐寒、耐热、耐旱，适应性强；对土壤及环境条件要求不严
穗状婆婆纳（*Veronica spicata*）	玄参科	株高 20 ～ 60cm；喜光，耐半阴；喜排水良好，对土壤适应性强
天竺葵（*Pelargonium hortorum*）	牛儿苗科	株高 30 ～ 60cm；忌寒冷，稍耐水湿
华北耧斗菜（*Aquilegia yabeana*）	毛茛科	株高 40 ～ 60cm；性强健、耐寒、喜凉爽气候，喜半阴，对高温、高湿抗性较弱，忌积水
四季秋海棠（*Begonia semperflorens*）	秋海棠科	株高 15 ～ 30cm，肉质草本；叶卵形，花淡红或白色，蒴果绿色，带红色的翅；喜光，稍耐阴，不耐寒；喜湿润土壤
荷包牡丹（*Dicentra spectabilis*）	罂粟科	株高 30 ～ 60cm；根状茎肉质，地上茎紫红色，叶片三角形，总状花序，苞片钻形或线状长圆形，花色紫红色至粉红色；耐寒，不耐高温，喜半阴环境，不耐旱；喜湿润、排水良好的肥沃沙壤土

植物名称	科	生物学特性
藏报春（*Primula sinensis*）	报春花科	全株被柔毛；根状茎粗壮；叶簇生，叶片阔卵圆形；蒴果卵球形；喜温暖湿润环境，喜微酸性的腐叶土
马蔺（*Iris lactea* var. *chinensis*）	鸢尾科	叶基生，宽线形；花色浅蓝色、蓝色至蓝紫色；耐盐碱、耐践踏
一枝黄花（*Solidago decurrens*）	菊科	株高 30 ～ 150cm，茎直立；单叶互生；头状花序多，排成聚伞状圆锥花序，花黄色
铁线莲（*Clematis* spp.）	毛茛科	攀援藤本，少数直立草本或灌木，株高 1 ～ 2m；叶对生，单生或羽状复叶；花单生或圆锥花序，无花瓣，萼片花瓣状；瘦果聚集成头状果实群
落新妇（*Astilbe* spp.）	虎耳草科	株高 15 ～ 150cm。茎直立，单叶或多出复叶；圆锥花序，花小，两性或单性，白色、红色、紫色、粉色；喜半阴，耐寒，喜肥沃、湿润和疏松的微酸性和中性土
矢车菊（*Centaurea* spp.）	菊科	全株被白毛；叶互生，全缘或羽状浅裂；头状花序，边缘花发达，先端 5 裂；花黄色、蓝色、紫色或白色；喜光，在肥沃、湿润的沙质壤土上生长良好
波斯菊（*Cosmos bipinnatus*）	菊科	一年生草本植物，株高 120 ～ 150cm；喜光，耐贫瘠土壤，忌肥，忌炎热，忌积水，对夏季高温不适应，不耐寒；需疏松肥沃和排水良好的壤土
虞美人（*Papaver rhoeas*）	罂粟科	耐寒，怕暑热，喜阳光充足的环境，喜排水良好、肥沃的沙壤土；不耐移栽，忌连作与积水；自播繁殖

第三节 球根花卉

球根花卉（bulbs）是多年生草花中地下器官（根和地下茎）变态膨大的花卉总称。

球根花卉按照地下变态器官的结构划分为鳞茎（bulb）、球茎（corm）、块茎（tuber）、块根（tuberous root）和根茎（rhizome）5 大类。鳞茎类如朱顶红，球茎类如唐菖蒲，块茎类如仙客来和马蹄莲，块根类如大丽花等。

根据栽培习性分为两类：春植球根和秋植球根。春植球根花卉是指原产于热带、亚热带地区的球根花卉，如唐菖蒲、朱顶红、美人蕉、大岩桐、球根秋海棠、大丽花、晚香玉等。其生育的适温普遍较高，不耐寒。栽培中通常春季栽植、夏秋季开花，冬季休眠。秋植球根花卉多较耐寒，不耐夏季炎热，如郁金香、风信子、水仙、球根鸢尾、番红花、仙客来、花毛茛、小苍兰、马蹄莲等。栽培中通常秋冬季种植进行营养生长，翌年春季开花，夏季进入休眠期。

在山西露地广泛栽培的主要是美人蕉、大丽花、卷丹及少量百合等，唐菖蒲、石蒜、郁金香、水仙、风信子、花毛茛等主要是在公园等专门有养护设施的场所栽培进行展览或家庭少量盆栽。

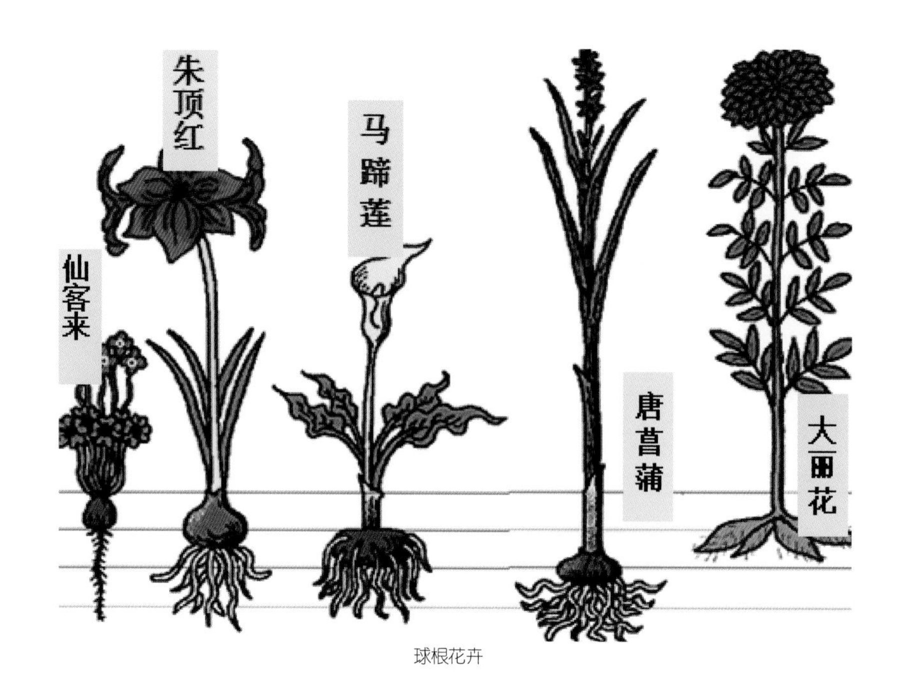

球根花卉

一、美人蕉属

【学名】*Canna*

【科属】美人蕉科美人蕉属。

【识别形态】多年生草本，有粗壮的肉质根状茎，地上茎直立不分枝，叶互生，宽大，长椭圆状披针形或阔椭圆形，叶柄鞘状。单歧聚伞花序排列呈总状或穗状花序，自茎顶抽出，具宽大叶状总苞。花两性，不整齐，萼片3枚，呈苞状，花瓣3枚呈萼片状，雄蕊5枚均瓣化为色彩艳丽的花瓣。雌蕊亦瓣化形似扁棒状，柱头生其外缘。蒴果球形；种子较大，黑褐色，种皮坚硬。花期很长，北方自初夏至秋末陆续开放，南方全年开放。

【种类和品种】美人蕉品种很多，常见的品种有：

（1）大花美人蕉（*C. generalis*）。株高1.5m，茎叶均被白粉，叶大，阔椭圆形，长40cm左右，宽约20cm，花大，色彩丰富，花萼、花瓣被白粉，瓣化瓣直立不弯曲。

（2）紫叶美人蕉（*C. warscewiczii*）。株高1m左右，茎叶均紫褐色，总苞褐色，花萼及花瓣均紫红色，瓣化瓣深紫红色，唇瓣鲜红色。

（3）黄花美人蕉（*C. flaccida*）。株高1.2～1.5m，根茎极大，茎绿色，叶长圆状披针形，长25～60cm，宽10～20cm。花序单生而疏松，苞片极小，花大而柔软，向下反曲，下部呈筒状，淡黄色，唇瓣圆形。

【习性】性喜温暖、湿润和阳光充足，不耐寒，怕强风和霜冻。对土壤要求不严，能耐瘠薄，在肥沃、湿润、排水良好的土壤中生长良好。深秋植株枯萎后，要剪去地上部分，将根茎挖出，晾晒2～3天，埋于温室通风良好的沙土中，不要浇水，室温保持5℃以上，即可安全越冬。

【产地和分布】美人蕉原产美洲、印度、马来半岛等热带地区，分布于美洲、亚洲和非洲。中国南北各地广为栽培。

大花美人蕉

紫叶美人蕉

黄花美人蕉

【景观特点和应用】叶片对环境反应敏感，被称为监视有害气体污染环境的活的监测器。是园林常见的灌丛边缘、花境和花坛常用材料，其矮生品种适于盆栽。

【山西省分布】在山西省境内广泛栽培。

【繁殖】常播种和分株繁殖。播种繁殖于 4 ～ 5 月将坚硬种皮刻伤，温水浸种一昼夜后露地播种，播后 2 ～ 3 周出芽，长出 2 ～ 3 片叶时移栽一次，当年或翌年即可开花。分株繁殖在 4 ～ 5 月间芽眼开始萌动时进行，将根茎每带 2 ～ 3 个芽为一段切割分栽。

【栽培管理】一般春季栽植，暖地宜早，寒地宜晚，忻州和太谷一般在土壤温度达到 8℃后就可栽植，栽植过早，地温低，不发芽，容易腐烂。从距 80 ～ 100cm，覆土约 10cm。施肥一般以基肥为主，在生育期多追施液肥，但在园林中可追施复合肥，然后中耕覆土。在生长期间，保持土壤湿润，否则苗会变小、叶易发黄，开花后易出现“叶里夹花”现象。经过 1 ～ 2 次霜后，茎叶大部分逐步枯萎，在气温逐步回暖时，花会继续开放，随着气温一天天地降低，花会凋谢。待茎叶大部分枯萎后，将根茎挖除，适当干燥后贮藏于湿沙中或堆放室内，温度保持 5 ～ 7℃即可安全越冬。也可选择矮化美人蕉进行盆栽，盆栽可在温室中提早进行栽培。如要在“五 · 一”期间开放，需要在 1 月份就进行促成栽培。

盆栽要求土壤疏松、排水良好；生长季节经常施肥，当长出 3 片叶子时，植株即进入花芽分化期，这时应多施些追肥，追肥应以磷肥为主，以促其花芽分化，有利于提高花的质量，并使植株生长茁壮；栽植后根茎尚未长出新根前，要少浇水，土以湿润为宜，土壤过湿易烂根；花葶长出后应经常浇水，保持盆土湿润，若缺水，开花后易出现“叶里夹花”现象。美人蕉因喜湿润，忌干燥，在炎热的夏季，如遭烈日直晒，或干热风吹袭，会出现叶缘焦枯；浇水过凉也会出现同样现象；贮存时忌水涝、忌潮湿，防块茎腐烂。病虫害主要有花叶病、芽腐病、地老虎、蕉苞虫发生。

二、大丽花

【学名】*Dahlia hybrida*

【科属】菊科大丽花属。

【识别形态】多年生草本，地下部分具粗大纺锤肉质块根。株高约 40 ～ 150cm，茎中空，叶对生，1 ～ 2 回羽状分裂，裂片卵形或椭圆形，边缘具粗钝锯齿。头状花序具总长梗，顶生，其大小、色彩和形状因品种不同而富于变化，外周为舌状花，中央为筒状花，总苞两轮，内轮薄膜状，鳞片状，外轮小，多呈叶状，总花托扁平状，具颖苞。瘦果黑色，压扁状的长椭圆形。花期 6 ～ 10 月。

【习性】既不耐寒又畏酷暑，而喜高燥凉爽、阳光充足、通风良好的环境，每年需要一段低温时期进行休眠。土壤以含腐殖质和排水良好的沙质壤土为宜。短日照植物，春天萌芽生长，夏末秋初开花，秋末经霜后，地上部分凋萎而停止生长，冬季进入休眠。

【产地及分布】原产于墨西哥及危地马拉 1500m 以上的山地。栽培种和品种极为繁多，世界各地均有栽培。我国各地栽培广泛，尤以吉林为盛，是我国大丽花的栽培中心。

【景观特点和应用】适宜花坛、花径或庭前丛植，矮生品种可作盆栽。花朵用于制作切花、花篮、花环等。

【山西省分布】山西省各地庭院都有地栽的习惯。

【繁殖】大丽花容易繁殖，播种、扦插和分根都可。扦插繁殖，一年四季均可，但以早春扦插为好，2 ～ 3 月间，将块根在温室内囤苗催芽，新芽长至 6 ～ 7cm，基部一对叶片展开时，剥取扦插。以后随生长再取腋芽处之嫩芽扦插。插壤以沙质壤土加少量腐叶土或泥炭为宜。种子繁殖仅限于花坛品种和育种时应用。播种一般于播种箱内进行，20℃左右，4 ～ 5 天即萌芽出土，待真叶长出后再分植，1 ～ 2 年后开花。生产中多应用分株繁殖法，分株时选取 2 ～ 3 条块根带一个芽进行切割。

【栽培管理】通常有露地栽培和盆栽两种方式。

大丽花露地栽培

大丽花盆栽

（1）露地栽培：宜选通风向阳和高燥地，避免土壤积水，栽植时间在清明过后，一般在4月下旬种植，覆土厚度6～10cm为宜。栽培时可预先埋设支柱。株距依品种而定，高大品种120～150cm，中高品种60～100cm，矮小品种40～60cm。

（2）盆栽：宜选用低矮小花品种为好，盆土宜选用肥沃松软的沙壤土。当苗高至10～12cm时，留2个节摘顶，培养每盆枝条达6～8枝，定枝后，根据情况绑扎竹竿支撑固定花枝，但竹竿宜不显露最好；每天浇水2～3次，开花前可适当控水促花；前期以施氮肥为主，后期施磷、钾肥为主，一般每10天施无机肥一次，每月施有机肥一次。摘蕾：当花蕾长到花生米大小，每枝留2个花蕾，其他花蕾摘除；定蕾：当花蕾露红时，每枝只留1个花蕾。

大丽花喜光不耐阴，每日光照要求在6h以上，这样植株茁壮，花朵硕大而丰满。喜水但忌积水，既怕涝又怕干旱，浇水要掌握“干透浇透”的原则。一般生长前期的小苗阶段，需水分有限，晴天可每日浇一次，保持土壤稍湿润，太干太湿均不合适；生长后期，枝叶茂盛，消耗水分较多，晴天或吹北风的天气，注意中午或傍晚容易缺水，应适当增加浇水量。幼苗开始一般每10～15天追施一次稀薄液肥，现蕾后每7～10天施一次，到花蕾透色时即应停浇肥水。气温高时不宜施肥，施肥量的多少要根据植株生长情况而定。凡叶片色浅而瘠薄的，为缺肥现象；反之，肥料过量，则叶片边缘发焦或叶尖发黄；叶片厚而色深浓绿，则是施肥合适的表现。施肥的浓度要求一次比一次加大，这样能使茎秆粗壮。大丽花以种植在沙质壤土中生长最佳，可用腐叶土50%、菜园土35%、沙10%、草木灰5%混合成疏松肥沃的中性沙质壤土栽种，每年于早春翻盆另换新土，否则植物性状易退化，花少色淡。大丽花在栽培过程中易发生的病虫害有白粉病、花腐病、螟蛾、红蜘蛛等。

三、百合属

【学名】*Lilium*

【科属】百合科百合属。

【识别形态】多年生草本。地下具鳞茎，阔卵状球形或扁球形，外无皮膜，由多数肥厚肉质的鳞片抱合而成。地上茎直立，不分枝或少数上部有分枝，高50～150cm。叶多互生或轮生，线形、披针形至心形，具平行脉。有些种类的叶腋处易着生珠芽。花单生、簇生或成总状花序，花大形，漏斗状、喇叭状或杯状等，下垂、平伸或向上着生，花具梗和小苞片，花被片6，形相似，平伸或反卷，基部具蜜腺，多色，芳香。地下部分具有两种根系，生于鳞茎盘下的基根，生于鳞茎盘以上地表以下的地上茎节处萌发的茎根。花期初夏至深秋。

常见栽培种类：

（1）百合（*L. brownii* var. *viridulum*）。鳞茎扁平状球形，径6～9cm，黄白色有紫晕。地上茎直立，高0.6～1.2m，略带紫色。叶披针形至椭圆状披针形，多着生于茎之中上部，且愈向上愈小至呈苞状。花 1 ～ 4 朵，平伸，乳白色，背面中肋带褐色纵条纹，径约 14cm，花药褐红色，花柱极长，极芳香，花期 8 ～ 10 月。山西有野生分布。

(2) 渥丹（*L. Concolor*）。鳞茎卵圆形，径 2 ～ 2.5cm，鳞片较少，白色。地上茎高 30 ～ 60cm，有绵毛。叶狭披针形。花 1 至数朵顶生，向上开放呈星形，不反卷，红色，无斑点；花期 6 ～ 7 月。山西有分布，适应性强。

(3) 川百合（*L. davidii*）。鳞茎扁卵形，径约 4cm，白色，地上茎高 60 ～ 180cm，略被紫褐色粗毛，叶多而密集，线形。着花 2 ～ 20 朵，下垂，砖红色至橘红色，带黑点，花被片反卷。花期 7 ～ 8 月。性强健耐寒，山西有野生分布。

(4) 细叶百合（*L. tenuifolium*）。鳞茎长椭圆形或圆锥形，径约 2 ～ 3cm，不具茎根，鳞片少而密集，无苦味，可食用。地上茎高 30 ～ 80cm。叶多且密集于茎的中部，线形。花单生或数朵呈总状，花下垂，径 4 ～ 5cm，橘红色，几乎无斑点，有香气，花期 6 月。喜生于向阳山坡岩石草地间，性强健耐寒，易结实。山西有野生分布。

(5) 卷丹（*L. lancifolium*）。鳞茎圆形至扁圆形，径 5 ～ 8cm，白至黄白色。地上茎高 50 ～ 150cm，紫褐色，被蛛网状白色绒毛。叶狭披针形，腋有黑色珠芽。圆锥状总状花序，花梗粗壮，花朵下垂，径约 12cm，花被片披针形，开后反卷，呈球状，橘红色，内面散生紫黑色斑点，花药深红色，花期 7 ～ 8 月。性耐寒，耐强烈日照，可栽于微碱性土壤，山西有野生分布。

卷丹

【习性】性喜湿润、光照，要求肥沃、富含腐殖质、土层深厚、排水良好的微酸性土壤为好，土壤 pH 值为 5.5 ～ 6.5。忌干旱、忌酷暑，耐寒性差。百合生长、开花温度为 16 ～ 24℃，10℃以上植株才正常生长，超过 25℃时生长又停滞。如果冬季夜间温度低于 5℃持续 5 ～ 7 天，花芽分化、花蕾发育会受到严重影响，推迟开花甚至盲花、花裂。百合类为秋植球根，一般秋凉后萌发基生根和新芽，但新芽常不出土，待翌春回暖后破土而出，并迅速生长和开花。

【产地及分布】产地主要在亚洲东部、欧洲、北美洲等北半球温带地区。全球已发现有一百多个品种，中国是其最主要的起源地，是百合属植物自然分布中心。目前，百合在温带地区广泛栽培。

【景观特点和应用】百合花期长，花大姿丽，有色有香，为重要的球根花卉。常为室内盆栽观赏或在园林中草地中、林地疏林下群植，或成花境、花坛、花台种植。

【山西省分布和应用】卷丹在在山西栽培较为普遍，其他百合栽培主要为室内栽培或庭院种植，偶见一些公园促成栽培进行展览。

【繁殖】百合类的繁殖方法较多，可分球、分珠芽、扦插鳞片以及播种等。以分球法为主，秋季栽植前将母球周围自然分生的子球分离栽植即可。

【栽培管理】宜选半阴环境或疏林下，要求土层深厚、疏松而排水良好的微酸性土壤，最好深翻后施入大量腐熟堆肥、腐叶土、粗沙等以利土壤疏松透气。栽植时期多数以花后 40 ～ 60 天为宜，即 8 月中下旬至 9 月。百合类栽植宜深，尤对具茎根的种类，深栽有利根茎吸收肥分，一般深度约为 18 ～ 25cm，栽好后，入冬时用马粪及枯枝落叶进行覆盖。

在百合生长季节不需特殊管理，可在春季萌芽后及旺盛生长而天气干旱时，灌溉数次，追施 2 ～ 3 次稀薄液肥，花期增施 1 ～ 2 次磷、钾肥，以保证株苗在孕蕾和开花期有充足营养，不仅可使花朵硕大，色鲜，并可促进球茎的发育。在百合的生长期要勤松土、除草，不适合深中耕以免损伤茎根。一般每隔 3 ～ 4 年分栽一次，采收后要及时栽植，若不能及时栽植，应用微潮的沙子予以假植，并置阴凉处。常见病害有百合花叶病、鳞茎腐烂病、斑点病、叶枯病等。

四、郁金香属

【学名】*Tulipa*

【科属】百合科郁金香属。

【识别形态】多年生草本，鳞茎扁圆锥形或扁卵圆形，长约 2cm，具棕褐色皮膜，内有肉质鳞片 2 ～ 5 枚。茎叶光滑具白粉。叶 3 ～ 5 片，长椭圆状披针形或卵状披针形，长 10 ～ 21cm，宽 1 ～ 6.5cm；基生者 2 ～ 3 枚叶，较宽大，茎生者 1 ～ 2 枚。花葶长 35 ～ 55cm；花单生，直立，长 5 ～ 7.5cm；花瓣 6 片，倒卵形，鲜黄色或紫红色，具黄色条纹和斑点：雄蕊 6，离生，花药长 0.7 ～ 1.3cm，基部着生，花丝基部宽阔；雌蕊长 1.7 ～ 2.5cm，花柱 3 裂至基部，反卷。花型有杯型、碗型、卵型、球型、钟型、漏斗型、百合花型等，有单瓣也有重瓣。花色有白、粉红、洋红、紫、褐、黄、橙等，深浅不一，单色或复色。花期一般为 3 ～ 5 月。

【习性】长日照花卉，喜光、避风，喜冬季温暖湿润、夏季凉爽干燥的气候。8℃以上即可正常生长，一般可耐 -14℃低温。其特性为夏季休眠、秋冬生根并萌发新芽但不出土，需经冬季低温后第二年 2 月上旬左右（温度在 5℃以上）开始伸展生长形成茎叶，3 ～ 4 月开花。生长开花适温为 15 ～ 20℃。花芽分化是在贮藏期内完成的。分化适温为 20 ～ 25℃，最高不得超过 28℃。要求腐殖质丰富、疏松肥沃、排水良好的微酸性沙质壤土。忌碱土和连作。

【产地及分布】原产于地中海南北沿岸及中亚细亚和伊朗、土耳其，东至中国的东北地区等地，确切起源已难于考证，但现时多认为起源于锡兰及地中海偏西南方向。而今郁金香已普遍地在世界各个角落种植，其中以荷兰栽培最为盛行，成为商品性生产。中国各地庭园中也多有栽培。

【景观特点和应用】品种繁多，花期早，花色明快艳丽，将不同品种种植在一起适宜作花境、花坛等，表现出整齐一致的景观，也常与枝叶繁茂的二年生草花配置应用，中矮品种可盆栽观赏。

群植郁金香

【繁殖】常以分球繁殖为主。秋季 9 ～ 10 月分栽小球，栽培地应施入充足的腐叶土和适量的磷、钾肥作基肥，植球后覆土深度为球直径的 2 倍，过深易烂球。

【栽培管理】地栽要求种植在土层深厚、肥沃的沙性土壤中，pH 值 6.6 ～ 7。其根系生长最忌积水，选择的地势一定要排水通畅。深耕整地，以腐熟牛粪及腐叶土等作基肥，并施少量磷、钾肥，作畦栽植，栽植深度 10 ～ 12cm。冬季鳞茎生根，春季开花前，追肥 2 次。生长过程中一般不必浇水，保持土壤湿润即可，天旱时适当浇些水。 郁金香上盆后半个多月时间内，应适当遮光，以利于种球发新根和发芽。出苗后应增加光照，促进植株拔节，形成花蕾并促进着色。后期花蕾完全着色后，应防止阳光直射，延长开花时间。

由于基质中富含有机肥，生长期间不再追肥，但是如果氮不足而使叶色变淡或植株生长不够粗壮，则可施易吸收的氮肥如尿素、硝酸铵等，量不可多，否则会造成徒长，甚至影响植株对铁的吸收而造成缺铁症（缺铁时新叶、花蕾全部黄化，但老叶正常），生长期间追施液肥效果显著，一般在现蕾至开花每 10 天喷浓度为 2‰ ～ 3‰的磷酸二氢钾液一次，以促花大色艳，花茎结实直立。

五、风信子

【学名】*Hyacinthus orientalis*

【科属】百合科风信子属。

【识别形态】多年生草本，鳞茎球形或扁球形，外被有光泽的皮膜，其色常与花色有关，有紫蓝、粉或白色。叶基生，4 ～ 6 枚，带状披针形，端圆钝，质肥厚，有光泽。花葶高

15～45cm，中空，总状花序密生其上部，着花6～12朵或10～20余朵；小花具小苞，斜伸或下垂，钟状，基部膨大，裂片端部向外翻卷，花色多样，多数品种有香气。花期4～5月。

【习性】同郁金香。

【产地及分布】原产南欧地中海东部沿岸及小亚细亚一带，荷兰栽培最多。

【景观特点和应用】花色艳丽，常为室内盆栽观赏或在园林中草地中、林地等边缘布置成花境等。

【山西省分布和应用】由于气候条件关系，风信子在山西主要为室内栽培，偶见一些公园促成栽培进行展览。

【繁殖】主要以分球为主，秋季栽植前将母球周围自然分生的子球分离栽植即可。

【栽培管理】栽培方法与郁金香相似。在栽培后期要节制肥水，避免鳞茎裂底而腐烂，鳞茎不宜留土中越夏，每年必须挖起贮藏。在采收鳞茎时候，要把握适当时机，不能太早也不能太迟。在储存时候，将鳞茎分层摊放以利通风。

六、葡萄风信子

【学名】*Muscari botryoides*

【科属】百合科多蓝壶花属。

【识别形态】年生草本，鳞茎卵状球形，皮膜白色。叶基生，线形，稍肉质，暗绿色，边缘常向内卷，长10～30cm，宽0.6cm，常伏生地面。花葶自叶丛中抽出，1至2～3支，高10～30cm，直立，圆筒状。总状花序顶生，小花多数，密生而下垂，碧蓝色，花被片联合呈壶状或坛状，故有“蓝壶花”之称，花期3月中旬至5月上旬。

【习性】性耐寒，耐半阴，在我国华北地区可露地越冬。喜深厚、肥沃和排水良好的沙质壤土。秋植球根，9～10月发芽，当年能生长至近地表处，次年春季迅速生长，开花，至夏季地上部分枯死。

【产地及分布】原产欧洲南部，世界各地广为栽培。

【景观特点和应用】株丛低矮，花色明丽，花期早而长，可达2个月，故宜作林下地被花卉，或作花境、花坛布置，也用来作为草坪的成片、成带种植，或用于岩石园作点缀丛植，还可盆栽。

【山西省分布和应用】由于气候条件关系，葡萄风信子在山西主要为室内栽培，偶见一些公园促成栽培进行展览。

【繁殖】主要以分球为主，秋季栽植前将母球周围自然分生的子球分离栽植就可。培养1～2年即可开花。也可播种繁殖，但很少应用。

【栽培管理】栽培管理简单，主要是在冬季做好防寒处理，可使用秸秆或无纺布等进行覆盖。经过3～5年的栽植后可分栽一次。露地栽培时，一般在秋季栽植，栽植前施足底肥，挖沟栽培，在球茎上方覆土深度为1寸左右，浇足水分。也可进行促成栽培，但是必须经低温处理方能开花，可在12月～翌年1月移入温室内，约经1个多月即可开花。

七、花毛茛

【学名】*Ranunculus asiaticus*

【科属】毛茛科毛茛属。

【识别形态】多年生草本，块根纺锤形，长1.5～2.5cm，粗不及1cm，常数个聚生根茎部，甚似大丽花的块根而形小。地上部分高20～40cm，茎单生或稀分枝，具毛，基生叶阔卵形或椭圆形或三出状，缘有齿，具长柄，茎生叶羽状细裂，无柄。花单生枝顶或数朵生于长梗上，萼片绿色，较花瓣短且早落，花瓣平展，每轮8枚，错落叠层。花色多样，具光泽。花期4～5月。

【习性】性喜凉爽及半阴环境，忌炎热，较耐寒，在长江流域可露地越冬，要求腐殖质多、肥沃而排水良好的沙质或略黏质土壤，pH值以中性或微碱性为宜。

【产地及分布】原产欧洲东南部及亚洲西南部。广布于全世界。

【景观特点和应用】品种繁多，花大色艳，常为盆栽观赏或在园林中草地中、林地等边缘布置成花境等。

【山西省分布和应用】花毛茛在山西主要为温室培育，室外观赏，偶见一些公园促成栽培进行展览。

【繁殖】主要以分球为主，9～10月份将块根自根颈部位顺自然分离状况掰开，另行栽植。也可在秋季进行播种繁殖，种子在高温下（超过20℃）不发芽或发芽缓慢，故需人工低温催芽，将种子浸湿后置于7～10℃下经20天便可发芽，第二年就可开花。

【栽培管理】应选通风良好及半阴的环境栽植。秋季块根栽植前最好进行消毒。地栽定植距离约10cm左右，覆土约3cm。在栽植初期不宜浇水过多，以免腐烂，待春季生长旺盛时期应经常浇水，保持湿润，开花期宜干，花前可追施1～2次液肥，花后天气逐渐炎热，地上部分也慢慢枯黄而进入休眠，此时可将块根掘起，晾干放置于通风干燥处，以免块根腐烂。为使其提早开花，可保持日温15～20℃，夜温5～8℃为宜。

八、唐菖蒲

【学名】*Gladiolus hybridus*

【科属】鸢尾科唐菖蒲属。

【识别形态】多年生草本。地下部具扁球形的球茎，外被膜质鳞片。株高 60 ～ 150cm。叶剑形，硬质，叶梢锐尖，叶脉 6 ～ 8 条，凸起而显著，呈平行状，嵌叠为二列状，抱茎互生。茎粗壮而直立，无分枝或稀有分枝。蝎尾状聚伞花序顶生，着花 8 ～ 24 朵，花序长达 30 ～ 60cm，通常排成两列，侧向一边，少有四面着花者。每朵花着生于草质佛焰苞内，无梗，花大形，左右对称，花冠漏斗状，花朵由下向上渐次开放。花期夏秋。

【习性】喜凉爽的气候条件，畏酷暑和严寒。生长临界低温为 3℃，4 ～ 5℃时球茎即可萌动生长，生育适温白天为 20 ～ 25℃，夜间为 10 ～ 15℃。要求肥沃、疏松、湿润、排水良好的沙质土壤，pH 值 5.6 ～ 6.5 为佳。要求阳光充足，长日照有利于花芽分化而短日照下则促进开花。唐菖蒲球茎的寿命为一年，每年进行一次更新演替。

【产地及分布】主要产于地中海沿岸和西亚地区、南部非洲和非洲热带地区，尤以好望角最多，为世界上唐菖蒲野生种的分布中心。

【景观特点和应用】花色艳丽丰富，花期长，花茎高出叶上，花冠筒呈膨大的漏斗形，花色有红、黄、紫、白、蓝等单色或复色品种。花容极富装饰性，除作切花外，还适合盆栽、花坛、鲜切花、花境及专类花坛。

【山西省分布和应用】唐菖蒲在山西种植较少，主要集中在公园或居民家里，且少量种植。因为是在夏秋开花，在山西具有潜在的推广价值。

【繁殖】以分球繁殖为主，将母球上自然分生的新球和子球取下来，另行种植。通常新球于第二年就可开花，子球大的，培养一年亦可开花，小的子球需两年才开花。大量栽种小子球时，可采用条播或撒播方式。也可在温室内使用营养钵育苗，在 3 月下旬将子球播于营养袋内，保持土温 18 ～ 25℃，气温 20 ～ 25℃，湿度 70% ～ 80%，子球便能较好出苗生长，待 5 月中旬连同营养袋一起移栽于露地。

【栽培管理】宜选择地势较高燥、通风良好地方栽植。可于 4 月中旬左右至 7 月每隔 10 天栽种一次，可于 7 月至 10 月接连不断开花。栽种方法通常使用畦栽、沟栽或盆栽。在地栽时，要施足底肥，以腐熟肥、过磷酸钙、草木灰等作基肥。种植前，种球最好进行消毒，可除去皮膜浸入清水内 15min 后，再浸入 80 倍的福尔马林液内 30min，为促进萌芽及生长，于栽植前剥除球茎外皮，用清水浸泡一昼夜，亦可用硫酸铜、硼酸、高锰酸钾等化学药剂及生长素等溶液浸之，促进萌芽和生长，提早花期。

管护简单，主要是喜阳光，不能遮阴，定期予以追肥，夏季干热时候，注意通风及浇水。病虫害方面，主要注意立枯病和腐烂病、花叶病、褐斑病、病毒病的防治。

九、葱莲属

韭 莲

【学名】*Zephyranthes*

【科属】石蒜科葱莲属。

【识别形态】多年生常绿草本，植株低矮，高15～30cm，地下部分具小鳞茎，叶基生，线形。花葶中空，稍高于叶，花单生，漏斗状，下部具佛焰苞状的苞片，花白色、黄色、粉红色及红色等。夏秋开花。

主要种类：

(1) 葱莲（*Z. candida*）。叶狭线形，稍肉质，具纵沟，暗绿色，苞片膜质，褐红色，花白色，无筒部。主要分布于古巴、秘鲁等地。

(2) 韭莲（*Z. carinata*）。叶扁平线形，基部具紫红晕，花具明显筒部，花粉红色或玫瑰红色，苞片红色。分布于墨西哥、古巴等地。

【习性】性喜阳光，排水良好、肥沃而略带黏质土壤，耐半阴及低湿环境，喜温暖，具一定耐寒性，在华东、华西、华南都可露地越冬，在华北及东北，冬季需将鳞茎挖出，贮藏越冬。

【产地及分布】产于美洲温带及热带地区。在全世界各地广为栽培。在原产地为常绿性，在我国大部分地区，多作春植球根栽培，温室盆栽可常绿。

【景观特点和应用】植株低矮，花朵繁茂，花期长，宜林下、坡地栽植，也可作花坛、花境或盆栽观赏。

【山西省分布和应用】在山西境内，主要是作为盆栽花卉在家庭中种植观赏。

【繁殖】分球繁殖，每一母球可自然分生3～4个子球，春季将子球分离另行栽植，培养2年即可开花。

【栽培管理】葱莲类性喜强健，栽培管理比较简单粗放，春季种植，宜3～4球穴栽一处，间距15cm，深度以鳞茎芽稍露土面或与之齐平即可，保持土壤湿润，适当追肥。

十、石　蒜

【学名】*Lycoris radiata*

【科属】石蒜科石蒜属。

【识别形态】多年生草本，鳞茎广椭圆形，直径2.5～4cm，外有紫褐色薄膜；叶线形，深绿色，中央具一条淡绿色条纹，花后抽生。花葶直立，高30～60cm，着花5～7朵或4～12朵，鲜红色，筒部短，长不及1cm，花被裂片狭倒披针形，上部开展并向后翻卷，边缘波状而皱缩，雌雄蕊很长，伸出花冠外并与花冠同色，花期9～10月。

【习性】适应性强，较耐寒。自然界常生于缓坡林缘、溪边等比较湿润及排水良好的地方。

不择土壤，但喜腐殖质丰富的土壤和阴湿而排水良好的环境。夏初，红花石蒜地上部分的叶片枯萎，地下的鳞茎进入休眠；夏秋之交，花茎破土而出，伞形花序顶生，有花5～7朵，红艳奇特，花瓣反卷如龙爪；叶在花茎枯萎后又即抽出。叶萎花开，花谢叶出，红花石蒜的花叶永远不会同时出现。这一点正好符合彼岸花叶两不相见的特点，同时也是由于红花石蒜花色娇艳、花型奇特，无叶开花，给人妖异的感觉。其实除红花石蒜外，其他石蒜种类也大多具有夏季休眠的特性。

红花石蒜

【产地及分布】产于我国和日本，我国是石蒜属植物的分布中心，在华南、华东、西南地区有野生分布。

【景观特点和应用】石蒜强健耐阴，栽培管理简便，最宜作林下地被植物。亦可花境丛植或用于溪边石旁作自然式布置。因开花时无叶，露地应用时最好与低矮、枝叶密生的一二年生草花混植。

【山西省分布和应用】石蒜在山西栽培较少，在晋南偶有栽培或庭院种植。

【繁殖】通常分球繁殖，春秋两季均可栽植，在山西以春植为好，但是在冬季要做好保温防寒工作，以覆盖土或疏松的秸秆为好。

【栽培管理】石蒜栽植不宜过深，以球顶刚埋入土面为宜，栽植后不宜每年采挖，一般4～5年挖出分栽一次。管护简单，在栽植时候施足底肥，避免春夏时节缺水，只是在冬季寒冷时节要做好保温防寒工作，在第二年早春土壤解冻及气温稳定后，要及早解除覆盖物。

十一、水仙属

【学名】*Narcissus*

【科属】石蒜科水仙属。

【识别形态】多年生草本，地下部分具肥大的鳞茎，为卵圆形或球形，具长颈，外被棕褐色皮膜。叶基生，狭长带状，长30～80cm，宽1.5～4cm，全缘，多数排列成互生二列状。花单生或多朵呈伞形花序着生于花葶端部，下具膜质总苞。花葶自叶丛中抽出，高于叶面；花葶直立，圆筒状或扁圆筒状，中空，花多为黄色、白色或晕红色，侧向或下垂，花被片6，基部联合成不同深浅的筒状，花被中央有杯状或喇叭状的副冠，其形状、长短、大小以及色泽均因种而已。

主要栽培的水仙有：中国水仙（*N. tazetta* var. *chinensis*）、喇叭水仙（*N. pseudo-narcissus*）、明星水仙（*N. incomparailis*）、丁香水仙（*N. jonquilla*）、红口水仙（*N. poeticus*）、仙客来水仙（*N. cyclamineus*）等。

中国水仙

喇叭水仙

【习性】喜温暖湿润气候及阳光充足的地方，尤以冬无严寒、夏无酷暑、春秋多雨的环境最为适宜，多耐寒，在华北不需保护即可露地越冬。对土壤要求不严，但以土层深厚而排水良好的黏质壤土最好，以中性和微酸性为宜。本类为秋植球根，一般初秋开始萌动生长，秋冬在温暖地区，萌动后根、叶仍可继续生长，而较寒冷地区仅限地下根系生长，地上部不出土。翌年早春迅速生长并抽葶开花，花期早晚因种而异。

【产地及分布】主要原产北非、中欧及地中海沿岸，法国水仙分布最广，自地中海沿岸一直延伸至亚洲，到达中国、日本、朝鲜，有许多变种和亚种，其中中国水仙为重要变种，主要集中在中国东南沿海一带。

【景观特点和应用】水仙类株丛低矮清秀，花形奇特，花色淡雅，芳香，适宜室内、室外布置。在园林中，常用于布置花坛、花境，可在建筑、假山、草坪、林下等环境成片布置。

水仙花景观

【山西省分布】水仙在山西主要为盆栽水养观赏，进行促成栽培，是元旦、春节期间室内重要花卉，园林中栽培较少。也可在早春盆栽，于4月左右搬出室外观赏。山西对水仙的栽培主要是以漳州水仙、崇明水仙为主。

【繁殖】以分球繁殖为主，但是繁殖系数小，也可以使用双鳞片切块繁殖，繁殖率可提高15倍。在挑选水仙种球时候，一定要挑选生长健壮、球体充实无病虫害、鳞茎盘小而坚实者，母球要大，周围子球也饱满的，同时花芽较多的。水仙喜欢肥料，在栽植前施足底肥，在生长期间不需要特殊管理即可。夏季枯黄后，挖起种球储藏。

【栽培管理】水仙的栽培通常有两种方法：一是露地一般栽培法；二是露地灌水法。一般栽培法，即秋植球根的栽培方法，选择温暖湿润、土层深厚肥沃并有适当遮阴的地方，于9月下旬栽种，只是施足底肥，生长期间追施1～2次液肥，其他不需要特殊管理。夏季叶片枯黄时将球根挖出，贮藏于通风阴凉的地方。喇叭水仙、红口水仙、橙黄水仙、崇明水仙都采用此方法。露地灌水法主要为漳州水仙的特化栽培技术。

十二、银莲花

【学名】*Anemone cathayensis*

【科属】毛茛科银莲花属。

【识别形态】多年生草本，株高30～60cm。叶片圆肾形，三全裂。花2～5朵，白色或带粉红色。花期4～5月。

【种类和品种】

(1) 欧洲银莲花 (*A. coronaria*)。株高25～40cm，根状茎圆柱形，褐色。主茎短、直立。叶多基生，掌状3裂，裂片2～3回羽状裂。花有红、粉、橙、黄、蓝、紫、白等色或复色，花期4～5月。

(2) 湖北秋牡丹 (*A. hupehensis*)。花白色或带粉红色，花期夏秋。

【习性】喜凉爽、湿润、阳光充足的环境。较耐寒，忌高温多湿，喜湿润、排水良好的肥沃壤土。

【产地和分布】原产地中海沿岸，广布于世界各地，最常见于北温带的林地和草甸及海拔100～2000m的山地草坡。在我国，多见于东北地区以及河北、山西北部、北京等华北北部地区。

【景观特点和应用】以色列国花。药用植物，可作地被，也可作盆栽和切花。

【山西省分布】山西省有野生分布。

【繁殖】种子繁殖或分株繁殖。单瓣品种易结实，种子随采随播。种子细小，有长绒毛，播种时先用沙子搓开。土壤疏松平整，落水播种，土表铺薄锯末或草木灰覆盖。播后15天发芽。重瓣品种8～9月分株，覆土3～4cm。叶枯萎后起球，消毒处理，晾干后埋藏于干沙中，置通风处越夏。

【栽培管理】栽植前要用水浸泡块根1～2天，使其吸水膨大。种植时块根的尖头朝下，不可倒置。植后浇透水，放置在向阳处，约20天可长出新叶。种球生根、萌芽1～2cm时定植，定植时必须保证土壤湿润，种植深度以发芽部位能适当盖土为宜。定植后忌移栽，否则生长不良或死亡。露地栽培，气温不低于-10℃可安全越冬。冬季注意保温防止霜冻，保持棚内每天的通风换气。开花期间，每周施一次10%的饼肥，可促进花芽不断形成。

第四节 水生花卉

水生花卉泛指生长于水中或沼泽地的观赏植物，与其他花卉明显不同的习性是对水分的要求和依赖远远大于其他各类，因此也构成了其独特的习性。水生花卉种类繁多，有湿生植物、挺水植物、浮叶植物（包括根生浮叶和自由漂浮植物两类）、沉水植物。水生花卉是布置水景园的重要材料，在湖泊、池塘中可种植多种水生花卉，形成层次不同的景观，也可单种一种形成一种简洁安静的美丽，与亭、榭、堂、馆等园林建筑物及假山、置石等构成具有独特情趣的景区、景点。不同的水生花卉其耐寒性及对水的需求不同，在种类选择及栽培中，要因地制宜，做到一季种植，多季开花的经济合理的种植方式。

山西省常见的水生花卉，尤其是叶、花俱美的种类不多，本节中仅包含传统意义上的观花植物，不包含水生植物中的藻类等水草。山西省园林中目前常见的有荷花、睡莲、芦苇、香蒲、水葱、荇菜、泽泻、千屈菜、菖蒲、凤眼莲、红蓼等。另外，还有花叶美人蕉、花叶芦竹等也可作为水生植物栽培。

一、荷 花

【学名】*Nelumbo nucifera*

【科属】睡莲科莲属。

【识别形态】多年生挺水植物。地下部分具肥大多节的根状茎，横生水底泥中，节间内有多数孔眼，节部缢缩，生有鳞片及不定根，并由此抽生叶、花梗及侧芽。叶盾状圆形，表面深绿色，被蜡质白粉覆盖，背面灰绿色，全缘或稍呈波状。叶柄圆柱形，密生倒刺。花单生于花梗顶端，高托水面之上，有单瓣、复瓣、重瓣及重台等花型；花色有白、粉、深红、淡紫色、黄色或间色等变化；雄蕊多数；雌蕊离生，埋藏于倒圆锥状海绵质花托内，花托表面具多数散生蜂窝状孔洞，受精后逐渐膨大称为莲蓬，每一孔洞内生一小坚果（莲子）。花期6～9月，每日晨开暮闭。果熟期9～10月。

【种类】荷花栽培品种很多，依用途不同可分为藕莲、子莲和花莲三大系统。原种分为中国莲、美洲莲、杂交莲三类。此外，还可从花型、大小、重瓣与否、花色等进行分类。

【习性】性喜相对稳定的平静浅水，湖沼、泽地、池塘是其适生地。需水量由其品种而定，大株形品种如古代莲、红千叶相对水位深一些，但不能超过 1.7m，中小株形只适于 20 ～ 60cm 的水深，对失水十分敏感，夏季只要 3h 不灌水，荷叶便萎靡，若停水一日，则荷叶边焦，花蕾会枯。喜光，生育期需要全光照的环境，极不耐阴，在半阴处生长就会表现出强烈的趋光性。喜肥，尤喜磷、钾肥，氮肥不宜过多，要求富含腐殖质及微酸性壤土和黏质壤土。

荷花每年春季萌芽生长，夏季开花，并一面开花一面结实，花后生新藕，立秋后地上茎叶枯黄，然后进入休眠，生育期约 180 ～ 190 天左右。从栽种至开花一般约 60 天，视品种和栽植时期而异。

【产地及分布】荷花一般分布在中亚、西亚、北美、印度、中国、日本等亚热带和温带地区。中国大部分地区均有栽培。

【景观特点和应用】荷花是优良的夏季水体绿化植物，不仅能在大小湖泊、池塘中吐红摇翠，也可用缸盆栽植，摆放于庭院、亭榭等处装饰环境，甚至在很小的盆碗中亦能风姿绰约，点缀家居。荷花可以作为园林水景和园林小品中的主题出现。如荷花专类园、荷花水石盆景、荷花坛等，由于莲藕地下茎能吸收水中的好氧微生物分解污染物后的产物，所以荷花可帮助污染水域恢复食物链结构，促使水域生态系统逐步实现良性循环。

【山西省分布和应用】在山西省内各地公园均有广泛栽培，在山西定襄、五台、临猗等地有作为蔬菜大面积栽培。

【繁殖】栽培中主要以分栽种藕为主，为培育新品种也可播种繁殖。清明前后挑选生长健壮的根茎，以带顶芽和保留尾节的 2 ～ 3 节藕作为种藕，用手指保护顶芽以 30° 的角度斜插入泥中。藕的切口处露出土面，然后灌水，水最好不要淹没切口，防止水进入藕内腐烂。随着荷叶的生长，逐步地灌水，初栽水深在 10 ～ 20cm，夏季加深至 60 ～ 80cm。播种繁殖在生产中使用较少，主要是培育新品种。通常 8 ～ 10℃开始萌芽，14℃藕鞭开始伸长，23 ～ 30℃为生长发育的最适温度，开花则需要高温，25℃下生长新藕，大多数栽培种在立秋前后气温下降时转入长藕阶段。

【栽培管理】荷花栽培可在池塘、缸或盆中栽培，在栽植前，要施足底肥，然后栽植，要根据水深及气候，选择合适的品种。夏季是荷花的生长高峰期，对水分的需求量也是最大，因而整个夏季要注意缸盆内不能脱水。塘植荷花水位不能淹没立叶，要注意及时排水，避免荷花遭受灭顶之灾。

荷花喜肥，但施肥过多会烧苗，因而要薄肥勤施。夏季是荷花的花期，对肥的需求也较苗期大。若花蕾出水后，荷叶黄瘦，又无病斑，表明缺肥，应及时添加磷、钾肥，以后可每隔 15 ～ 20 天施肥一次（饼肥或复合肥均可）。缸盆栽植荷花视缸盆大小将肥料塞入缸盆中央的泥中，任其慢慢释放。

荷花是长日照植物，栽培场地应有充足的光照。盆栽荷花株行距要适当，过度拥挤植株较瘦而高，立叶少。家庭用缸、盆、碗等容器栽培荷花时，应将荷花置于光照充足处或每日将荷花搬至室外接受光照。荷花现蕾后，每日光照要不少于 6h，否则植株会出现叶色发黄、花蕾枯萎等现象。

常见为害荷花的病虫害有黑斑病、腐烂病、斜纹夜蛾、蚜虫等。

二、睡　莲

【学名】*Nymphaea tetragona*

【科属】睡莲科睡莲属。

【识别形态】多年生水生植物，根状茎，粗短。叶丛生，具细长叶柄，浮于水面，纸质或近革质，近圆形或卵状椭圆形，最大直径达30～60cm，全缘，无毛，叶面浓绿，幼叶有褐色斑纹，叶背暗紫色。叶基部深缺刻，叶基缺刻锐则花瓣尖端随之而尖，叶缺刻钝则瓣端亦钝。花单生于细长的花柄顶端，漂浮于水面或挺出水面，萼片4枚，长圆形，外面绿色，内面白色。花瓣多数，有多种颜色。花期夏秋季，单朵花期3～4天，依种类不同而午间开放、夜间闭合或夜间开放、白天闭合。

【习性】睡莲喜阳光充足，通风良好，水质清洁、温暖的静水环境。要求腐殖质丰富的黏质土壤。每年春季萌芽生长，夏季开花。花后果实沉没水中，成熟开裂散出的种子最初浮于水面，而后沉底。冬季，地下茎叶枯萎，耐寒类的根茎可在不冻冰的水中越冬，不耐寒类则应保持水温18～20℃，最适水深为25～30cm。

【产地及分布】睡莲大部分原产北非和东南亚热带地区，少数产于南非、欧洲和亚洲的温带和寒带地区。目前，国内各省区均有栽培。

【景观特点和应用】睡莲是一种花叶并赏的水面绿化材料，常点缀于平静的水池、湖面，也可盆栽观赏。可装饰喷泉、庭院等，于酷热的夏季给人们带来清凉。由于睡莲根能吸收水中的汞、铅、苯酚等有毒物质，还能过滤水中的微生物，是难得的水体净化的植物材料，目前在很多地方得到推广，是不可多得的美化、净化植物。

【山西省分布和应用】睡莲在山西广泛栽培，作为庭院、公园和湿地的常用水生植物。

【繁殖】通常采用分株繁殖为主，也可播种。每年春季3～4月份，芽刚刚萌动时将根茎掘起，选取生长旺盛、健壮、无病毒、无损伤、无腐烂、带有新芽的根茎，用利刀分成几块，每个有6～10cm长的段块，保证根茎上带有两个以上充实的芽眼，栽入池内或缸内的河泥中。泥把芽眼刚覆盖即可或者露出芽眼。也可用播种繁殖，在花后用布袋将花朵包上，这样果实一旦成熟破裂，种子便会落入袋内不致散失。种子收集后，装在盛水的瓶中，密封瓶口，投入池水中贮藏。翌春捞起，将种子倾入盛水的三角瓶，置于 20 ～ 30℃的温箱内催芽，每天换水，约经 2 周种子萌发，待芽苗长出幼根便可在温室内用小盆移栽。种植后将小盆投入缸中，水深以淹没幼叶 1cm 为度。4 月份当气温升至 15℃以上时，便可移至露天管理。随着新叶增大，换盆 2 ～ 3 次，最后定植时缸的口径不应小于 35cm。有的植株当年可着花，多数次年才能开花。

【栽培管理】睡莲可盆栽或池栽。池栽应在早春将池水放净，施入基肥后再添入新塘泥然后灌水。灌水应分多次灌足。随新叶生长逐渐加水，开花季节可保持水深在 70 ～ 80cm。冬季则应多灌水，水深保持在 110cm 以上，可使根茎安全越冬。盆栽植株选用的盆至少有 40cm×60cm 的内径和深度，应在每年的春分前后结合分株翻盆换泥，并在盆底部加入腐熟的豆饼渣或骨粉、蹄片等富含磷、钾元素的肥料作基肥，根茎下部应垫至少 30cm 厚的肥沃河泥，覆土以没过顶芽为止，然后置于池中或缸中，保持水深 40 ～ 50cm。

高温季节的水层要保持清洁，时间过长要进行换水以防生长水生藻类而影响观赏。花后要及时去残，并酌情追肥。盆栽于室内养护的要在冬季移入冷室内或深水底部越冬。生长期要给予充足的光照，勿长期置于荫处。池栽者每 2 ～ 3 年挖出分栽一次，而盆栽和缸栽者，可 1 ～ 2 年分一次。睡莲类在生育期间均应保持阳光充足、通风良好，否则生长势弱，易遭蚜虫。秋后水中的叶和柄开始枯萎，进入寒冬则仅剩下根株。若任置池中且池水不减，热带睡莲便有寒害而枯死的危险。因此入秋就要全部从池中挖出收集，使用特大号方盆密植根株，存放于温暖的室内过冬。生存的最低温限度为 13℃左右，耐寒睡莲保持 0℃以上即可越冬，温度过高影响休眠。

睡莲的叶易遭夜盗蛾等食叶害虫的侵害，致使叶面损伤，光合作用降低，势必影响开花，应及时防治。

三、芦　苇

【学名】*Phragmites australis*

【科属】禾本科芦苇属。

【识别形态】茎秆直立，秆高 1 ～ 3m，节下常生白粉。叶鞘圆筒形，无或有细毛。叶舌有毛，叶片长线形或长披针形，排列成两行。叶长 15 ～ 45cm，宽 1 ～ 3.5cm。圆锥花序分枝稠密，向斜伸展，花序长 10 ～ 40cm，小穗有小花 4 ～ 7 朵。雌雄同株，花期为 8 ～ 12 月。具长而粗壮的匍匐根状茎。

【习性】芦苇生长于池沼、河岸、灌溉沟渠旁、河溪边多水地区，常形成苇塘。在华北，发芽期在4月上旬左右，展叶期5月初，生长期4月上旬至7月下旬，孕穗期7月下旬至8月上旬，抽穗期8月上旬到下旬，开花期8月下旬至9月上旬，种子成熟期10月上旬，落叶期10月底以后。对水分的适应幅度很宽，从土壤湿润到长年积水，从水深几厘米至1米以上，都能形成芦苇群落。

【产地及分布】芦苇在我国广泛分布，栽培也较多，常作为工业用材生产。

【景观特点和应用】芦苇常种在湖边、沼泽等地，开花季节特别美观，是常用湿地植物，是河面绿化、净化水质、护土固堤、改良土壤之首选。

【山西省分布和应用】在山西广泛分布，但在园林中种植较少，多见于湖泊等湿地。

【繁殖】芦苇具有横走的根状茎，在自然生境中，以根状茎繁殖为主，也能以种子繁殖，种子可随风传播。

【栽培管理】芦苇生长健壮，一次栽培，多次收益，管理粗放。

四、红　蓼

【学名】*Polygonum orientale*

【科属】蓼科蓼属。

【识别形态】一年生草本，高1～3m。茎直立，中空，多分枝，密生长毛。叶互生；叶柄长3～8cm；托叶鞘筒状，下部膜质，褐色，上部草质，被长毛，上部常展开成环状翅；叶片卵形或宽卵形，长10～20cm，宽6～12cm，先端渐尖，基部近圆形，全缘，两面疏生软毛。总状花序由多数小花穗组成，顶生或腋生；苞片宽卵形；花淡红或白色；花被5深裂，裂片椭圆形；雄蕊通常7，长于花被；子房上位，花柱2。花期7～8月，果期8～10月。

【习性】喜温暖湿润环境。土壤要求湿润、疏松，可在屋旁和沟边栽培。

【产地及分布】原产中国，除西藏外，广布各省份。

【景观特点和应用】植株高大茂盛，叶绿、花密且红艳，适于观赏，可以将它种植在庭院、墙根、水沟旁点缀人们不涉足的角落。

【山西省分布和应用】在山西省有野生分布，在一些湿地或农村的河边或宅院旁边有种植。

【繁殖】采用播种繁殖，在野外，常自播繁殖。

【栽培管理】红蓼原为野生，因其生长迅速，对土壤要求不严，又喜水且还耐干旱，适应性很强，没有病虫害，粗放管理即可。

五、泽 芹

【学名】*Sium suave*

【科属】伞形科泽芹属。

【识别形态】多年生挺水草本植物。株高 60 ～ 120cm，茎具宽深沟，一回羽状复叶，小叶 5 ～ 9 对，小叶片线状披针形，长 4 ～ 10cm，顶端锐尖，基部楔形；浸入水中的植株茎下部生出 2 回羽状全裂的沉水叶，裂片细线形，锐尖。

【习性】生于沼泽、水塘边等较潮湿外，适宜生长的温度 20 ～ 25℃。

【景观特点和应用】泽芹是水景园中的造景材料，点缀水面，丰富景观，别具情趣。

【产地及分布】分布于北美、西伯利亚、亚洲，在中国分布于东北、华东、华北等地。

【山西省分布】山西省无分布，引种较少。

【繁殖】多采用播种繁殖，早春室内或室外向阳低洼处播种，可盆播或湿地播种。无性繁殖一般取茎段作繁殖材料。

【栽培管理】选择池边低洼地，株行距 30cm 左右成片栽植。栽后保持土壤湿润或浅水。

六、荇 菜

【学名】*Nymphoides peltatum*

【科属】龙胆科荇菜属。

【识别形态】多年生水生植物，枝条有二型，长枝匍匐于水底，如横走茎；短枝从长枝的节处长出。叶柄长度变化大，叶卵形，长 3 ～ 5cm，宽 3 ～ 5cm，上表面绿色，边缘具紫黑色斑块，下表面紫色，基部深裂成心形。花大而明显，是荇菜属中花形最大的种类，直径约 2.5cm 长，花冠黄色，五裂，裂片边缘成须状，花冠裂片中间有一明显的皱痕，裂片口两侧有毛，裂片基部各有一丛毛，具有五枚腺体；雄蕊五枚，插于裂片之间，雌蕊柱头二裂。果实和种子也是荇菜属中较特别的一个种类，子房基部具 5 个蜜腺，柱头 2 裂，片状。

【习性】生于池沼、湖泊、沟渠、稻田、河流或河口多腐殖质的微酸性至中性的底泥和富营养的平稳水域中，土壤 pH 值为 5.5 ～ 7.0，水深为 20 ～ 100cm。其根和横走的根茎生长于底泥中，茎枝悬于水中，生出大量不定根，叶和花飘浮水面。水干涸后，其茎枝可在泥面匍匐生根，向四周蔓延生长。通常群生，呈单优势群落。荇菜一般于 3 ～ 5 月返青，5 ～ 10 月开花并结果，9 ～ 10

月果实成熟。植株边开花边结果，至降霜，水上部分即枯死。在温暖地区，青草期达 240 天左右，花果期长达 150 天左右。

【产地及分布】原产中国，分布广泛，从温带的欧洲到亚洲的印度、中国、日本、朝鲜、韩国等地区都有它的踪迹。在中国西藏、青海、新疆、甘肃均有分布，常生长在池塘边缘。

【景观特点和应用】荇菜叶片形似睡莲小巧别致，鲜黄色花朵挺出水面，花多且花期长，是庭院点缀水景的佳品，用于绿化美化水面。

【山西省分布和应用】山西省栽培较少，在一些公园水池有少量栽植，适合小型水景园。

【繁殖】可用分株、扦插或播种法繁殖。于每年 3 月份将生长较密的株丛分割成小块另植；扦插在天气暖和的季节进行，把茎分成段，每段 2 ～ 4 节，埋入泥土中，容易成活，它的节茎上都可生根，生长期取枝 2 ～ 4 节，插于浅水中，2 周后生根。

【栽培管理】在水池中种植，水深以 40cm 左右较为合适，盆栽水深 10cm 左右即可。以普通塘泥作基质，不宜太肥，否则枝叶茂盛，开花反而稀少。如叶发黄时，可在盆中埋入少量复合肥或化肥。平时保持充足阳光，盆中不得缺水，不然也很容易干枯。冬季盆中要保持有水，放背风向阳处就能越冬。盆栽视盆的大小和植株拥挤情况，每 2 ～ 3 年要分盆一次。荇菜管理较粗放，生长期要防治蚜虫。

七、凤眼莲

【学名】*Eichhornia crassipes*

【科属】雨久花科凤眼莲属。

【识别形态】多年生漂浮植物，须根发达，悬垂水中，根生于节上，靠毛根吸收养分，根茎分蘖下一代。叶单生，直立，叶片卵形至肾圆形，顶端微凹，光滑；叶柄处有泡囊承担叶花的重量，悬浮于水面生长，灰色，泡囊稍带点红色，嫩根为白色，老根偏黑色。穗状花序，花为浅蓝色，呈多棱喇叭状，上方的花瓣较大；花瓣中心生有一明显的鲜黄色斑点，形如凤眼，也像孔雀羽翎尾端的花点，非常耀眼、靓丽。蒴果卵形，有种子多数。

【习性】对环境适应性极强，在池塘、水沟等积水处都可生长，喜欢温暖、阳光充足的环境。有一定的耐寒性。每年 4 月底至 5 月初在历年的老根上发芽，至年底霜冻后休眠。株高因环境变化而异，10 ～ 50cm 不等。凤眼莲萌蘖和繁殖非常快，母株仲春发芽后长到 6 ～ 8 片叶就开始萌发下代新苗，生长较壮的母株一次可分蘖4～5株新苗。耐碱性强，pH值为9时仍生长正常。抗病，极耐肥，好群生。但在多风浪的水面上，则生长不良。花期长，自夏至秋开花不绝。

【产地及分布】原产南美洲，我国引种后广为栽培，在南方一些湖泊都呈入侵式的繁殖，对水体的生态造成了灾难。

【景观特点和应用】常是园林水景中的造景材料。植于小池一隅，以竹框之，野趣幽然。除此之外，凤眼莲还具有很强的净化污水的能力，能从污水中除去镉、铅、汞、铊、银、钴、锶等重金属元素和许多有机污染物。

【山西省分布和应用】山西一些水族店有出售，另外在山西大学商务学院附近的湖泊有少量栽培。

【繁殖】分株繁殖与播种繁殖，但在北方，由于种子成熟度不好，因此多采用分株繁殖，春天将将横生的匍匐茎割成几段或带根切离几个腋芽，投入水中即可自然成活。此种繁殖极易进行，繁殖系数也较高。播种繁殖凤眼莲种子发芽力较差，需要经过特殊处理后进行繁殖，一般不常用。

【栽培特点】凤眼莲喜生长在浅水而土质肥沃的池塘里，水深以30cm左右为宜。适生温度为15～30℃，低于10℃便会停止生长。因本种耐寒性差，故霜降之前应予保护，转入冷室水中养护，来年投入池中。盆栽植株应使根系稍扎入土中，并在生长期定量补给有机肥料，供给充足光照，可使其生长强健，开花多而大。喜高温湿润的气候，一般25～35℃为生长发育的最适温度，39℃以上则抑制生长，7～10℃处于休眠状态，10℃以上开始萌芽，但深秋季节遇到霜冻后，很快枯萎。

要控制凤眼莲的繁殖量，保持水面一定的开阔空间。其他养护较粗放。在光照充足、通风良好的环境下，很少发生病害。气温偏低、通风不畅等也会发生菜青虫类的害虫啃食嫩叶，少量可捕捉，普遍的可用乐果乳剂进行杀灭。

八、香　蒲

【学名】*Typha angustata*

【科属】香蒲科香蒲属。

【识别形态】多年生挺水或沼生草本。地下具粗壮匍匐的根状茎，乳白色。地上茎直立粗壮，向上渐细，高1.5～3.5m。叶由基部抽生，长带形，长0.8～1.8m，宽7～12cm，端圆钝；基部鞘状抱茎。花单性，同株，穗状花絮呈蜡烛状，浅褐色，雄花序位于花轴上部，雌花序在下部，雌花序与雄花序紧密连接，而无苞香蒲则两者之间相隔3～7cm的裸露花序轴。花期5～7月。

【习性】香蒲对环境条件要求不甚严格，适应性较强，性耐寒，但喜阳光，喜深厚肥沃的泥土，最宜生长在浅水中或沼泽地。

【产地及分布】一科一属，约18种，我国原产约10种，本种广布于华北、西北和东北地区。

【景观特点和应用】香蒲叶丛细长如剑，色泽光洁淡雅，最宜水边栽植，也可盆栽，为常见的观叶植物。

【山西省分布和应用】山西有野生香蒲、无苞香蒲、水烛、长苞香蒲、小香蒲等种，在各地的湿地均有分布及栽培。

【繁殖】通常分株繁殖，春季将根茎切成10cm左右的小段，每段根茎上带2～3芽，栽植后根茎上的芽在土中水平生长，待伸长30～60cm时，顶芽弯曲向上抽生新叶，向下发出新根，形成新株，其根茎再次向四周蔓延，继续形成新株。

【栽培管理】香蒲栽植于浅水处，按行株距50cm×50cm栽种，每穴栽2株。栽后注意浅水养护，避免淹水过深或失水干旱。管理粗放，仅需经常清除杂草，适时追肥。4～5年后，因地下根茎生长较快，根茎拥挤，地上植株也密，需翻蔸另栽。

九、千屈菜

【学名】*Lythrum salicaria*

【科属】千屈菜科千屈菜属。

【形态特征】多年生挺水草本植物。地下根茎粗硬，木质化，地上茎直立，四棱形，直立多分枝，株高1m左右。单叶对生或轮生，披针形，全缘。长穗状花序顶生，小花多而密，紫红色，夏秋开花。

【习性】喜温暖及光照充足、通风好的环境，尤喜水湿，多生长在沼泽地、水旁湿地和沟边。比较耐寒，在我国南北各地均可露地越冬。对土壤要求不严，在土质肥沃的塘泥基质中花艳，长势强壮。多单生，少群生。

【产地及分布】原产欧洲和亚洲暖温带，广布全球，我国南北各省均有野生。

【景观特点和应用】千屈菜姿态娟秀整齐，花色鲜丽醒目，可成片布置于湖岸河旁的浅水处。多用于水边丛植和水池遍植，也做水生花卉园花境背景，还可盆栽摆放庭院中观赏。

【山西省分布】山西有野生种分布，但在园林中栽培较少。

【繁殖】可用播种、扦插、分株等方法，但以分株为主，早春或秋季均可分栽。扦插应在生长旺期6～8月进行，剪取嫩枝长7～10cm，去掉基部三分之一的叶子插入无泄水孔装有鲜塘泥的盆中，6～10天生根，极易成活。

【栽培管理】露地栽培或水池、水边栽植，养护管理简便，仅需冬天剪除枯枝，可自然过冬。露地栽培按园林景观设计要求，选择浅水区和湿地种植，株行距30cm×30cm。生长期要及时拔除杂草，保持水面清洁。一般2～3年要分栽一次。盆栽可选用直径50cm左右的无泄水孔花盆，装入盆深三分之二的肥沃塘泥，一盆栽五株即可。如要做成微型盆栽，盆径可选20cm左右，生长期不断打顶促使其矮化分蘖。生长期盆内保持有水。盆栽须移入低温冷棚越冬，整个冬季必须保持盆土湿润，温度控制在0～5℃为宜，以免冬季提前萌芽。

十、水 葱

【学名】*Scirpus tabernaemontani*

【科属】莎草科藨草属。

【识别形态】多年生挺水草本，地下具粗壮而横走的根茎，须根多，地上茎直立，秆呈圆柱状，中空，高 0.6 ～ 1.2m。叶褐色，鞘状，生于茎基部。聚伞花序顶生，稍下垂，由许多卵圆形小穗组成，小花淡黄褐色，下具苞叶。花期 6 ～ 8 月。

【习性】性强健，在自然界常生长在沼泽地、沟渠、池畔、湖畔浅水中。最佳生长温度 15 ～ 30℃，10℃以下停止生长。能耐低温，北方大部分地区可露地越冬。

【产地及分布】同属约 200 种，广布于全世界，我国产 40 种左右，各地均有分布。

【景观特点及用途】株丛挺立，色泽淡雅洁净，常用于水面绿化或作岸边池旁点缀，与岸边小石或草地相呼应，较为优雅。也可盆栽，摆放于庭院或建筑角落。

【山西省分布和应用】山西有野生水葱分布，迎泽公园有栽培。

【繁殖】可播种或分株繁殖，通常在春季分株繁殖。4 月中旬，把越冬苗从地下挖起，用枝剪或铁锨将地下茎分成若干丛，每丛带 5 ～ 8 个茎秆；栽到无泄水孔的花盆内，并保持盆土一定的湿度或浅水，10 ～ 20 天即可发芽。如作露地栽培，每丛保持 8 ～ 12 个芽为宜。

【栽培管理】露地栽培时，于水景区选择合适位置，挖穴丛植，株行距 25cm×36cm。如肥料充足当年即可旺盛生长，连接成片。 盆栽可用于庭院摆放，选择直径 30 ～ 40cm 的无泄水孔的花盆，栽后将盆土压实，灌满水。沉水盆栽即把盆浸入水中，茎秆露出水面，生长旺期水位高出盆面 10 ～ 15cm。

喜肥。如底肥不足，可在生长期追肥 1 ～ 2 次，主要以氮肥为主配合磷、钾肥施用。沉水盆栽水葱的栽培水位在不同时期要有所变化，初期水面高出盆面 5 ～ 7cm，最好用经日晒的水浇灌，以提高水温，利于发芽生长；生长旺季，水面高出盆面 10 ～ 15cm。要及时清除盆内杂草和水面青苔，可选择有风的天气，当青苔或浮萍被风吹到水池一角时，集中打捞清除。立冬前剪除地上部分枯茎，将盆放置到地窖中越冬，并保持盆土湿润。

十一、泽 泻

【学名】*Alisma orientale*

【科属】泽泻科泽泻属。

【识别形态】多年生挺水植物，高 50 ～ 100cm。地下具卵圆形块茎，直径可达 4.5cm，外皮褐色，密生多数须根。叶基生，叶柄长达 50cm，基部扩延成中鞘状，宽 5 ～ 20mm；叶片宽椭圆形

至卵形，长 5 ～ 18cm，宽 2 ～ 10cm，先端急尖或短尖，基部广楔形、圆形或稍心形，全缘，两面光滑；叶脉 5 ～ 7 条。花茎由叶丛中抽出，长 10 ～ 100cm，花序通常有 3 ～ 5 轮分枝，分枝下有披针形或线形苞片，小苞白色，带紫红晕或淡红色，轮生的分枝常再分枝，组成圆锥状复伞形花序。花期 6 ～ 8 月，果期 7 ～ 9 月。

【习性】生于沼泽边缘。喜温暖湿润的气候，幼苗喜荫蔽，成株喜阳光，怕寒冷，在海拔 800m 以下地区一般都可栽培。

【产地及分布】黑龙江、吉林、辽宁、内蒙古、河北、山西、陕西、新疆、云南等地均产。

【景观特点和应用】宜作沼泽地、水沟及河边绿化材料，也可盆栽观赏。

【山西省分布和应用】山西有野生的泽泻、东方泽泻、草泽泻的分布，在一些湿地公园有栽培。

【繁殖】通常分球繁殖，也可播种繁殖。在春天分球栽植，也可在种球抽芽后挖出栽植。在整地施肥灌水后，将种球插入泥中，使其顶芽向上隐埋泥中。

【栽培管理】管理粗放，宜选阳光充足环境，喜腐殖质丰富而稍带黏性的土壤，时刻保持一定的水深，尤其在根茎留原地越冬时，不应使土面干涸，应灌水保持水深 1m 左右，以免泥土冻结。

十二、菖 蒲

【学名】*Acorus calamus*

【科属】天南星科菖蒲属。

【识别形态】多年生挺水草本。根状茎横卧泥中，扁肥，有芳香。常萌发不定根（须根）。叶二列状基生，叶片剑状线形，端尖，叶基部成鞘状，对折抱茎，中部以下渐尖，中脉明显并在两侧均隆起，每侧有 3 ～ 5 条平行脉；叶基部有膜质叶鞘，后脱落。花序柄扁三棱形，长 20 ～ 50cm，叶状佛焰苞长 30 ～ 40cm。肉穗花序直立或斜向上生长，圆柱形，花两性，黄绿色，密集生长，浆果红色，花期 6 ～ 9 月。

【习性】喜生于沼泽溪谷边或浅水中，耐寒性不强，最适宜生长的温度 20 ～ 25℃，10℃以下停止生长。冬季以地下茎潜入泥中越冬。

【产地及分布】原产我国及日本，广布世界温带、亚热带。分布于我国南北各地。

【景观特点和应用】菖蒲叶丛挺立而秀美，并具香气，最宜作岸边或水面绿化材料，也可盆栽观赏。

【山西省分布和应用】太原及以南公园都有少量种植。

【繁殖】多切割地下茎繁殖，常在春季（清明前后）或生长期内进行，用铁锨将地下茎挖出，洗干净，去除老根，再用快刀将地下茎切成若干块状，每块保留 3 ～ 4 个新芽，进行繁殖。也有使用种子繁殖的，将采集的成熟红色的浆果清洗干净，在室内进行秋播，保持潮湿的土壤或浅水，在 20℃左右的条件下，早春会陆续发芽，后进行分离培养，待苗生长健壮时，可移栽定植。

【栽培管理】露地栽培时，选择池边低洼地，但一定要根据水景布置地需要，可采用带形、长方形、几何形等栽植方式栽种。栽植的深度以保持主芽接近泥面，同时灌水 1 ～ 3cm。盆栽时，选择不漏水的大盆，盆底施足基肥，中间挖穴植入根茎，生长点露出泥土面，加水使水层保持 1 ～ 3cm。

适应性强，在生长期内保持水位或潮湿，可进行粗放管理。为了生长良好，可追肥 2 ～ 3 次，并结合除草，初期以氮肥为主，抽穗开花前应以施磷肥钾肥为主；每次施肥一定要把肥放入泥中（泥表面 5cm 以下）。越冬前要清理地上部分的枯枝残叶，集中烧掉或沤肥。露地栽培 2 ～ 3 年要更新，盆栽 2 年更换分栽 1 次。

其他常见水生花卉见表 8-2。

表 8-2 其他常见水生花卉

植物名称	科	生物学特性
野菱（*Trapa incisa*）	菱科	一年生浮叶草本植物。生于河道、池塘。喜光，抗寒。常播种或分株繁殖
水鳖（*Hydrocharis dubia*）	水鳖科	多年生漂浮草本。喜温暖、喜光、稍耐寒、耐半阴。分株或播种繁殖
浮萍（*Lemna minor*）	浮萍科	多年生漂浮草本。耐寒、喜光、耐热、抗逆性强。繁殖栽培容易，叶子颈部的侧芽可繁殖
慈姑（*Sagittaria trifolia* ）	泽泻科	多年生挺水植物。耐寒、喜光、喜温暖湿润、通风良好的环境，宜在土层肥沃的浅水中生长。分球茎、扦插或播种繁殖
花叶芦竹（*Arundo donax* var. *versicolor*）	禾本科	多年生挺水植物。喜光、较耐寒、喜湿、也耐旱。分株或扦插繁殖
风车草（*Cyperus alternifolius* spp. *flabelliformis*）	莎草科	多年生挺水草本植物。喜温暖、阴湿环境，不耐寒。喜腐殖质丰富、保水力强的黏性土壤。分株繁殖
灯心草（*Juncus effusus*）	灯心草科	多年生草本。耐寒，自播繁殖能力强
再力花（*Thalia dealbata*）	竹芋科	多年生挺水草本。喜光及温暖环境，不耐寒。分株或播种繁殖
黄菖蒲（*Iris pseudacorus*）	鸢尾科	多年生挺水草本。喜光、稍耐阴、耐热、耐旱、极耐寒。播种或分株繁殖

第五节 草坪草

草坪（Turf）是为了绿化、环境保护和体育运动等目的而人工建植形成并进行修剪等管理改造而形成的低矮多年生草本植物为主体的相对均匀、平整的植被。草坪草（Turfgrass）是用于草坪建植的能耐受修剪、践踏、碾压的草本植物，主要是具有扩展性根茎型或匍匐茎型禾本科多年生草本。除禾本科外，许多非禾本科植物也被用作草坪建植，如莎草科的细叶苔草、旋花科的马蹄金、豆科的白三叶、百合科的沿阶草等。

一、多年生黑麦草

【学名】*Lolium perenne*

【科属】禾本科黑麦草属。

【识别形态】又称宿根黑麦草，英文名为 Perennial ryegrass。多年生黑麦草是黑麦草属中应用最广泛的草坪草，也是最早的草坪栽培种之一。

丛生型草坪草，具有细弱的根状茎，须根稠密，质地柔软，茎直立，秆丛生，高30～60cm，基部倾斜，叶子扁平，窄长，长10～20cm，宽3～6mm，深绿色，发亮，具光泽，富有弹性，叶脉明显。穗状花序，稍弯曲，最长可达30cm，小穗扁平无柄，互生于主轴两侧，每穗含3～10朵花。种子扁平，呈土黄色，长4～6mm，成熟后易脱落。

【常用品种】PhD、Caddieshack、Pinnacle、Premier、Cutter、Emerald、Lark、Toya、Barball。

【习性】喜温暖湿润、夏季较凉爽的环境。抗寒、抗霜而不耐热，耐湿而不耐干旱，也不耐瘠薄，适宜于年降水量1000～1500mm，冬季无严寒、夏季无酷暑的地区生长。生长最适温度为20℃，35℃以上气温时则生长势变弱，当气温低于-15℃会产生冻害，甚至部分死亡。适宜在肥沃、湿润、排水良好的土壤或黏土上生长。耐践踏性和修剪，再生性好，生长速度快。

【原产地及分布】原产于亚洲和北非的温带地区，现广泛分布于世界各地的温带地区。

【景观特点和应用】通常用于混播，建立混合草坪。由于其生长迅速，成坪速度快，在公园、庭院及小型绿地上，常作先锋草种，常与草地早熟禾、紫羊茅等草种混合栽培。用于暖季型草坪的冬季交播，是高尔夫球场果岭和发球台最主要的交播材料。

【山西省分布和应用】在山西省栽培较多，其绿色期较长，是较好的草坪草。

【繁殖】多年生黑麦草结实率高，易发芽，种子繁殖为主，理论播种量为 15 ～ 20g/m2，种子发芽快，温度适宜条件下 3 ～ 5 天即可出苗，30 天左右即可成坪。

【栽培管理】播前精耕细作，使地面平、土壤细。灌好底水，在半干旱的情况下撒播，用耙子轻轻耙平覆土，春播秋播都可，以秋播为好，苗期应注意浇水和防除杂草，该草分蘖力强，再生快，应注意修剪，剪后及时灌水和追施肥料。

多年生黑麦草不耐旱，需要经常灌溉才能保持良好的长势。适宜修剪高度为 3.7 ～ 6.4cm，部分用于高尔夫果岭交播的品种也可忍受低于 1.0cm 的修剪，再生快，特别是春秋两季，应加强修剪。对肥料反应敏感，尤其是春秋季旺盛生长时期，频繁修剪使得其对氮肥需求较高。用于暖季型草坪草冬季交播时，随着春季气温逐渐回升，应降低修剪高度，同时进行深层灌溉，减少灌溉次数，以促进暖季型草坪草从休眠中恢复生长。

二、草地早熟禾

【学名】*Poa pratensis*

【科属】禾本科早熟禾属。

【识别形态】多年生草本。根系发达，具细根状茎，15 ～ 20cm 处根最密集。秆丛生，直立光滑，高 50 ～ 80cm。叶舌膜质，叶片条形，柔软、细长，密生基部，圆锥花序开展，小穗长 4 ～ 6mm，含 3 ～ 5 小花，花期 5 ～ 6 月。颖果纺锤形。

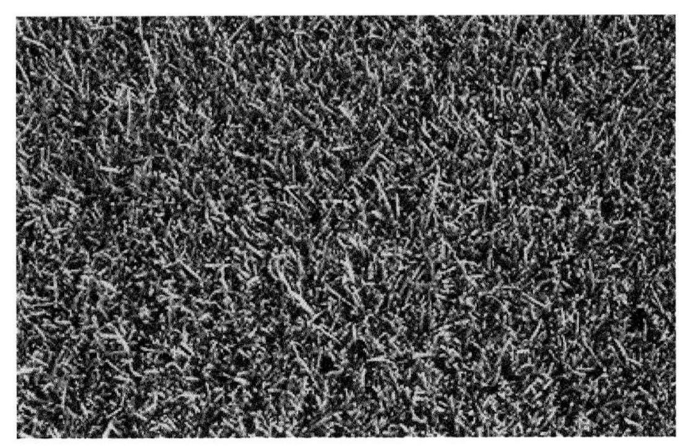

【习性】喜生于湿润土壤，绿色期长达 7 个月，耐寒性强，抗旱力弱。抗热，夏季生长停止，到秋凉时生长繁茂，直至晚秋。喜疏松、富含腐殖质的肥沃土壤，能耐碱地，可生于石灰质土壤中。稍耐阴，耐湿，宜排水良好，pH 值不能低于 6 以下，以绿色嫩叶越冬。

【产地及分布】原产欧洲、亚洲北部及非洲北部。我国东北、山东、江西、河北、内蒙古等地及北半球温带均有。生于山坡、路边及草地。

【景观特点和应用】叶色鲜绿，叶面平滑，质地柔软有光泽，基部叶片稠密，耐践踏，草坪均匀、整齐、柔软。为重要的草坪植物，地下茎为蔓性，可保持水土，宜种斜坡地。

【山西省分布和应用】在山西省全境都可生长，应用广泛。

【繁殖和育苗】秋季播种，春季生长早，返青后基本能覆盖地面，种子以一年后的陈种子为好，每亩可用 1 ～ 1.5kg 种子。

【栽培管理】栽种前要深翻，整地时施以腐熟基肥，地要求平整。用密铺法时每块草皮边缘略留空隙，间铺时则每块草皮空隙距离大，仅铺面积的 1/3 ～ 1/2。栽时深埋根部，然后整平、压实并及时灌水，清除杂草，在栽培当年就可形成较好的草坪。为了获得较高质量的草坪，需要中等及以上养护管理强度。留茬 1.9 ～ 6.3cm，依品种和使用要求而异；春秋两季生长旺盛时应加强修剪和施肥，水分不足的情况下需经常灌溉，尤其是高温季节。

三、高羊茅

【学名】*Festuca arundinacea*

【科属】禾本科羊茅属。

【形态识别】叶片质地粗糙，扁平，坚硬，5 ～ 10mm 宽；叶片前端渐尖，叶缘粗糙；中脉明显，其余各脉不鲜明；幼叶卷叠式；叶舌膜质，极短，叶耳小圆形，叶环黄绿色，宽大，分离，常在边缘有短毛；叶鞘圆形，开裂，基部红色；茎秆粗壮，簇生；花序为圆锥花序。

【常用品种】Pixie、Arid 3、Houndog 5、Fire Phoenix、Jaguar 3、Jaguar 4G、Spider。

【习性】在多种气候条件的生态环境中都能够生长，生态适应幅度较大。根系分布深且广泛，因此具有极好的耐热性和抗旱性，耐寒性中等，不及草地早熟禾。喜光，稍耐阴；对土壤的适应性较强，在 pH 值 4.7 ～ 9.0 的土壤上都能生长；耐中等强度的践踏，抗病虫能力强，耐粗放管理。

【原产地及分布】原产欧洲，草坪性状非常优秀，可适应于多种土壤和气候条件，是应用非常广泛的草坪草。在我国主要分布于华北、华中、中南和西南。

【景观特点和应用】由于叶片质地粗糙，加之生态适应性强，因此多用于低质量、低维护草坪的建植，如道路绿化、机场等。由于其建坪速度快、根系深、耐贫瘠土壤，所以能有效地用于水土保持。高强度养护下，高羊茅也可以形成致密、平整、色泽诱人的草坪，因其较耐践踏，也被用于足球场、橄榄球场等运动场。

【山西省分布和应用】在山西省全境内都可生长，栽培广，适应性强。

【繁殖】虽然有短的根茎，但仍为丛生型，因此生产中主要使用种子进行繁殖，理论播量为 18 ～ 20g/m^2，播种后 5 ～ 7 天出苗，40 天左右可成坪。

【栽培管理】为了获得较高质量的外观，需要对高羊茅草坪进行定期修剪，修剪高度一般为3.7～7.5cm。高羊茅不宜低修剪，否则草坪将变得瘦弱，密度下降。生长季节可施用少量氮肥，以改善叶片色泽。需要注意的是，在寒冷潮湿地区的较冷地带，高氮肥水平会使高羊茅更易受到低温的危害。高羊茅抗旱性强，因此仅需要极少次的深层灌溉。

四、紫羊茅

【学名】*Fescue rubra*

【科属】禾本科羊茅属。

【形态识别】叶片质地极细、针形；具根状茎；无叶耳；叶鞘基部略带红色。

【习性】适于温暖湿润气候和海拔较高的干旱地区生长。抗旱、不耐潮湿；耐寒，耐热性较差，夏季有休眠现象；较耐阴；耐瘠薄，耐酸；耐践踏性中等；不耐盐碱和高肥力；抗污染能力强；耐低修剪。以pH值5.5～6.5的富含有机质的沙质土壤生长最好。全年绿期为230～250天左右。

【原产地及分布】原产于欧洲。

【景观特点和应用】适宜范围广，可用于多种类型的草坪建立。常与草地早熟禾、多年生黑麦草混播建坪。

【山西省分布和应用】在山西省全境内都可生长，栽培广。

【繁殖】种子繁殖为主，播量15～20g/m^2，播后5～7天出苗。

【栽培管理】修剪高度范围为0.8～6.3cm，一般留茬为4～5cm。应定期修剪，否则易因老化而形成草丘。不宜过多使用氮肥，也不宜过量灌溉，否则易引起草坪质量下降；易感病。

五、匍匐翦股颖

【学名】*Agrostis stolonifera Huds.*

【科属】禾本科翦股颖属。

【形态识别】多年生匍匐茎型草本。叶色翠绿，叶片狭窄，扁平，质地纤细，叶质柔嫩，边缘和脉上微粗糙；叶舌长，膜质，渐尖形；无叶耳；叶环中等宽度，倾斜；幼叶卷叠；植株低矮，具长的匍匐枝，直立茎基部膝曲或平卧，匍匐茎横向扩展能力极强，形成贴地面的毯状草坪，根系分布在土壤浅层；圆锥花序，小穗暗紫色。

【常用品种】Penn A-1、Penn A-4、Putter、T-1、L-93、Seaside、Cobra 2、Penncross。

【习性】用于世界上大多数寒冷潮湿地区，也可用于过渡带和温暖潮湿地区，是最耐寒的冷季型草坪草之一；抗寒性好，耐热，一般能度过盛夏时的高温；耐瘠薄，可适应多种土壤，最适宜肥沃、pH 值 5.5 ～ 6.5、保水力好的细壤土，对紧实土壤的适应性差；不耐阴；较耐践踏。

【原产地及分布】原产于欧亚大陆。我国的东北、华北、西北及江西、浙江等省区均有分布。

【景观特点和应用】主要用于高尔夫球场果岭、草地保龄球及网球场。由于养护成本高，极少用于公园绿地和庭院。侵占性很强，主要单播。

【山西省分布】长治、临汾、运城及晋南等地有栽培。

【繁殖】种子和匍匐茎繁殖均可，多采用种子繁殖。理论播种量 2 ～ 3g/m^2，由于种子细小，播种前必须精细整地，播后切忌覆土过深。

【栽培管理】仅在低修剪下才可获得高质量的草坪，修剪高度一般为 1.5cm 以下，为了保持平整均一的外观质量，需要经常修剪。生长季节需施用大量氮肥并频繁灌溉，以满足植株生长需要。匍匐生长的习性易引起过多的芜枝层形成，同时导致草层过厚过密，因此管理中要定期安排垂直修剪，以免造成草坪质量下降。大部分草坪草病害和虫害均极易危害匍匐翦股颖，因此应特别加强预防，及时处理。

六、野牛草

【学名】*Buchloe dactyloides*

【科属】禾本科野牛草属。

【识别形态】多年生草本，秆高 5 ～ 25cm，叶线状披针形，长达 20cm，宽 1 ～ 2mm，两面均疏生白柔毛，叶色绿中透白，质地柔软，苍绿色，花雌雄同株或异株，雄花序 2 ～ 3 枚，排列成总状，雄小穗 2 花，无柄，排列穗轴一侧。外稃长于颖片。雌小穗一花，4 ～ 5 枚簇生成头状花序，通常两个并生于一隐藏秆的上部叶鞘内的共同短梗上，成熟时自梗上整个脱落。多年生匍匐茎型草本，植株纤细。叶片线形，卷曲，下垂，两面疏生白柔毛，灰绿色。叶舌短小，具细柔毛；无叶耳；幼叶卷叠式，叶鞘疏生柔毛。雌雄同株或异株，雄花序为两三枚总状排列的穗状花序，雌花序常呈头状。

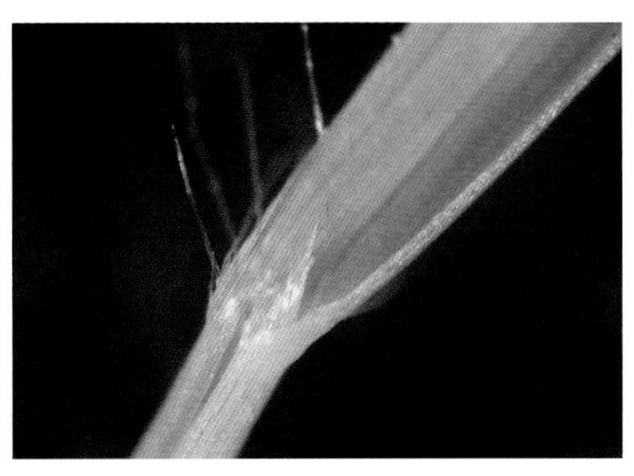

【习性】野牛草是适于生长在过渡地带、温暖半干旱和温暖湿润地区的草坪草，抗旱性极强；极耐热，较大多数暖季型草坪草耐寒；喜光，稍耐阴；耐碱，较耐涝；适宜的土壤范围广，耐瘠薄；不耐践踏；在黄河以北地区表现为枯黄较早，返青迟，全年绿期180天左右。

【原产地及分布】原产北美和墨西哥，最初用于放牧地，后改良用于草坪建植。

【景观特点和应用】野牛草非常耐旱，基本不需修剪和施肥，因此多用于低维护、管理粗放条件下的植被覆盖使用，非常适宜作固土护坡材料。

【山西省分布】绿期较短、不耐践踏、枝叶较稀疏等特点限制了其应用范围。

【繁殖】营养繁殖或种子繁殖，由于种子缺乏且昂贵，多采用营养繁殖。种子发芽慢，成本高，播种时在春季至5月为宜，理论播种量为8～10g/m^2。营养体繁殖时每平方米草皮可栽10m^2。

【栽培管理】留茬1.3～3.0cm，因其垂直生长慢，修剪间隔期较长。野牛草对水、肥的需求量都较小，很少结芜枝层。

其他常见草坪草见表8-3。

表8-3 其他常见草坪草

植物名称	科	生物学特性
紫花苜蓿（*Medicago sativa*）	豆科	株高30～100cm；适应性强，抗旱、耐寒，耐瘠薄，喜温暖半干旱气候
白花三叶草（*Trifolium repens*）	豆科	株高20～50cm；耐热、耐寒、耐干旱，不耐盐碱，喜光也耐半阴，喜温暖，喜排水良好的中性或微酸性土壤
小冠花（*Coronilla varia*）	豆科	株高25～50cm；生活力强，适应性广，耐旱、抗寒，耐瘠薄
诸葛菜（*Orychophramus violaceus*）	十字花科	株高20～70cm；耐寒、耐旱、耐半阴
红花酢浆草（*Oxalis rubra*）	酢浆草科	株高20～35cm；喜光，耐半阴、湿润，耐旱，忌积水，要求排水良好，适应性强
紫花地丁（*Viola philippica*）	堇菜科	株高5～15cm；喜光照，湿润、凉爽，耐寒，耐旱，耐半阴，耐贫瘠，适应性强
沿阶草（*Ophiopogon bodinieri*）	百合科	多年生常绿草本；喜温暖气候，适于长江以南地区生长；极耐热，抗寒性较差（-15℃不能安全越冬）；耐旱，耐瘠薄，喜光耐阴；对土壤选择性较大，中等耐酸，不耐盐碱；不耐践踏

第六节 观赏草

观赏草指的是园林绿化中应用的草及形似草的植物，主要观赏其形态、茎秆、叶片、花和果序等特征。观赏草主要以禾本科植物为主，还用来指与草特征相似的非禾本科植物，它们具有窄长的条形叶、质地独特的花和果序以及丛生的形态或习性，包括莎草科、灯心草科、帚灯草科以及一小部分叶片特性比花更为突出的多年生花卉，如花蔺科、天南星科等。

一、观赏草种类及特征

（一）芒

【学名】*Miscanthus sinensis*

【科属】禾本科芒属。

【形态特征】多年生草本。高 1 ～ 2m，秆丛生，直立，绿色，圆筒形。叶鲜绿色，长 70 ～ 85cm，宽 2 ～ 2.2cm，缘有细锯齿，中肋白色而突出，圆锥花序，长 20 ～ 30cm，小穗有 2 花，1 具长柄，1 具短柄，花期晚夏至初秋。

【类型及品种】

（1）花叶芒（var. *variegaius*）。日本选育，秆高，叶片长约 80cm，宽约 2.5 ～ 3.5cm，具纵向条纹或镶边。花穗较大，抽穗期较芒晚，小穗上的芒为淡灰色。多年生，丛生，暖季型。植株生长强劲，株高 1.2 ～ 1.8m，冠幅 1 ～ 1.5m，叶片浅绿色，有奶白色条纹，条纹与叶片等长。圆锥花序，粉红色，花期 9 ～ 10 月。可孤植、盆栽、成片或条带种植。

花叶芒

（2）斑叶芒（var. *zebrinus*）。秆较花叶芒低，叶片长约 75cm，宽约 2cm，横向有白绿斑相间，但间距极不规则。花穗分枝较少，小穗上的芒带褐色。多年生，丛生，暖季型。株高 1.7m 左右，冠幅 60 ～ 80cm，条形叶片上有不规则的斑马（黄色）横纹。最佳观赏期 5 ～ 11 月。可孤植、盆栽或成片种植，也可作背景、镶边材料。

斑叶芒

细叶芒

(3) 细叶芒 (*Miscanthus sinensis* cv. 'Gracillimus')。多年生，丛生，暖季型。植株生长强劲，株高 1.75m 左右，冠幅 60 ~ 80cm，叶片绿色，纤细，顶端呈拱形。顶生圆锥花序，花期 9 ~ 10 月，花色可由最初的粉红色渐变为红色，到秋季转为银白色。最佳观赏期 5 ~ 11 月。可作背景、镶边材料。

（二）大油芒

【学名】*Spodiopogon sibiricus*

【科属】禾本科大油芒属。

【形态特征】多年生草本。秆高 90 ~ 110cm，通常不分枝。叶片阔条形，宽 6 ~ 14mm。圆锥花序长 15 ~ 20cm；总状花序 2 ~ 4 节，生于细长的枝端，穗轴逐节断落，节间及小穗柄呈棒状；小穗成对，一有柄，一无柄，均结实且同形，稍呈圆筒形，长 5 ~ 5.5mm，含 2 小花，仅第二小花结实；第一颖遍布柔毛，顶部两侧有不明显的脊；芒自第二外稃二深裂齿间伸出，中部膝曲。

【产地和分布】分布于东北、华北、西北、华东；亚洲北部和温带其他地区也有。

【园林用途】生山坡、路边、林下。

（三）拂子茅

【学名】*Calamagrostis epigejos*

【科属】禾本科拂子茅属。

【形态特征】多年生草本。具根状茎。秆直立，平滑无毛或花序下稍粗糙，高 45 ~ 100cm，径 2 ~ 3mm。叶鞘平滑或稍粗糙，短于或基部者长于节间；叶舌膜质，长 5 ~ 9mm，长圆形，先端易破裂；叶片长 15 ~ 27cm，宽 4 ~ 8 (13) mm，扁平或边缘内卷，上面及边缘粗糙，下面较平滑。圆锥花序紧密，圆筒形，劲直、具间断，长 10 ~ 25 (30) cm，中部径 1.5 ~ 4cm，分枝粗糙，直立或斜向上升；小穗长 5 ~ 7mm，淡绿色或带淡紫色；花果期 5 ~ 9 月。喜生于平原绿洲，习见于水分条件良好的农田、地埂、河边及山地，土壤常轻度至中度盐渍化。

【产地和分布】分布遍及全国。山西有分布。

（四）荻

【学名】*Triarrherca sacchariflora*

【科属】禾本科芒属。

【形态特征】多年生草本，具发达被鳞片的长匍匐根状茎，节处生有粗根与幼芽。秆直立，高1～1.5m，直径约5mm，具10多节，节生柔毛，叶舌短，长0.5～1mm，具纤毛；叶片扁平，宽线形，长20～50cm，宽5～18cm，除上面基部密生柔毛外两面无毛；边缘锯齿状粗糙，基部常收缩成柄，顶端长渐尖，中脉白色，粗壮。圆锥花序疏展成伞房状，长10～20cm，宽10cm，主轴无毛，具10～20枚较细弱的分枝，腋间生柔毛，直立而后展开；总状花序轴节间长4～8mm，或具短柔毛；小穗线状披针形，长5～5.5mm，成熟后带褐色，基盘具长为小穗两倍的丝状柔毛。花果期8～10月。

【产地和分布】荻野生于山坡、撂荒多年的农地、古河滩、固定沙丘群以及荒芜的低山孤丘上，常常形成大面积的草甸，繁殖力强，耐瘠薄土壤。有时在农耕地的田边、地埂上也有它的群落片断残存。荻草广泛分布于温带地区，我国是荻草的分布中心，在东北、西北、华北及华东均有分布，山西省有野生分布。

（五）须芒草

【学名】*Andropogon gayanus*

【科属】早熟禾亚科须芒草属。

【形态特征】多年生草本，具支持根。秆密、丛生，圆柱形，粗壮，高1～3m。叶长披针形，长30～100cm，宽1～3cm，两面被毛，灰白色，叶缘粗糙，花序为具鞘状总苞假圆锥花序，由成对（稀单生）的总状花序组成。穗轴节间和小穗柄均向上变粗厚棒状，一边或两边具缘毛，总状花序，长4～9cm，含17对小穗，每对小穗生于穗轴的各节，小穗具花2朵。

【产地和分布】原产非洲西部热带地区，广泛分布于非洲赤道附近，山西有栽培。

（六）远东芨芨草

【学名】*Achnatherum extremiorientale*

【科属】禾本科芨芨草属。

【形态特征】多年生草本。秆直立，光滑，高可达2m。叶鞘较疏松；叶舌短，长约1mm，钝；叶片扁平或边缘内卷，长达50cm，宽7～12mm。圆锥花序开展，长20～45cm，分枝细长，2～6枚簇生，下部常裸露，成熟后水平开展，上部疏生小穗；小穗长8～10mm。花果期7～9月。生于山坡草地。

（七）针 茅

【学名】*Stipa capillata*

【科属】禾本科针茅属。

【形态特征】多年生草本，秆直立，丛生，高 40 ～ 80cm，常具 4 节，基部宿存枯叶鞘。叶鞘平滑或稍糙涩，长于节间；叶舌披针形，基生者长 1 ～ 1.5mm，秆生者长 4 ～ 10mm；叶片纵卷成线形，上面被微毛，下面粗糙，基生叶长可达 40cm。圆锥花序狭窄，几全部含藏于叶鞘内；小穗草黄或灰白色。花果期 6 ～ 8 月。

【产地和分布】甘肃西部、新疆北部。多生于山间谷地、准平原面或石质性的向阳山坡。

（八）狼尾草

【学名】*Pennisetum alopecuroides*

【科属】禾本科狼尾草属。

【形态特征】多年生草本。须根较粗壮。秆直立，丛生，高 30 ～ 120cm，在花序下密生柔毛。叶鞘光滑，两侧压扁，主脉呈脊，在基部者跨生状，秆上部者长于节间；叶舌具长约 2.5mm 纤毛；叶片线形，长 10 ～ 80cm，宽 3 ～ 8mm，先端长渐尖，基部生疣毛。圆锥花序直立，长 5 ～ 25cm，宽 1.5 ～ 3.5cm；主轴密生柔毛；总梗长 2 ～ 5mm；刚毛粗糙，淡绿色或紫色，长 1.5 ～ 3cm；小穗通常单生。生长在沼泽地。它的茎、叶、穗粒都像粟，颜色是紫色的，有毛。喜冷湿气候。耐旱，耐贫瘠土壤。宜选择肥沃、稍湿润的沙地栽培。

【产地和分布】中国自东北、华北经华东、中南及西南各省区均有分布。

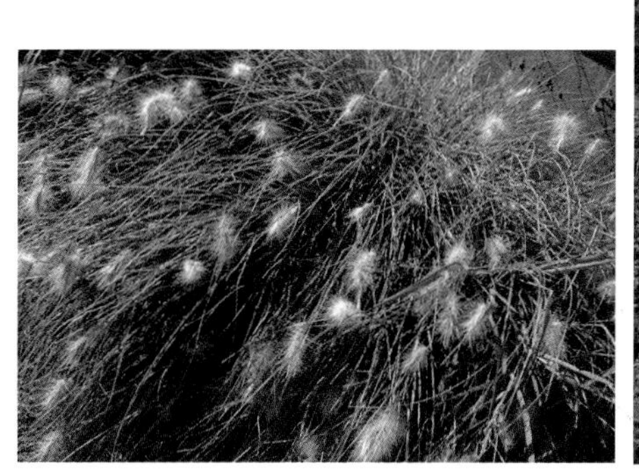

（九）玉带草

【学名】*Pratia nummularia*

【科属】禾本科芦竹属。

【形态特征】多年生草本。因其叶扁平、线形、绿色且具白边及条纹，质地柔软，形似玉带，故得名。根部粗而多结。秆高 1 ～ 3m，茎部粗壮近木质化，地上茎挺直，有间节，似竹。叶片宽条形，抱茎，排成两列，弯垂，边缘浅黄色条或白色条纹，宽 1 ～ 3.5cm。圆锥花序长 10 ～ 40cm，小穗通常含 4 ～ 7 个小花。花序形似毛帚。叶互生，具白色条纹。

（十）画眉草

【学名】*Eragrostis pilosa*

【科属】禾本科画眉草属。

【形态特征】一年生草本。秆丛生，直立或基部膝曲，高 15 ～ 60cm，径 1.5 ～ 2.5cm，通常具 4 节，光滑。叶鞘松裹茎，长于或短于节间，扁压，鞘缘近膜质，鞘口有长柔毛；叶舌为一圈纤毛，长约 0.5mm；叶片线形扁平或卷缩，长 6 ～ 20mm，宽 2 ～ 3mm，无毛。圆锥花序开展或紧缩，长 10 ～ 25cm，宽 2 ～ 10cm，分枝单生、簇生或轮生，多直立向上，腋间有长柔毛，小穗具柄，长 3 ～ 10mm，宽 1 ～ 1.5mm，含 4 ～ 14 小花；花果期 8 ～ 11 月。多生于荒芜田野。

【产地和分布】分布于全国各地。

（十一）芦　竹

【学名】*Arundo donax*

【科属】禾本科芦竹属。

【形态特征】多年生草本。秆高 3 ～ 6m，径 1 ～ 3.5cm，坚韧，多节，常生分枝。叶鞘长于节间，无毛或颈部具长柔毛；叶舌平截，长约 1.5mm，先端具纤毛；叶片扁平，长 30 ～ 50cm，宽 3 ～ 5cm，上面与边缘微粗糙，基部白色，抱茎。圆锥花序长 30 ～ 90cm，宽 3 ～ 6cm，分枝稠密，斜升。小穗长 1 ～ 1.2cm；具 2 ～ 4 小花，小穗轴节长约 1mm。花果期 9 ～ 12 月。喜温暖，喜水湿，耐寒性不强。

【产地和分布】产广东、海南、广西、贵州、云南、四川、湖南、江西、福建、台湾、浙江、江苏等地。生于河岸道旁、沙质壤土上。各地庭园引种栽培。

二、景观特点和应用

观赏草姿态优美、造型独特、植株随风飘逸，极富野趣，将观赏草作为园林景观设计的新材料，利用其株高、株形、质地、色彩、花序等特征和不同的园林要素搭配，能为园林景观增加色相、动感和声音美，形成丰富的视觉和听觉效果。

在栽培和植物配置方面，观赏草应用形式广泛，景观效果独特，既可盆栽，亦可地栽；既可孤植，也可片植，且需养护水平极低。观赏草也可广泛地应用于城市绿化、公路绿化、荒山治理以及河流绿化上。在城市绿化中，观赏草既可以单独成片种植，大量使用；也可以与其他植物相互搭配，共同组合成花坛或花境；尤其是与山石或水体配置，更是多姿多彩、相得益彰。

三、繁　殖

观赏草的繁殖主要是播种和分株繁殖。在园林中多使用分株法繁殖，播种主要是在苗圃应用。

四、栽培管理

观赏草一般可在春季或秋季种植，种植间距一般为成熟植株的株高，对于较小的观赏草，其间距为 30 ～ 90cm，对于高大的观赏草，株距可扩大到 1.5m。如果为了在短期见效果，可种植的密集点，一般 2 ～ 3 年更新一次。

观赏草抗逆性强，大多数种类可在恶劣的环境条件下生长，其栽植与养护管理粗放。大多数观赏草都喜欢光照，最好每天有 3 ～ 5h 的直射光，但对水肥和土壤一般无特殊要求。很多观赏草种类都较耐旱，仅需在幼苗期浇水，但要注意避免积水。观赏草一般不需要施肥，除非种植在特别贫瘠的沙地上，肥料过多反而导致徒长，茎秆细弱松散，影响观赏。一般观赏草较耐修剪，修剪主要是剪短观赏草以除去老叶，修剪时间可分为春秋季，秋季主要是剪短冬季表现不好的观赏草，如芦竹、红叶白茅等，一些不耐寒的草及秋冬季观赏效果好的草基本都是在春季开始生长前进行修剪，既保护了植株根茎部免受低温的影响，还可欣赏到霜露和冰雪存叶片上的景致，形成一道独特的风景线。修剪高度一般在20cm左右，不要留茬太高，在种植多年后，要定期用耙子清除干枯的茬口。

观赏草虽然抗虫抗病，但是也有病虫害，锈病是叶上和茎上产生橘黄色粉斑的真菌病害。锈病在湿润的条件下蔓延，尤其是当白天温暖而夜间冷凉时更是如此，预防的措施是避免观赏草生长过于密集，用蛇形管浇水，以尽量减少叶片湿润。如果发现很小叶片有锈斑或发黄或发褐色，尽快除掉它们。在虫害方面，主要有蚜虫及粉介，粉介会使植株矮化变形，控制介壳虫比较难，应及早去除。

参考文献

阿不都拉·阿巴斯，田旭平，侯秀云，等．四种药用植物抑菌作用初探[J]. 食品科学，2005，(12)：111–114.

白晋华，郭红彦，郭晋平．文峪河流域河岸带植被景观格局分析与规划[J]. 林业调查规划，2009，(05)：29–32，38.

白晋华，胡振华，郭晋平．华北山地次生林典型森林类型枯落物及土壤水文效应研究[J]. 水土保持学报，2009，(02)：84–89.

白晋华，郭晋平．流域森林植被水文生态效应研究展望[J]. 山西水土保持科技，2008，(03)：1–5.

白晋华，孙彦亮，袁鑫，等．晋中市林木种质资源与综合开发利用[J]. 林业调查规划，2007，(01)：26–29.

白晋华，朱宝才，郭晋平．关帝山林区文峪河流域植被景观空间格局研究[J]. 山西农业大学学报（自然科学版），2004，(03)：229–233，248.

白晋华，王暾，郭晋平，等．3 种因素对油松移植苗根系活力的影响[J]. 干旱区研究，2013，(04)：646–651.

白晋华，郭晋平．"测树学"课程教学环节改革初探[J]. 中国林业教育，2013，(02)：68–70.

白晋华，李赵飞，郭晋平．理论材积式对华北地区天然油松立木材积测定的适用性分析[J]. 山西农业大学学报（自然科学版），2006，(04)：373–375.

陈东莉，郭晋平，杜宁宁．间伐强度对华北落叶松林下生物多样性的影响[J]. 东北林业大学学报，2011，(04)：37–38，118.

陈东莉，郭晋平，杜宁宁，等．间伐强度对华北落叶松人工林生长效应的研究[J]. 山西林业科技，2010，(04)：9–11.

陈海平，杨秀云，朱烨，等．NaCl 胁迫对五彩石竹和常夏石竹种子萌发的影响[J]. 山西农业大学学报（自然科学版），2012，(03)：245–250.

曹晔，武小钢，杨秀云．从景观设计角度谈城市雨水的生态利用[J]. 山西建筑，2014，(22)：227–229.

曹慧，白晋华，王建让，等．火烧对油松天然林林下植被及土壤的影响[J]. 防护林科技，2015，(10)：3–6，21.

曹慧，白晋华，王建让，等．不同强度的火烧对土壤化学性质的影响[J]. 天津农业科学，2015，(08)：21–23.

曹慧，白晋华，王建让，等．火烧对林地土壤理化性质的影响[J]. 山西农业大学学报（自然科学版），2015，(04)：378–381.

曹慧，白晋华，王建让，等．火烧对不同植被恢复类型物种多样性的影响[J]. 防护林科技，2015，(06)：4–6.

陈天成，柳杰，张芸香，等．关帝山林区华北落叶松人工林不同强度间伐的生长效应研究[J]. 山西林业科技，2015，(02)：13–19.

杜宁宁，郭晋平，陈东莉．河岸带落叶松林土壤氮素空间格局研究[J]. 山西林业科技，2011，(01)：4–6，30.

邓彩萍，张金梅，郝艳平，等．山西农业大学校园夏初室外空气细菌污染监测与分析[J]. 山西农业大学学报（自然科学版），2016，(01)：31–34.

杜丽芳，郝艳平．麦哈乐对枣树生长及生理生化影响的研究[J]. 山西林业科技，2010，(01)：27–29.

邸富宏，杨三红，郭晋平，等．森林认证的发展及其对中国森林经营的影响[J]. 林业调查规划，2015,(02):139–142.

樊兰英，郭晋平.3种典型河岸林土壤氮磷的空间分布格局及其影响因素[J]. 水土保持通报，2012,(02):17–20,25.

樊兰英，郭晋平，张芸香，等．山地河岸林土壤对硝态氮和铵态氮的截留及影响因素[J]. 水土保持学报，2011,(02):134–137.

冯晓燕，刘宁，郭晋平，等．控制光照条件下华北山地4个混交树种幼苗幼树的形态响应和可塑性[J]. 林业科学，2013,(11):42–50.

冯永健，郭晋平，张海森，等．双侧同期全髋关节置换术后的运动功能恢复[J]. 河北医药，2013,(01):96–97.

郭晋平，丁颖秀，张芸香．关帝山华北落叶松林凋落物分解过程及其养分动态[J]. 生态学报，2009,(10):5684–5695.

郭跃东，郭晋平．山西三道川林场主要森林生态系统生物量和生产力研究[J]. 山西农业大学学报(自然科学版)，2009,(03):233–237.

郭晋平，李海波，刘宁，等．华北落叶松和白　幼苗对光照和竞争响应的差异比较[J]. 林业科学，2009,(02):53–59.

郭晋平，张浩宇，张芸香．森林立地质量评价的可变生长截距模型与应用[J]. 林业科学，2007,(10):8–13.

郭晋平，常洁，阎海滨．山西农业大学林学品牌专业建设的探索[J]. 中国林业教育，2007,(05):11–14.

高润梅，石晓东，郭晋平．山西庞泉沟国家自然保护区种子植物区系研究[J]. 武汉植物学研究，2006,(05):418–423.

高润梅，石晓东，郭晋平，等．山西农业大学校园木本植物资源现状调查初报[J]. 山西农业大学学报(自然科学版)，2006,(01):52–56.

郭晋平，张芸香．景观格局分析空间取样方法及其应用[J]. 地理科学，2005,(05):74–79.

高俊峰，郭晋平．关帝山林区森林交错带群落林木年龄结构及其动态的研究[J]. 山西农业大学学报(自然科学版)，2005,(02):168–172.

郭晋平，薛达，张芸香，等．体现地域特色的城市景观生态规划——以临汾市为例[J]. 城市规划，2005,(01):68–72.

郭晋平，张芸香．城市景观及城市景观生态研究的重点[J]. 中国园林，2004,(02):49–51.

郭晋平，张芸香．中国森林景观生态研究的进展与展望[J]. 世界林业研究，2003,(05):46–49.

郭晋平．景观生态学的学科整合与中国景观生态学展望[J]. 地理科学，2003,(03):277–281.

高俊峰，郭晋平．关帝山林区森林交错带群落林木年龄结构及其动态的研究[J]. 山西农业大学学报(自然科学版)，2005,(02):168–172.

郭晋平，薛达，张芸香，等．体现地域特色的城市景观生态规划——以临汾市为例[J]. 城市规划，2005,(01):68–72.

郭晋平，张芸香．城市景观及城市景观生态研究的重点[J]. 中国园林，2004,(02):49–51.

郭晋平，张芸香．中国森林景观生态研究的进展与展望[J]. 世界林业研究，2003,(05):46–49.

郭晋平．景观生态学的学科整合与中国景观生态学展望[J]. 地理科学，2003,(03):277–281.

郭晋平，张芸香．森林景观恢复过程中景观要素空间分布格局及其动态研究[J]. 生态学报，2002,(12):2021–2029.

郭晋平，张云香．森林有限再生性与森林可持续经营[J]. 资源科学，2001，(05)：62–66.

郭晋平．森林可持续经营背景下的森林经营管理原则[J]. 世界林业研究，2001，(04)：37–42.

晋平，张云香，肖扬．森林分类经营的基础和技术条件[J]. 世界林业研究，2000，(02)：36–40.

郭晋平，薛俊杰，李志强，等．森林景观恢复过程中景观要素斑块规模的动态分析[J]. 生态学报，2000，(02)：218–223.

郭晋平，王俊田，李世光．关帝山林区景观要素沿环境梯度分布趋势的研究[J]. 植物生态学报，2000，(02)：135–140.

高翺，张芸香，郭晋平．沙漠植物盐爪爪(Kalidiumfoliatum)的耐盐碱性及其对碱性盐胁迫的响应[J]. 山西农业大学学报(自然科学版)，2017，(04)：248–253，275.

郭学斌，梁爱军，郭晋平，等．晋北风沙特点、防风林带结构及效益[J]. 水土保持学报，2011，(06)：44–48，54.

高润梅，郭晋平，郭跃东．山西文峪河上游河岸林的土壤种子库与树种更新特征[J]. 植物科学学报，2011，(05)：580–588.

郭丽丽．介休市汾河湿地公园主要景点规划设计研究[J]. 山西林业，2015，(03)：9–10.

郭丽丽．十种优良野生树木园林栽培试验研究[J]. 山西林业，2014，(02)：45–46.

郭丽丽．园林植物的越冬养护管理[J]. 北京农业，2013，(36)：67–68.

郭丽丽．太原市汾河湿地公园植物应用调查与研究[J]. 北京农业，2013，(33)：77–78.

郭丽丽，方岩，薛斌 .20 种优良花灌木的扦插繁殖试验研究[J]. 太原科技，2008，(10)：89–91.

韩有志，郭晋平．学科建设中资源优势的整合与研究方向的确定——山西农业大学林学院森林培育学科建设思路与实践[J]. 山西农业大学学报(社会科学版)，2005，(02)：138–141.

郝艳平，王丁，田旭平．两种不同种植方式对龙葵叶片虫食状的影响研究[J]. 环境昆虫学报，2016，(06)：1163–1169.

郝艳平．施田补对枣树生理生化影响的研究[J]. 山西林业科技，2009，(02)：14–15，26.

郝艳平，武静，廉梅霞，等．扑草净对枣树生理生化影响的研究[J]. 山西林业科技，2007，(01)：41–42，57.

郝艳平，武静，廉梅霞，等．扑草净对枣树生理生化影响的研究[J]. 农药科学与管理，2006，(10)：10–12.

贺艳萍，郭晋平．晋城市园林绿化的现状与发展对策[J]. 山西林业科技，2009，(01)：59–61.

贺艳萍，李新平，郭晋平．覆盖保墒技术的研究进展[J]. 山西林业科技，2008，(01)：37–39，42.

郝兴宇，蔺银鼎，武小钢，等．城市不同绿地垂直热力效应比较[J]. 生态学报，2007，(02)：685–692.

贾军，韩丽君，郝向春，等．野皂荚种子催芽技术研究[J]. 山西林业科技，2015，(03)：14–15，43.

贾军，张复兴，郝向春，等．五台山地区平欧杂交榛越冬性及栽培技术研究[J]. 山西农业科学，2015，(08)：948–950.

贾军，郝向春，韩丽君，等．不同限根方式对丽豆容器苗根系生长的影响[J]. 山西农业大学学报(自然科学版)，2015，(04)：374–377.

蔺银鼎，武小钢，郝兴宇，等．城市典型植物群落温度效应的时空格局[J]. 中国生态农业学报，2008，(04)：952–956.

蔺银鼎，韩学孟，武小刚，等．城市绿地空间结构对绿地生态场的影响[J]. 生态学报，2006，(10)：3339–3346.

廉梅霞，郝艳平，马国强．明纹柏松毛虫各虫态生活习性观察[J]. 内蒙古林业调查设计，2013，(05)：90–92.

李蕾，刘宁，李琛琛，郭晋平，等．麦氏云杉幼苗生理特征的海拔变异及适应性[J]. 山西农业大学学报(自然科学版),2014,(06):541–547.

刘艳红，郭晋平，魏清顺．基于CFD的城市绿地空间格局热环境效应分析[J]. 生态学报,2012,(06):1951–1959.

李素新，张芸香，郭晋平．文峪河上游河岸林下灌木和草本植物 α 多样性研究[J]. 山西农业大学学报(自然科学版),2012,(01):42–47.

李楠，郭晋平，米文精，等．潞安集团煤矸石山植被恢复植物多样性研究[J]. 山西农业大学学报(自然科学版),2013,(05):408–412.

刘宁，王曒，冯强，等．控制光照下土庄绣线菊的生理生态响应和适应[J]. 山西农业大学学报(自然科学版),2011,(05):440–445.

刘艳红，郭晋平．绿地空间分布格局对城市热环境影响的数值模拟分析——以太原市为例[J]. 中国环境科学,2011,(08):1403–1408.

刘宁，张芸香，郭晋平，等．华北落叶松－白 混交林下更新幼苗幼树的功能特性[J]. 林业科学,2010,(07):22–29.

刘艳红，郭晋平．基于植被指数的太原市绿地景观格局及其热环境效应[J]. 地理科学进展,2009,(05):798–804.

刘艳红，王均国，郭晋平．太原城市热环境动态演化规律研究[J]. 湖北农业科学,2009,(07):1776–1779.

梁芳，郭晋平．林下植物多样性影响因素研究进展[J]. 山西林业科技,2008,(02):33–35.

刘艳红，郭晋平．城市景观格局与热岛效应研究进展[J]. 气象与环境学报,2007,(06):46–50.

梁芳，郭晋平．植物重金属毒害作用机理研究进展[J]. 山西农业科学,2007,(11):59–61.

廉梅霞，李云平，郭晋平，等．黄土高原农林复合经营土壤微生物种群及数量变化的初步研究[J]. 山西林业科技,2006,(04):20–22,35.

牛晓艳，田旭平，朱宝才．山西小城镇园林植物景观建设方法的探讨[J]. 现代农业科学,2009,(05):150–151.

任达，王曒，郭晋平，等．白桦幼苗对不同光环境的形态适应性响应[J]. 山西农业大学学报(自然科学版),2017,(01):28–34.

任达，王曒，郭晋平，等．管涔林区两种绣线菊幼苗对不同光环境的形态响应[J]. 山西农业大学学报(自然科学版),2016,(11):815–820,826.

任达，张芸香，郭晋平，等．基于目标树中心样圆法的华北落叶松天然林抚育间伐生长效应研究[J]. 中国农学通报,2016,(28):11–15.

任才，任瑞芬，武曦，等．干旱胁迫对两种百里香种子萌发的影响[J]. 山西农业大学学报(自然科学版),2016,(07):506–509.

任瑞芬，尹大芳，任才，武曦，赵凯，杨秀云．金边百里香不同部位挥发性成分比较分析[J]. 山西农业科学,2016,(10):1479–1483.

任瑞芬，郭芳，尹大芳，等．柠檬薄荷对干旱胁迫的形态和生理响应[J]. 西北农业学报,2016,(08):1201–1210.

任瑞芬，任才，武曦，等．干旱胁迫对三种罗勒种子萌发的影响[J]. 山西农业大学学报(自然科学版),2015,(06):614–618.

任瑞芬，杨秀云，尹大芳，等.4种薄荷种子萌发对干旱与低温的响应[J]. 草业科学,2015,(11):1815–1822.

孙天晓，杨秀云，尹大芳，等．山西省芳香植物种质资源分布及园林应用[J]. 山西农业科学，2015,(07):861-865.

田旭平，高莉．新疆圆柏叶挥发油化学成分变化的研究[J]. 林产化学与工业，2012,(04):123-127.

田旭平，常洁，李娟娟，等．不同密度下凤仙花重要形态性状与花朵数的关系[J]. 生态学报，2012,(16):5071-5075.

田旭平，何坤，常洁，等．圆柏果实水浸提液化感作用的初步研究[J]. 干旱区研究，2010,(03):369-373.

田旭平，高莉，常洁．新疆圆柏干叶香气成分的研究[J]. 林业实用技术，2009,(09):9-10.

田旭平，高莉，常洁．新疆圆柏石油醚提取物的GC/MS分析[J]. 中国民族医药杂志，2009,(03):67-69.

田旭平，胡开峰，侯秀云，等．不同季节新疆圆柏总黄酮含量的变化[J]. 生物技术通讯，2006,(03):387-388.

田旭平，段利武．新疆的圆柏属植物种类、群落组成及其价值[J]. 西部林业科学，2005,(02):88-90.

田吉，樊兴路，王林，等．文冠果种子吸水和萌发对盐碱胁迫条件的响应[J]. 山西农业大学学报（自然科学版），2016,(09):644-648.

田吉，张芸香，樊兴路，等．文冠果幼苗对盐胁迫的生长策略响应和耐盐性阈值研究[J]. 中国农学通报，2016,(19):18-22.

田吉，王林，张芸香，等．育苗容器对一年生文冠果苗木生长和根发生的影响[J]. 山西农业大学学报（自然科学版），2016,(07):500-505.

武小钢，杨秀云，边俊，等．长治城市湿地公园滨岸区植物群落特征及其与土壤环境的关系[J]. 生态学报，2015,(07):2048-2056.

武小钢，郭晋平，田旭平，等．芦芽山土壤有机碳和全氮沿海拔梯度变化规律[J]. 生态环境学报，2014,(01):50-57.

武小钢，郭晋平，田旭平，等．芦芽山亚高山草甸、云杉林土壤有机碳、全氮含量的小尺度空间异质性[J]. 生态学报，2013,(24):7756-7764.

武小钢，杨秀云，赵姣．叶面喷施铁制剂对高羊茅养分因子的影响（简报）[J]. 草地学报，2007,(01):97-99.

武小钢，丛日晨，杨秀云．粗放管理条件下山西中部地区适用草坪草种评价[J]. 草业科学，2004,(04):65-68.

王琦，曹益民，郭晋平，等．关帝山六个主要植被类型的生物量与生产力分析[J]. 山西农业大学学报（自然科学版），2015,(01):432-437.

王冬冬，郭晋平．景观雕塑场所性表达的两种途径[J]. 雕塑，2014,(05):72-73.

王慧，任建中，郭晋平，等．山西省公路绿化植被生态效益评价[J]. 生态学杂志，2014,(09):2501-2509.

王冬冬，郭晋平，冯文秀．分类VS应用——建筑景观场所构建研究[J]. 山西建筑，2014,(25):26-28.

王慧，任建中，郭晋平，张芸香，白晋华．山西高等级公路绿化模式研究[J]. 中国城市林业，2014,(03):8-12.

王冬冬，郭晋平，武小刚．建筑参数化图解的生成特点及价值研究[J]. 山西农业大学学报（自然科学版），2013,(06):542-547.

王慧，郭晋平，张芸香．山西省公路绿化工程模式优化与示范[J]. 山西农业大学学报（自然科学版），2013,(02):154-158.

王慧，郭晋平，张芸香．公路绿化带净化路旁SO2、NO2效应及影响因素[J]. 山西农业大学学报（自然科学版），2012,(04):321-327.

王慧，郭晋平，张芸香．山西省高速路路旁土壤－植物重金属分布格局及相关性[J]. 中国城市林业，2011,(03):31–33,64.

王暾，郭晋平，刘宁，等．森林光环境对 4 种天然灌木的光合作用和形态的影响[J]. 林业科学，2011,(06):56–63.

王慧，郭晋平，王智敏，等．公路绿化主要树种滞尘潜力模拟试验研究[J]. 山西林业科技，2011,(02):13–16,24.

王娟．4 种耐寒观赏竹抗寒性分析[J]. 世界竹藤通讯，2017,(02):26–28.

王娟．13 种观赏竹种引种驯化研究[J]. 世界竹藤通讯，2016,(05):17–21.

王亚英，李萍，武小钢，等．昼间气象条件对城市道路绿化带空气净化效果的影响——以太原市为例[J]. 生态学报，2015,(04):1267–1273.

王娟．黄土干旱区竹种引种栽培研究[J]. 世界竹藤通讯，2010,(06):24–26.

王娟．竹子深加工产品的应用及发展方向[J]. 农村新技术，2009,(24):68–70.

王娟．小型竹种作为地被在北方大有可为[J]. 中国城市林业，2009,(01):24–25.

王娟．竹子深加工产品的应用[J]. 中国城市林业，2008,(02):72–73.

王娟．城市绿地生态场效应因素分析[J]. 山西农业大学学报（自然科学版），2008,(01):77–80.

王娟，蔺银鼎，刘清丽．城市绿地在减弱热岛效应中的作用[J]. 草原与草坪，2006,(06):56–59.

王娟，蔺银鼎．城市绿地生态效应[J]. 草原与草坪，2004,(04):24–27.

王林，代永欣，樊兴路，等．风对黄花蒿水力学性状和生长的影响[J]. 生态学报，2015,(13):4454–4461.

王冬冬，冯晓宇，张芸香．建筑生成设计与复杂适应性理论关系研究[J]. 山西建筑，2014,(18):27–28.

王林，代永欣，郭晋平，等．刺槐苗木干旱胁迫过程中水力学失败和碳饥饿的交互作用[J]. 林业科学，2016,(06):1–9.

王晋芳，郭晋平，原阳．古城空间形态分析及景观设计——以太谷古城空间为例[J]. 农学学报，2016,(03):60–67.

王慧，郭晋平，张芸香．公路绿化带滞尘效应研究[J]. 生态环境学报，2015,(09):1478–1485.

王冬冬，郭晋平，冯文秀，等．晋商范式园林造园艺术研究——以山西省榆次市常家庄园静园为例[J]. 山西农业大学学报（社会科学版），2015,(08):852–859.

王慧，郭晋平，张芸香，等．公路绿化带对路旁土壤重金属污染格局的影响及防护效应——以山西省主要公路为例[J]. 生态学报，2010,(22):6218–6226.

王慧，郭晋平．通道绿化带生态效益研究进展[J]. 山西林业科技，2010,(03):37–40.

王慧，郭晋平，张芸香，等．公路绿化带降噪效应及其影响因素研究[J]. 生态环境学报，2010,(06):1403–1408.

王慧，郭晋平．山西省通道绿化带社会服务功能评价[J]. 山西农业大学学报（自然科学版），2010,(03):239–243.

武小钢，郭晋平．关帝山华北落叶松天然更新种群结构与空间格局研究[J]. 武汉植物学研究，2009,(02):165–170.

王暾，郭晋平．北京 2008 奥运绿化新举措对周边地区的影响[J]. 山西农业科学，2008,(04):59–62.

武曦，任瑞芬，任才，等．薄荷幼苗地上和地下部分对干旱胁迫的生理响应[J]. 山西农业大学学报（自然科学版），2017,(01):40–47.

王昕，李淑茂，任雅琴，等．干旱胁迫对法国薰衣草种子萌发和幼苗生长的影响[J]. 山西农业科学，2016,(08):1100–1102,1122.

薛斌，夏罗宏，方岩，等．干旱城市屋顶绿化问题探讨——以太原大学屋顶花园建设为例[J]. 园林科技，2010,(03):35–37.

薛斌，夏罗宏，方岩，等．干旱城市屋顶绿化问题探讨——以太原大学屋顶花园建设为例[J]. 陕西林业科技，2008,(04):99–100,104.

杨晓盆，杨伟红，郭晋平，等．遮荫对温室盆栽茶梅光合特性及生长发育的影响[J]. 中国生态农业学报，2008,(03):640–643.

杨晓盆，杨伟红，郭晋平．温室盆栽茶梅光合特性研究[J]. 中国农学通报，2007,(05):139–142.

杨秀云，顾思思，曹晔，等．太原市城市绿地地被植物资源和园林应用[J]. 草原与草坪，2014,(03):54–61.

杨秀云，武小钢．山西省野生苔草属植物资源调查及坪用性状比较[J]. 中国农学通报，2009,(04):260–263.

杨秀云，韩有志．关帝山华北落叶松人工林细根生物量空间分布及季节变化[J]. 植物资源与环境学报，2008,(04):37–40.

杨秀云，李金平，蔺银鼎，等．十三个草地早熟禾品种在晋中的适应性评价[J]. 山西农业大学学报（自然科学版），2004,(02):122–125.

杨秀云，武小钢，丛日晨．冷地型草坪草种在山西的引种适应性研究[J]. 草原与草坪，2004,(01):33–35.

杨秀云，武小钢．遮荫条件下草坪的建植与管理[J]. 北方园艺，2004,(01):36.

杨伟红，郭晋平，贾鹏飞．光强对温室盆栽茶梅形态建成的影响[J]. 北方园艺，2010,(04):81–83.

杨伟红，郭晋平，贾鹏飞．遮阴对盆栽茶梅叶片内营养物质的影响[J]. 山西农业科学，2009,(12):18–19,24.

杨伟红，郭晋平．温室花卉栽培中光照强度调控研究进展[J]. 北方园艺，2006,(06):70–72.

殷鸿渐，葛丽萍．中华红叶杨在山西太谷地区扦插育苗试验[J]. 山西林业科技，2017,(01):20–22.

赵娟，郭晋平．采煤对油松人工林土壤物理性质与水分的影响[J]. 山西农业大学学报（自然科学版），2011,(06):532–536.

张波，郭晋平，刘艳红．太原市城市绿地斑块植被特征和形态特征的热环境效应研究[J]. 中国园林，2010,(01):92–96.

张娜，张芸香，郭晋平．文冠果腋芽诱导关键影响因素与培养体系优化[J]. 山西农业大学学报（自然科学版），2014,(01):53–58.

张燕，郭晋平，张芸香．文冠果落花落果成因及保花保果技术研究进展[J]. 经济林研究，2012,(04):180–184.

张娜，郭晋平，张芸香．文冠果不定芽再生与快速繁殖[J]. 山西农业大学学报（自然科学版），2011,(06):492–497.

张倩，杜运鹏，毕　，等．东方百合‘索邦’基于喷雾式植物反应器的 AtCKX3 基因转化[J]. 东北林业大学学报，2016,(07):59–63.

张芸香，武鹏峰．华北落叶松和白木千幼苗脯氨酸及淀粉含量对水分和光照变化的响应[J]. 山西林业科技，2010,(01):10–13.

张凌，张芸香，王润．氮浓度和 pH 值对云杉幼苗生长的影响[J]. 现代农业科学，2008,(03):22–24.

张淑改，齐力旺，时宝凌，等．满天星玻璃苗的酯酶和过氧化物酶研究[J]. 山西农业科学，1999,(02):66–68.

张娜，郭晋平．文冠果组织培养技术关键环节研究进展与展望[J]. 中国农学通报，2009,(08):113–116.

赵娟，李新平，郭晋平．煤炭开采对生态环境影响文献综述[J]. 山西林业科技，2008,(01):33–36.

张芸香，韩有志，郭晋平，等．华北落叶松二年生苗年生长格局对光照变化的响应[J]. 山西农业大学学报(自然科学版),2007,(02):113–115.

张凌，邢晓亮，郭晋平．五路山林业生态建设总体布局及技术措施[J]. 林业调查规划，2005,(06):37–40.

张丽珍，牛伟，郭晋平，等．关帝山寒温性针叶林土壤营养状况与林下更新关系研究[J]. 西北植物学报，2005,(07):1329–1334.

张芸香，白晋华，郭晋平．基于景观格局定量分析的流域治理——以文峪河流域为例[J]. 山地学报，2005,(01):80–88.

张芸香，白晋华，郭晋平．吉威GIS软件在林业生态工程管理中的应用[J]. 林业调查规划，2004,(03):16–19.

张芸香，张伟，郭晋平．关帝山中高山山地混交林结构模式的研究[J]. 山西农业大学学报(自然科学版),2004,(01):69–73.

张芸香，田双宝，任兆光，等．关帝山森林景观空间分布格局及动态研究[J]. 山西农业大学学报，1998,(02):29–32,92–93.

张芸香，李海波，郭晋平．华北落叶松和云杉幼苗生长对氮素浓度响应的差异[J]. 中国农学通报，2011,(02):26–29.

张芸香，李海波，郭晋平．实验条件下华北落叶松和白　苗期生长策略的差异比较[J]. 生态学报，2010,(24):7064–7071.

张丽珍，张芸香，郭晋平．次生林区斑块形状动态与森林恢复过程分析[J]. 生态学杂志，2003,(02):16–19.

张芸香，郭晋平．森林景观斑块密度及边缘密度动态研究——以关帝山林区为例[J]. 生态学杂志，2001,(01):18–21.

张芸香，刘晶晶，郭晋平，等．山西省文冠果种子形态特征及地理种源差异性研究[J]. 中国农学通报，2015,(22):39–45.

张芸香，刘晶晶，白晋华，等．应用均匀设计优化文冠果ISSR–PCR反应体系[J]. 山西农业大学学报(自然科学版),2014,(03):241–244,248.

赵波，杨秀云，沈向群．PEG与低温对法国百里香种子萌发的影响[J]. 草业科学，2015,(11):1808–1814.

郑丽君，武小钢，杨秀云．大学校园公共空间活力评价指标的定量化研究[J]. 山西农业大学学报(自然科学版),2016,(11):821–826.

后 记

本书是在山西省住房和城乡建设厅大力支持下，在对山西省主要城市绿化园林花卉生长和应用情况进行全面调研基础上形成的成果。调研工作得到了各市县园林绿化部门的大力支持和帮助，许多技术人员参与了调研工作。在调研项目的立项、实施和成果整理成书过程中，得到了山西省住房和城乡建设厅城建处全体同志的大力支持和帮助，特别是时任城市建设处处长、后任分管城市建设工作的副巡视员张海同志，对这项工作极为重视，不仅帮助协调全省调研工作，还经常督促专著的编写进展情况，对全书编写主题、指导思想、总体方向和重点内容提出了指导性的意见。

在本书出版之际，我们对在实地调研和资料收集过程中给予大力支持和付出辛勤劳动的各市县园林部门领导和技术人员表示衷心的感谢！对编写过程中提出过建设性意见和建议的专家，对参与资料整理的研究生，对所有默默支持和参与这项工作并为本书的出版付出智慧和劳动的同事和朋友们表示衷心的感谢。

本书编写组

2017 年 9 月